산업안전지도사 및 산업보건 지도사 시험 대비

JN355576

막판! 정리

산업안전보건법령

PREFACE

끝날 때까지 끝난 것은 아니다.

시험이 가까워지면 수험생의 마음은 초조하다. 이제, 그동안 공부한 내용을 정리할 시간이다. 노력하고 수고한 모든 과정의 최종 단계인 것이다.

막판! 법령정리는 산업안전지도사 및 산업보건지도사 시험을 준비하는 수험생들에게 최종적으로 정리할 수 있도록 편집한 단권화 교재이다.

반드시 알아야 할 주요 법령 내용을 보기 쉽게 정리하였으며, 암기법, 기출문제, 예상문제 등으로 구성하였다.

늦었다고 포기할 것도 아니고, 시간이 없다고 멈춰서도 안 된다. 오직 최선을 다해 공부를 하다, 시험장에 들어가는 것이 수험생의 자세라 생각한다.

본서를 통해 시험에 대한 자신감을 갖고 합격의 영광 누리기를 간절히 기원해 본다.

2024. 2. 25. 정명재

CONTENTS

제1장 총칙

제2장 안전보건관리체제 등

제1절 안전보건관리체제

제2절 안전보건관리규정

제3장 안전보건교육

제29조(근로자에 대한 안전보건교육)
제30조(근로자에 대한 안전보건교육의 면제 등)
제31조(건설업 기초안전보건교육)
제32조(안전보건관리책임자 등에 대한 직무교육)
제33조(안전보건교육기관)

제4장 유해 · 위험 방지 조치

제34조(법령 요지 등의 게시 등)
제35조(근로자대표의 통지 요청)
제36조(위험성평가의 실시)
제37조(안전보건표지의 설치·부착)
제38조(안전조치)
제39조(보건조치)
제40조(근로자의 안전조치 및 보건조치 준수)
제41조(고객의 폭언 등으로 인한 건강장해 예방조치 등)
제42조(유해위험방지계획서의 작성·제출 등)
제43조(유해위험방지계획서 이행의 확인 등)
제44조(공정안전보고서의 작성·제출)
제45조(공정안전보고서의 심사 등)
제46조(공정안전보고서의 이행 등)
제47조(안전보건진단)
제48조(안전보건진단기관)
제49조(안전보건개선계획의 수립·시행 명령)
제50조(안전보건개선계획서의 제출 등)
제51조(사업주의 작업중지)
제52조(근로자의 작업중지)
제53조(고용노동부장관의 시정조치 등)
제54조(중대재해 발생 시 사업주의 조치)
제55조(중대재해 발생 시 고용노동부장관의 작업중지 조치)
제56조(중대재해 원인조사 등)
제57조(산업재해 발생 은폐 금지 및 보고 등)

제5장 도급 시 산업재해 예방

제1절 도급의 제한

제58조(유해한 작업의 도급금지)

제59조(도급의 승인)
제60조(도급의 승인 시 하도급 금지)
제61조(적격 수급인 선정 의무)

제2절 도급인의 안전조치 및 보건조치

제62조(안전보건총괄책임자)
제63조(도급인의 안전조치 및 보건조치)
제64조(도급에 따른 산업재해 예방조치)
제65조(도급인의 안전 및 보건에 관한 정보 제공 등)
제66조(도급인의 관계수급인에 대한 시정조치)

제3절 건설업 등의 산업재해 예방

제67조(건설공사발주자의 산업재해 예방 조치)
제68조(안전보건조정자)
제69조(공사기간 단축 및 공법변경 금지)
제70조(건설공사 기간의 연장)
제71조(설계변경의 요청)
제72조(건설공사 등의 산업안전보건관리비 계상 등)
제73조(건설공사의 산업재해 예방 지도)
제74조(건설재해예방전문지도기관)
제75조(안전 및 보건에 관한 협의체 등의 구성·운영에 관한 특례)
제76조(기계·기구 등에 대한 건설공사도급인의 안전조치)

제4절 그 밖의 고용형태에서의 산업재해 예방

제77조(특수형태근로종사자에 대한 안전조치 및 보건조치 등)
제78조(배달종사자에 대한 안전조치)
제79조(가맹본부의 산업재해 예방 조치)

제6장 유해 · 위험 기계 등에 대한 조치

제1절 유해하거나 위험한 기계 등에 대한 방호조치 등

제80조(유해하거나 위험한 기계·기구에 대한 방호조치)
제81조(기계·기구 등의 대여자 등의 조치)
제82조(타워크레인 설치·해체업의 등록 등)

제2절 안전인증

제83조(안전인증기준)
제84조(안전인증)
제85조(안전인증의 표시 등)
제86조(안전인증의 취소 등)

제144조(부정행위자에 대한 제재)
제145조(지도사의 등록)
제146조(지도사의 교육)
제147조(지도사에 대한 지도 등)
제148조(손해배상의 책임)
제149조(유사명칭의 사용 금지)
제150조(품위유지와 성실의무 등)
제151조(금지 행위)
제152조(관계 장부 등의 열람 신청)
제153조(자격대여행위 및 대여알선행위 등의 금지)
제154조(등록의 취소 등)

제10장 근로감독관 등

제155조(근로감독관의 권한)
제156조(공단 소속 직원의 검사 및 지도 등)
제157조(감독기관에 대한 신고)

제11장 보칙

제158조(산업재해 예방활동의 보조·지원)
제159조(영업정지의 요청 등)
제160조(업무정지 처분을 대신하여 부과하는 과징금 처분)
제161조(도급금지 등 의무위반에 따른 과징금 부과)
제162조(비밀 유지)
제163조(청문 및 처분기준)
제164조(서류의 보존)
제165조(권한 등의 위임·위탁)
제166조(수수료 등)
제166조의2(현장실습생에 대한 특례)

제12장 벌칙

제167조(벌칙)
제168조(벌칙)
제169조(벌칙)
제170조(벌칙)
제170조의2(벌칙)
제171조(벌칙)

✎ 산업안전보건법

제1조(목적) 이 법은 산업 안전 및 보건에 관한 기준을 확립하고 그 책임의 소재를 명확하게 하여 산업재해를 예방하고 쾌적한 작업환경을 조성함으로써 **(노무를 제공하는 사람, 근로자)**의 안전 및 보건을 유지·증진함을 목적으로 한다. 〈개정 2020. 5. 26.〉

제2조(정의) 이 법에서 사용하는 용어의 뜻은 다음과 같다.

1. "산업재해"란 **(노무를 제공하는 사람, 근로자)**이/가 업무에 관계되는 건설물·설비·원재료·가스·증기·분진 등에 의하거나 작업 또는 그 밖의 업무로 인하여 사망 또는 부상하거나 질병에 걸리는 것을 말한다.
2. "중대재해"란 산업재해 중 사망 등 재해 정도가 심하거나 다수의 재해자가 발생한 경우로서 **(고용노동부령, 대통령령)**으로 정하는 재해를 말한다.
3. "근로자"란 **(근로기준법, 노동조합법)**상의 근로자를 말한다.
4. "사업주"란 근로자를 사용하여 사업을 하는 자를 말한다.
5. "근로자대표"란 근로자의 과반수로 조직된 노동조합이 있는 경우에는 그 노동조합을, 근로자의 과반수로 조직된 노동조합이 없는 경우에는 근로자의 과반수를 대표하는 자를 말한다.
6. "도급"이란 **(명칭에 관계없이, 명칭에 따라)** 물건의 제조·건설·수리 또는 서비스의 제공, 그 밖의 업무를 타인에게 맡기는 계약을 말한다.
7. "도급인"이란 물건의 제조·건설·수리 또는 서비스의 제공, 그 밖의 업무를 도급하는 사업주를 말한다. 다만, 건설공사발주자는 **(제외, 포함)**한다.
8. "수급인"이란 도급인으로부터 물건의 제조·건설·수리 또는 서비스의 제공, 그 밖의 업무를 도급받은 사업주를 말한다.
9. "관계수급인"이란 도급이 여러 단계에 걸쳐 체결된 경우에 각 단계별로 도급받은 사업주 전부를 말한다.
10. "건설공사발주자"란 건설공사를 도급하는 자로서 건설공사의 시공을 주도하여 총괄·**(관리하지 아니하는, 관리하는)** 자를 말한다. 다만, 도급받은 건설공사를 다시 도급하는 자는 제외한다.
11. "건설공사"란 다음 각 목의 어느 하나에 해당하는 공사를 말한다.
   가. 「건설산업기본법」 제2조제4호에 따른 건설공사
   나. 「전기공사업법」 제2조제1호에 따른 전기공사
   다. 「정보통신공사업법」 제2조제2호에 따른 정보통신공사
   라. 「소방시설공사업법」에 따른 소방시설공사
   마. 「문화재수리 등에 관한 법률」에 따른 문화재수리공사
12. "안전보건진단"이란 산업재해를 예방하기 위하여 잠재적 위험성을 발견하고 그

개선대책을 수립할 목적으로 조사·평가하는 것을 말한다.

13. "작업환경측정"이란 작업환경 실태를 파악하기 위하여 **(해당 근로자 또는 작업장, 해당 근로자 사업장)**에 대하여 사업주가 유해인자에 대한 측정계획을 수립한 후 시료(試料)를 채취하고 분석·평가하는 것을 말한다.

시행규칙 제3조(중대재해의 범위) 법 제2조제2호에서 "고용노동부령으로 정하는 재해"란 다음 각 호의 어느 하나에 해당하는 재해를 말한다. → **[암기법 : 1명/3/2명/10명]**

1. 사망자가 1명 이상 발생한 재해
2. 3개월 이상의 요양이 필요한 부상자가 동시에 2명 이상 발생한 재해
3. 부상자 또는 **(직업성 질병자, 질병자)**가 동시에 10명 이상 발생한 재해

✎ 근로기준법

제2조(정의) ① 이 법에서 사용하는 용어의 뜻은 다음과 같다.

1. "근로자"란 직업의 종류와 관계없이 **(임금, 임금 · 급료)**을/를 목적으로 사업이나 사업장에 근로를 제공하는 사람을 말한다. ★

✎ 노동조합 및 노동관계조정법(약칭 : 노동조합법)

제2조(정의) 이 법에서 사용하는 용어의 정의는 다음과 같다.

1. "근로자"라 함은 직업의 종류를 불문하고 임금·급료 기타 이에 준하는 수입에 의하여 생활하는 자를 말한다.

정 답

노무를 제공하는 사람, 노무를 제공하는 사람, 고용노동부령, 근로기준법, 명칭에 관계없이, 제외, 관리하지 아니하는, 해당 근로자 또는 작업장, 직업성 질병자, 임금

막판 02 정부의 책무와 사업주의 의무

제4조(정부의 책무) ① 정부는 이 법의 목적을 달성하기 위하여 다음 각 호의 사항을 성실히 이행할 책무를 진다.

1. 산업 안전 및 보건 정책의 수립 및 집행
2. 산업재해 예방 지원 및 지도
3. 「근로기준법」 제76조의2에 따른 직장 내 괴롭힘 예방을 위한 조치기준 마련, 지도 및 지원
4. 사업주의 자율적인 산업 안전 및 보건 경영체제 확립을 위한 지원
5. **산업 안전 및 보건에 관한 의식을 북돋우기 위한 홍보 · 교육 등 안전문화 확산 추진**
6. 산업 안전 및 보건에 관한 기술의 연구·개발 및 시설의 설치·운영
7. 산업재해에 관한 조사 및 통계의 유지·관리
8. 산업 안전 및 보건 관련 단체 등에 대한 지원 및 지도·감독
9. 그 밖에 노무를 제공하는 사람의 안전 및 건강의 보호·증진

② 정부는 제1항 각 호의 사항을 효율적으로 수행하기 위하여 「한국산업안전보건공단법」에 따른 한국산업안전보건공단(이하 "공단"이라 한다), 그 밖의 관련 단체 및 연구기관에 행정적·재정적 지원을 할 수 있다.

> **영 제5조(산업 안전 및 보건 의식을 북돋우기 위한 시책 마련)** 고용노동부장관은 법 제4조제1항 제5호에 따라 산업 안전 및 보건에 관한 의식을 북돋우기 위하여 다음 각 호와 관련된 시책을 마련해야 한다.
>
> 1. 산업 안전 및 보건 교육의 진흥 및 **홍보**의 활성화
> 2. 산업 안전 및 보건과 관련된 국민의 **건전**하고 자주적인 활동의 촉진
> 3. 산업 안전 및 보건 **강조 기간**의 설정 및 그 시행

제5조(사업주 등의 의무) ① 사업주(제77조에 따른 특수형태근로종사자로부터 노무를 제공받는 자와 제78조에 따른 물건의 수거·배달 등을 중개하는 자를 포함한다. 이하 이 조 및 제6조에서 같다)는 **다음 각 호의 사항을 이행**함으로써 근로자(제77조에 따른 특수형태근로종사자와 제78조에 따른 물건의 수거·배달 등을 하는 사람을 포함한다. 이하 이 조 및 제6조에서 같다)의 안전 및 건강을 유지·증진시키고 국가의 산업재해 예방정책을 따라야 한다.

1. 이 법과 이 법에 따른 명령으로 정하는 산업재해 예방을 위한 **기준(의 이행)**
2. 근로자의 신체적 피로와 정신적 스트레스 등을 줄일 수 있는 **쾌적**한 작업환경의 조성 및 **근로조건 개선**
3. 해당 사업장의 **안전 및 보건에 관한 정보를 근로자에게 제공**

② 다음 각 호의 어느 하나에 해당하는 자는 발주·설계·제조·수입 또는 건설을 할 때 이 법과 이 법에 따른 명령으로 정하는 기준을 지켜야 하고, 발주·설계·제조·수입 또는 건설에 사용되는 물건으로 인하여 발생하는 산업재해를 방지하기 위하여 필요한 조치를 하여야 한다.

1. 기계·기구와 그 밖의 설비를 설계·제조 또는 수입하는 자
2. 원재료 등을 제조·수입하는 자
3. 건설물을 발주·설계·건설하는 자

막판 03 고용노동부 장관

1.

제7조(산업재해 예방에 관한 기본계획의 수립 · 공표) ① 고용노동부장관은 산업재해 예방에 관한 기본계획을 수립하여야 한다.

② 고용노동부장관은 제1항에 따라 수립한 기본계획을 「산업재해보상보험법」 제8조제1항에 따른 (　　)의 심의를 거쳐 공표하여야 한다. 이를 변경하려는 경우에도 또한 같다.

정 답

산업재해보상보험 및 예방심의원원회

2.

제8조(협조 요청 등) ① 고용노동부장관은 제7조제1항에 따른 기본계획을 효율적으로 시행하기 위하여 필요하다고 인정할 때에는 관계 행정기관의 장 또는 「공공기관의 운영에 관한 법률」 제4조에 따른 공공기관의 장에게 필요한 협조를 요청할 수 있다.

② 행정기관(고용노동부는 제외한다. 이하 이 조에서 같다)의 장은 사업장의 안전 및 보건에 관하여 규제를 하려면 미리 고용노동부장관과 협의하여야 한다.

③ 행정기관의 장은 고용노동부장관이 제2항에 따른 협의과정에서 해당 규제에 대한 변경을 요구하면 이에 따라야 하며, 고용노동부장관은 필요한 경우 국무총리에게 협의·조정 사항을 보고하여 확정할 수 있다.

④ 고용노동부장관은 산업재해 예방을 위하여 필요하다고 인정할 때에는 사업주, 사업주단체, 그 밖의 관계인에게 필요한 사항을 권고하거나 협조를 요청할 수 있다.

⑤ 고용노동부장관은 산업재해 예방을 위하여 중앙행정기관의 장과 지방자치단체의 장 또는 공단 등 관련 기관·단체의 장에게 다음 각 호의 정보 또는 자료의 제공 및 관계 전산망의 이용을 요청할 수 있다. 이 경우 요청을 받은 중앙행정기관의 장과 지방자치단체의 장 또는 관련 기관·단체의 장은 정당한 사유가 없으면 그 요청에 따라야 한다.

1. 「부가가치세법」 제8조 및 「법인세법」 제111조에 따른 (　　)에 관한 정보
2. 「고용보험법」 제15조에 따른 근로자의 피보험자격의 취득 및 상실 등에 관한 정보
3. 그 밖에 산업재해 예방사업을 수행하기 위하여 필요한 정보 또는 자료로서 대통

령령으로 정하는 정보 또는 자료

정 답

사업자등록

3.

시행규칙 4조(협조 요청) ② 고용노동부장관은 별표 1에 따라 산정한 산업재해발생률 및 그 산정내역을 해당 건설업체에 통보해야 한다. 이 경우 산업재해발생률 및 산정내역에 불복하는 건설업체는 통보를 받은 날부터 ( )일 이내에 고용노동부장관에게 이의를 제기할 수 있다.

정 답

10

4.

제9조(산업재해 예방 통합정보시스템 구축 · 운영 등) ① 고용노동부장관은 산업재해를 체계적이고 효율적으로 예방하기 위하여 산업재해 예방 통합정보시스템을 **(구축 · 운영할 수 있다, 구축 · 운영해야 한다.)**

정 답

구축·운영할 수 있다.

막판 04 산업재해 발생건수 등의 공표와 통합공표

1.

제10조(산업재해 발생건수 등의 공표) ① 고용노동부장관은 산업재해를 예방하기 위하여 대통령령으로 정하는 사업장의 근로자 산업재해 발생건수, 재해율 또는 그 순위 등(이하 "산업재해발생건수등"이라 한다)을 공표하여야 한다.

② 고용노동부장관은 도급인의 사업장(도급인이 제공하거나 지정한 경우로서 도급인이 지배·관리하는 대통령령으로 정하는 장소를 포함한다. 이하 같다) 중 대통령령으로 정하는 사업장에서 관계수급인 근로자가 작업을 하는 경우에 도급인의 산업재해발생건수등에 관계수급인의 산업재해발생건수등을 포함하여 제1항에 따라 공표하여야 한다.

③ 고용노동부장관은 제2항에 따라 산업재해발생건수등을 공표하기 위하여 도급인에게 관계수급인에 관한 자료의 제출을 요청할 수 있다. 이 경우 요청을 받은 자는 정당한 사유가 없으면 이에 따라야 한다.

④ 제1항 및 제2항에 따른 공표의 절차 및 방법, 그 밖에 필요한 사항은 고용노동부령으로 정한다.

영 제10조(공표대상 사업장) ① 법 제10조제1항에서 "대통령령으로 정하는 사업장"이란 다음 각 호의 어느 하나에 해당하는 사업장을 말한다. → **[암기법 : 사망2/만/중산/은폐/32]**

1. 산업재해로 인한 사망자(이하 "사망재해자"라 한다)가 연간 (　　)명 이상 발생한 사업장
2. 사망만인율(死亡萬人率: 연간 상시근로자 1만명당 발생하는 사망재해자 수의 비율을 말한다)이 규모별 같은 업종의 평균 사망만인율 이상인 사업장
3. 법 제44조제1항 전단에 따른 (　)가 발생한 사업장
4. 법 제57조제1항을 위반하여 산업재해 발생 사실을 은폐한 사업장
5. 법 제57조제3항에 따른 산업재해의 발생에 관한 보고를 최근 3년 이내 (　　)회 이상 하지 않은 사업장

② 제1항제1호부터 제3호까지의 규정에 해당하는 사업장은 해당 사업장이 관계수급인의 사업장으로서 법 제63조에 따른 도급인이 관계수급인 근로자의 산업재해 예방을 위한 조치의무를 위반하여 관계수급인 근로자가 산업재해를 입은 경우에는 도급인의 사업장(도급인이 제공하거나 지정한 경우로서 도급인이 지배·관리하는 제11조 각 호에 해당하는 장소를 포함한다. 이하 같다)의 법 제10조제1항에 따른 산업재해발생건수등을 함께 공표한다.

정 답

2, 중대산업사고, 2

2.

영 제12조(통합공표 대상 사업장 등) 법 제10조제2항에서 "대통령령으로 정하는 사업장"이란 다음 각 호의 어느 하나에 해당하는 사업이 이루어지는 사업장으로서 도급인이 사용하는 상시근로자 수가 (　　)명 이상이고 도급인 사업장의 사고사망만인율[질병으로 인한 사망재해자를 (　　)하고 산출한 사망만인율을 말한다. 이하 같다]보다 관계수급인의 근로자를 포함하여 산출한 사고사망만인율이 높은 사업장을 말한다. → **[암기법 : 도전제철운송]**

1. 제조업
2. 철도운송업
3. 도시철도운송업
4. 전기업

시행규칙 제7조(도급인과 관계수급인의 통합 산업재해 관련 자료 제출) ① 지방고용노동관서의 장은 법 제10조제2항에 따라 도급인의 산업재해 발생건수, 재해율 또는 그 순위 등(이하 "산업재해발생건수등"이라 한다)에 관계수급인의 산업재해발생건수등을 포함하여 공표하기 위하여 필요하면 법 제10조제3항에 따라 영 제12조 각 호의 어느 하나에 해당하는 사업이 이루어지는 사업장으로서 해당 사업장의 상시근로자 수가 500명 이상인 사업장의 도급인에게 도급인의 사업장(도급인이 제공하거나 지정한 경우로서 도급인이 지배·관리하는 영 제11조 각 호에 해당하는 장소를 포함한다. 이하 같다)에서 작업하는 관계수급인 근로자의 산업재해 발생에 관한 자료를 제출하도록 공표의 대상이 되는 연도의 다음 연도 (　　)월 15일까지 요청해야 한다.

② 제1항에 따라 자료의 제출을 요청받은 도급인은 그 해 (　　)**월** 30일까지 별지 제1호서식의 통합 산업재해 현황 조사표를 작성하여 지방고용노동관서의 장에게 제출(전자문서로 제출하는 것을 포함한다)해야 한다.

③ 제1항에 따른 도급인은 그의 관계수급인에게 별지 제1호서식의 통합 산업재해 현황 조사표의 작성에 필요한 자료를 요청할 수 있다.

시행규칙 제8조(공표방법) 법 제10조제1항 및 제2항에 따른 공표는 관보, 「신문 등의 진흥에 관한 법률」 제9조제1항에 따라 그 보급지역을 전국으로 하여 등록한 일반일간신문 **(또는, 그리고)** 인터넷 등에 게재하는 방법으로 한다.

정 답

500, 제외, 3, 4, 또는

기 출

산업안전보건법령상 산업재해발생건수 등의 공표대상 사업장에 해당하는 것은?

① 사망재해자가 연간 1명 이상 발생한 사업장

② 사망만인율(연간 상시근로자 1만명 당 발생하는 사망재해자 수의 비율)이 규모별 같은 업종의 평균 사망만인율 이상인 사업장

③ 「산업안전보건법」에 따른 중대재해가 발생한 사업장

④ 산업재해 발생 사실을 은폐했거나, 은폐할 우려가 있는 사업장

⑤ 「산업안전보건법」에 따른 산업재해의 발생에 관한 보고를 최근 3년 이내 1회 이상 하지 않은 사업장

정 답

②

막판 05 주식회사의 이사회 보고 및 승인

제14조(이사회 보고 및 승인 등) ① 「상법」 제170조에 따른 주식회사 중 **대통령령으로 정하는 회사의 대표이사**는 대통령령으로 정하는 바에 따라 매년 회사의 안전 및 보건에 관한 계획을 수립하여 이사회에 보고하고 승인을 받아야 한다.

② 제1항에 따른 대표이사는 제1항에 따른 안전 및 보건에 관한 계획을 성실하게 이행하여야 한다.

③ 제1항에 따른 안전 및 보건에 관한 계획에는 안전 및 보건에 관한 **비용, 시설, 인원** 등의 사항을 포함하여야 한다.

영 제13조(이사회 보고·승인 대상 회사 등) ① 법 제14조제1항에서 "대통령령으로 정하는 회사"란 다음 각 호의 어느 하나에 해당하는 회사를 말한다.

1. 상시근로자 ( )명 이상을 사용하는 회사
2. 「건설산업기본법」 제23조에 따라 평가하여 공시된 시공능력(같은 법 시행령 별표 1의 종합공사를 시공하는 업종의 건설업종란 제3호에 따른 토목건축공사업에 대한 평가 및 공시로 한정한다)의 순위 상위 ( )위 이내의 건설회사

② 법 제14조제1항에 따른 회사의 대표이사(「상법」 제408조의2제1항 후단에 따라 대표이사를 두지 못하는 회사의 경우에는 같은 법 제408조의5에 따른 대표집행임원을 말한다)는 회사의 정관에서 정하는 바에 따라 다음 각 호의 내용을 포함한 회사의 안전 및 보건에 관한 계획을 수립해야 한다.

1. 안전 및 보건에 관한 ( )
2. 안전·보건관리 조직의 구성·( ) 및 역할
3. 안전·보건 관련 예산 및 시설 현황
4. 안전 및 보건에 관한 전년도 활동실적 및 다음 연도 활동계획

정 답

500, 1천, 경영방침, 인원

기 출

산업안전보건법령상 상시근로자 1,000명인 회사(「상법」제170조에 따른 주식회사)의 대표이사 甲(갑)이 수립해야 하는 회사의 안전 및 보건에 관한 계획에 포함되어야 할 내용이 아닌 것은?

① 안전 및 보건에 관한 경영방침
② 안전·보건관리 업무 위탁에 관한 사항
③ 안전·보건관리 조직의 구성·인원 및 역할
④ 안전·보건 관련 예산 및 시설 현황
⑤ 안전 및 보건에 관한 전년도 활동실적 및 다음 연도 활동계획

정 답

②

예 상

산업안전보건법령상 「상법」 중 대통령령으로 정하는 주식회사의 대표이사는 매년 회사의 안전 및 보건에 관한 계획을 수립하여 이사회에 보고하고 승인을 받아야 한다. 해당 주식회사의 안전 및 보건에 관한 계획의 포함사항이 아닌 것은?

① 안전 및 보건에 관한 경영방침
② 안전 및 보건에 관한 기준 확립
③ 안전·보건관리 조직의 구성·인원 및 역할
④ 안전·보건 관련 예산 및 시설 현황
⑤ 안전 및 보건에 관한 전년도 활동실적 및 다음 연도 활동계획

정 답

②

막판 06 안전보건관리책임자의 업무

제15조(안전보건관리책임자) ① 사업주는 사업장을 실질적으로 총괄하여 관리하는 사람에게 해당 사업장의 다음 각 호의 업무를 총괄하여 관리하도록 하여야 한다. → **[암기법 : 산재3가지/교규측정진단/적격위험방지]**

1. 사업장의 산업재해 예방계획의 수립에 관한 사항
2. 제25조 및 제26조에 따른 안전보건관리규정의 작성 및 변경에 관한 사항
3. 제29조에 따른 안전보건교육에 관한 사항
4. 작업환경측정 등 작업환경의 점검 및 개선에 관한 사항
5. 제129조부터 제132조까지에 따른 근로자의 건강진단 등 건강관리에 관한 사항
6. 산업재해의 (　　) 및 재발 방지대책 수립에 관한 사항
7. 산업재해에 관한 통계의 기록 및 유지에 관한 사항
8. 안전장치 및 보호구 구입 시 적격품 여부 확인에 관한 사항
9. 그 밖에 근로자의 유해·위험 방지조치에 관한 사항으로서 고용노동부령으로 정하는 사항

② 제1항 각 호의 업무를 총괄하여 관리하는 사람(이하 "안전보건관리책임자"라 한다)은 제17조에 따른 안전관리자와 제18조에 따른 보건관리자를 지휘·감독한다.

③ 안전보건관리책임자를 두어야 하는 사업의 종류와 사업장의 상시근로자 수, 그 밖에 필요한 사항은 대통령령으로 정한다.

영 제14조(안전보건관리책임자의 선임 등) ① 법 제15조제2항에 따른 안전보건관리책임자(이하 "안전보건관리책임자"라 한다)를 두어야 하는 사업의 종류 및 사업장의 상시근로자 수(건설공사의 경우에는 건설공사 금액을 말한다. 이하 같다)는 별표 2와 같다.

② 사업주는 안전보건관리책임자가 법 제15조제1항에 따른 업무를 원활하게 수행할 수 있도록 권한·시설·장비·예산, 그 밖에 필요한 지원을 해야 한다.

③ 사업주는 안전보건관리책임자를 선임했을 때에는 그 선임 사실 및 법 제15조제1항 각 호에 따른 업무의 수행내용을 증명할 수 있는 서류를 갖추어 두어야 한다.

시행규칙 제9조(안전보건관리책임자의 업무) 법 제15조제1항제9호에서 "고용노동부령으로 정하는 사항"이란 법 제36조에 따른 (　　)에 관한 사항과 안전보건규칙에서 정하는 근로자의 위험 또는 건강장해의 방지에 관한 사항을 말한다.

안전보건관리책임자를 두어야 하는 사업의 종류 및 사업장의 상시근로자 수

(제14조제1항 관련)

사업의 종류	사업장의 상시근로자 수
1. 토사석 광업 2. 식료품 제조업, 음료 제조업 3. 목재 및 나무제품 제조업; 가구 제외 4. 펄프, 종이 및 종이제품 제조업 5. 코크스, 연탄 및 석유정제품 제조업 6. 화학물질 및 화학제품 제조업; 의약품 제외 7. 의료용 물질 및 의약품 제조업 8. 고무 및 플라스틱제품 제조업 9. 비금속 광물제품 제조업 10. 1차 금속 제조업 11. 금속가공제품 제조업; 기계 및 가구 제외 12. 전자부품, 컴퓨터, 영상, 음향 및 통신장비 제조업 13. 의료, 정밀, 광학기기 및 시계 제조업 14. 전기장비 제조업 15. 기타 기계 및 장비 제조업 16. 자동차 및 트레일러 제조업 17. 기타 운송장비 제조업 18. 가구 제조업 19. 기타 제품 제조업 20. 서적, 잡지 및 기타 인쇄물 출판업 21. 해체, 선별 및 원료 재생업 22. 자동차 종합 수리업, 자동차 전문 수리업	상시 근로자 (　　)명 이상
23. 농업 24. 어업 25. 소프트웨어 개발 및 공급업 26. 컴퓨터 프로그래밍, 시스템 통합 및 관리업 27. 정보서비스업 28. 금융 및 보험업 29. 임대업; 부동산 제외 30. 전문, 과학 및 기술 서비스업(연구개발업은 제외한다) 31. 사업지원 서비스업 32. 사회복지 서비스업	상시 근로자 300명 이상
33. 건설업	공사금액 (　　)억원 이상
34. 제1호부터 제33호까지의 사업을 제외한 사업	상시 근로자 100명 이상

정 답

원인조사, 위험성 평가 실시, 50명, 20억

기 출

산업안전보건법령상 안전보건관리책임자(이하 "관리책임자"라 한다)에 관한 설명으로 옳지 않은 것은?

① 「산업안전보건기준에 관한 규칙」에서 정하는 근로자의 위험 또는 건강장해의 방지에 관한 사항은 관리책임자의 업무에 해당한다.
② 사업주는 관리책임자에게 그 업무를 수행하는 데 필요한 권한을 주어야 한다.
③ 사업지원 서비스업의 경우에는 상시 근로자 50명 이상인 경우에 관리책임자를 두어야 한다.
④ 관리책임자는 해당 사업에서 그 사업장을 실질적으로 총괄·관리하는 사람이어야 한다.
⑤ 건설업의 경우에는 공사금액 20억 원 이상인 경우에 관리책임자를 두어야 한다.

정 답

③

예 상

산업안전보건법령상 안전보건관리책임자의 업무에 해당하는 것을 모두 고른 것은?

ㄱ. 사업장의 산업재해 예방계획의 수립에 관한 사항
ㄴ. 산업재해에 관한 통계의 기록에 관한 사항
ㄷ. 산업재해에 관한 보고 및 이에 대한 응급조치
ㄹ. 「산업안전보건법」제36조 위험성 평가의 실시에 관한 사항
ㅁ. 「산업안전보건기준에 관한 규칙」에서 정하는 근로자의 위험 또는 건강장해의 방지에 관한 사항

① ㄱ, ㄴ, ㄷ
② ㄱ, ㄴ, ㄷ, ㄹ
③ ㄱ, ㄴ, ㄷ, ㅁ
④ ㄱ, ㄴ, ㄹ, ㅁ
⑤ ㄱ, ㄴ, ㄷ, ㄹ, ㅁ

정 답

④

안전보건총괄책임자의 직무

* 직무는 직업으로서 맡아서 하는 일을 말하고, 업무는 날마다 계속해서 하는 일을 말한다.

제2절 도급인의 안전 · 보건조치

제62조(안전보건총괄책임자) ① 도급인은 관계수급인 근로자가 도급인의 사업장에서 작업을 하는 경우에는 그 사업장의 안전보건관리책임자를 도급인의 근로자와 관계수급인 근로자의 산업재해를 예방하기 위한 업무를 총괄하여 관리하는 안전보건총괄책임자로 지정하여야 한다. 이 경우 안전보건관리책임자를 두지 아니하여도 되는 사업장에서는 그 사업장에서 사업을 총괄하여 관리하는 사람을 안전보건총괄책임자로 지정하여야 한다.

② 제1항에 따라 안전보건총괄책임자를 지정한 경우에는 「건설기술 진흥법」 제64조제1항 제1호에 따른 안전총괄책임자를 둔 것으로 본다.

③ 제1항에 따라 안전보건총괄책임자를 지정하여야 하는 사업의 종류와 사업장의 상시근로자 수, 안전보건총괄책임자의 직무·권한, 그 밖에 필요한 사항은 대통령령으로 정한다.

영 제52조(안전보건총괄책임자 지정 대상사업) 법 제62조 제1항에 따른 안전보건총괄책임자(이하 "안전보건총괄책임자"라 한다)를 지정해야 하는 사업의 종류 및 사업장의 상시근로자 수는 관계수급인에게 고용된 근로자를 포함한 상시근로자가 (　　)명[선박 및 보트 건조업, 1차 금속 제조업 및 토사석 광업의 경우에는 (　　)명] 이상인 사업이나 관계수급인의 공사금액을 포함한 해당 공사의 총공사금액이 **20억원 이상**인 건설업으로 한다.

영 제53조(안전보건총괄책임자의 직무 등) ① 안전보건총괄책임자의 직무는 다음 각 호와 같다. → **[암기법 : 위중예조사]**

1. 법 제36조에 따른 위험성평가의 실시에 관한 사항
2. 법 제51조 및 제54조에 따른 작업의 중지
3. (　)
4. 법 제72조제1항에 따른 산업안전보건**관리비**의 관계수급인 간의 사용에 관한 협의·조정 및 그 집행의 감독
5. 안전인증대상기계등과 자율안전확인대상기계등의 사용 여부 확인

② 안전보건총괄책임자에 대한 지원에 관하여는 제14조 제2항을 준용한다. 이 경우 "안전보건관리책임자"는 "안전보건총괄책임자"로, "법 제15조제1항"은 "제1항"으로 본다.

③ 사업주는 안전보건총괄책임자를 선임했을 때에는 그 선임 사실 및 제1항 각 호의 직무의 수행내용을 증명할 수 있는 서류를 갖추어 두어야 한다.

정 답

100명, 50명, 법 제64조에 따른 도급 시 산업재해 예방조치

기 출

산업안전보건법령상 안전보건총괄책임자의 직무에 해당하지 않는 것은?

① 「산업안전보건법」제36조에 따른 위험성평가의 실시에 관한 사항
② 안전인증대상기계등과 자율안전확인대상기계 등의 사용 여부 확인
③ 「산업안전보건법」 제29조에 따른 안전보건교육에 관한 사항
④ 「산업안전보건법」 제72조에 따른 산업안전보건관리비의 관계수급인 간의 사용에 관한 협의·조정 및 그 집행의 감독
⑤ 「산업안전보건법」 제64조에 따른 도급 시 산업재해 예방조치

정 답

③

예 상

산업안전보건법령상 안전보건총괄책임자에 관한 설명이다. 다음 중 옳지 않은 것은?

① 안전보건총괄책임자를 지정해야 하는 건설업은 관계수급인의 공사금액을 포함한 해당 공사의 총공사금액이 20억 원 이상이다.
② 안전인증대상기계등과 자율안전확인대상기계 등의 사용 여부 확인은 안전보건총괄책임자의 직무에 해당한다.
③ 안전보건총괄책임자를 지정해야 하는 선박 및 보트 건조업의 상시근로자는 관계수급인에게 고용된 근로자를 포함하여 50명 이상이다.
④ 안전보건총괄책임자를 지정해야 하는 토사석 광업의 상시근로자는 관계수급인에게 고용된 근로자를 포함하여 100명 이상이다.
⑤ 안전보건총괄책임자를 지정한 경우에는 「건설기술 진흥법」 제64조제1항 제1호에 따른 안전총괄책임자를 둔 것으로 본다.

정 답

④

제16조(관리감독자) ① 사업주는 사업장의 생산과 관련되는 업무와 그 소속 직원을 직접 지휘·감독하는 직위에 있는 사람(이하 "관리감독자"라 한다)에게 산업 안전 및 보건에 관한 업무로서 ( )으로 정하는 업무를 수행하도록 하여야 한다.

② 관리감독자가 있는 경우에는 「건설기술 진흥법」 제64조제1항제2호에 따른 안전관리책임자 및 같은 항 제3호에 따른 안전관리담당자를 각각 둔 것으로 본다.

영 제15조(관리감독자의 업무 등) ① 법 제16조제1항에서 "대통령령으로 정하는 업무"란 다음 각 호의 업무를 말한다.

1. 사업장 내 법 제16조제1항에 따른 관리감독자(이하 "관리감독자""라 한다)가 지휘·감독하는 작업(이하 이 조에서 "**해당작업**"이라 한다)과 관련된 기계·기구 또는 설비의 안전·보건 점검 및 이상 유무의 확인
2. 관리감독자에게 소속된 근로자의 작업복·보호구 및 방호장치의 점검과 그 착용·사용에 관한 교육·지도
3. 해당작업에서 발생한 산업재해에 관한 보고 및 이에 대한 응급조치
4. 해당작업의 작업장 정리·정돈 및 통로 확보에 대한 확인·감독
5. 사업장의 다음 각 목의 어느 하나에 해당하는 사람의 지도·조언에 대한 협조
   가. 법 제17조제1항에 따른 안전관리자(이하 "안전관리자"라 한다) 또는 같은 조 제5항에 따라 안전관리자의 업무를 같은 항에 따른 안전관리전문기관(이하 "안전관리전문기관"이라 한다)에 위탁한 사업장의 경우에는 그 안전관리전문기관의 해당 사업장 담당자
   나. 법 제18조제1항에 따른 보건관리자(이하 "보건관리자"라 한다) 또는 같은 조 제5항에 따라 보건관리자의 업무를 같은 항에 따른 보건관리전문기관(이하 "보건관리전문기관"이라 한다)에 위탁한 사업장의 경우에는 그 보건관리전문기관의 해당 사업장 담당자
   다. 법 제19조제1항에 따른 안전보건관리담당자(이하 "안전보건관리담당자"라 한다) 또는 같은 조 제4항에 따라 안전보건관리담당자의 업무를 안전관리전문기관 또는 보건관리전문기관에 위탁한 사업장의 경우에는 그 안전관리전문기관 또는 보건관리전문기관의 해당 사업장 담당자
   라. 법 제22조제1항에 따른 산업보건의(이하 "산업보건의"라 한다)
6. 법 제36조에 따라 실시되는 위험성평가에 관한 다음 각 목의 업무
   가. 유해·위험요인의 ( )에 대한 참여
   나. 개선조치의 ( )에 대한 참여
7. 그 밖에 해당작업의 안전 및 보건에 관한 사항으로서 고용노동부령으로 정하는 사항

② 관리감독자에 대한 지원에 관하여는 제14조제2항을 준용한다. 이 경우 "안전보건

관리책임자"는 "관리감독자"로, "법 제15조제1항"은 "제1항"으로 본다.

안전보건규칙 제35조(관리감독자의 유해 · 위험 방지 업무 등) ① 사업주는 법 제16조제1항에 따른 관리감독자(건설업의 경우 직장·조장 및 반장의 지위에서 그 작업을 직접 지휘·감독하는 관리감독자를 말하며, 이하 "관리감독자"라 한다)로 하여금 별표 2에서 정하는 바에 따라 유해·위험을 방지하기 위한 업무를 수행하도록 하여야 한다.

② 사업주는 별표 3에서 정하는 바에 따라 작업을 시작하기 전에 관리감독자로 하여금 필요한 사항을 점검하도록 하여야 한다.

③ 사업주는 제2항에 따른 점검 결과 이상이 발견되면 즉시 수리하거나 그 밖에 필요한 조치를 하여야 한다.

정 답

대통령령, 파악, 시행

기 출

산업안전보건법령상 사업주가 관리감독자에게 수행하게 하여야 하는 산업안전 및 보건에 관한 업무로 명시되지 않은 것은?

① 산업재해에 관한 통계의 기록 및 유지에 관한 사항
② 사업장 내 관리감독자가 지휘·감독하는 작업과 관련된 기계·기구 또는 설비의 안전·보건 점검 및 이상 유무의 확인
③ 관리감독자에게 소속된 근로자의 작업복·보호구 및 방호장치의 점검과 그 착용·사용에 관한 교육·지도
④ 해당작업에서 발생한 산업재해에 관한 보고 및 이에 대한 응급조치
⑤ 해당작업의 작업장 정리·정돈 및 통로 확보에 대한 확인·감독

정 답

①

예 상

산업안전보건법령상 관리감독자의 업무에 해당하지 않는 것은?

① 사업장 내 관리감독자가 지휘·감독하는 작업과 관련된 기계·기구 또는 설비의 안전·보건 점검 및 이상 유무의 확인
② 관리감독자에게 소속된 근로자의 작업복·보호구 및 방호장치의 점검과 그 착용·사용에 관한 교육·지도
③ 사업장 내 관리감독자가 지휘·감독하는 작업에서 발생한 산업재해에 관한 보고 및 이에 대한 응급조치
④「산업안전보건법」제17조의 안전관리자의 지도·조언에 대한 협조
⑤「산업안전보건법」제36조에 따라 실시되는 위험성평가의 총괄 관리

정 답

⑤

막판 09 사업장 위험성평가에 관한 지침

제1장 총칙[2023. 5. 22. 개정]

제1조(목적) 이 고시는 「산업안전보건법」 제36조에 따라 사업주가 스스로 사업장의 유해·위험요인에 대한 실태를 파악하고 이를 평가하여 관리·개선하는 등 필요한 조치를 통해 산업재해를 예방할 수 있도록 지원하기 위하여 위험성평가 방법, 절차, 시기 등에 대한 기준을 제시하고, 위험성평가 활성화를 위한 시책의 운영 및 지원사업 등 그 밖에 필요한 사항을 규정함을 목적으로 한다.

제2조(적용범위) 이 고시는 위험성평가를 실시하는 모든 사업장에 적용한다.

제3조(정의) ① 이 고시에서 사용하는 용어의 뜻은 다음과 같다.

1. "유해·위험요인"이란 유해·위험을 일으킬 잠재적 가능성이 있는 것의 고유한 특징이나 속성을 말한다.
2. "위험성"이란 유해·위험요인이 사망, 부상 또는 질병으로 이어질 수 있는 가능성과 중대성 등을 고려한 위험의 정도를 말한다.
3. "위험성평가"란 사업주가 스스로 유해·위험요인을 **파악**하고 해당 유해·위험요인의 위험성 수준을 **결정**하여, 위험성을 낮추기 위한 적절한 조치를 마련하고 **실행**하는 과정을 말한다.
4. 삭제
5. 삭제
6. 삭제
7. 삭제
8. 삭제

② 그 밖에 이 고시에서 사용하는 용어의 뜻은 이 고시에 특별히 정한 것이 없으면 「산업안전보건법」 (이하 "법"이라 한다), 같은 법 시행령(이하 "영"이라 한다), 같은 법 시행규칙(이하 "규칙"이라 한다) 및 「산업안전보건기준에 관한 규칙」(이하 "안전보건규칙"이라 한다)에서 정하는 바에 따른다.

제4조(정부의 책무) ① 고용노동부장관(이하 "장관"이라 한다)은 사업장 위험성평가가 효과적으로 추진되도록 하기 위하여 다음 각 호의 사항을 강구하여야 한다.

1. 정책의 수립·집행·조정·홍보
2. 위험성평가 기법의 연구·개발 및 보급
3. 사업장 위험성평가 활성화 시책의 운영
4. 위험성평가 실시의 지원
5. 조사 및 통계의 유지·관리
6. 그 밖에 위험성평가에 관한 정책의 수립 및 추진

② 장관은 제1항 각 호의 사항 중 필요한 사항을 한국산업안전보건공단(이하 "공단"이라 한다)으로 하여금 수행하게 할 수 있다.

제2장 사업장 위험성평가

제5조(위험성평가 실시주체) ① 사업주는 스스로 사업장의 유해·위험요인을 파악하고 이를 평가하여 관리 개선하는 등 위험성평가를 실시하여야 한다.

② 법 제63조에 따른 작업의 일부 또는 전부를 도급에 의하여 행하는 사업의 경우는 도급을 준 도급인(이하 "도급사업주"라 한다)과 도급을 받은 수급인(이하 "수급사업주"라 한다)은 **각각** 제1항에 따른 위험성평가를 실시하여야 한다.

③ 제2항에 따른 도급사업주는 수급사업주가 실시한 위험성평가 결과를 검토하여 도급사업주가 개선할 사항이 있는 경우 이를 개선하여야 한다.

제5조의2(위험성평가의 대상) ① 위험성평가의 대상이 되는 유해·위험요인은 업무 중 근로자에게 노출된 것이 확인되었거나 노출될 것이 합리적으로 예견 가능한 모든 유해·위험요인이다. 다만, 매우 경미한 부상 및 질병만을 초래할 것으로 명백히 예상되는 유해·위험요인은 평가 대상에서 **제외할 수 있다.**

② 사업주는 사업장 내 부상 또는 질병으로 이어질 가능성이 있었던 상황(이하 "아차사고"라 한다)을 확인한 경우에는 해당 사고를 일으킨 유해·위험요인을 위험성평가의 대상에 포함시켜야 한다.

③ 사업주는 사업장 내에서 법 제2조 제2호의 중대재해가 발생한 때에는 지체 없이 중대재해의 원인이 되는 유해·위험요인에 대해 제15조제2항의 위험성평가를 실시하고, 그 밖의 사업장 내 유해·위험요인에 대해서는 제15조제3항의 위험성평가 재검토를 실시하여야 한다.

제6조(근로자 참여) 사업주는 위험성평가를 실시할 때, 법 제36조 제2항에 따라 다음 각 호에 해당하는 경우 해당 작업에 종사하는 근로자를 참여시켜야 한다.

1. 유해·위험요인의 위험성 수준을 판단하는 **기준**을 마련하고, 유해·위험요인별로 허용 가능한 위험성 수준을 정하거나 변경하는 경우
2. 해당 사업장의 유해·위험요인을 **파악**하는 경우
3. 유해·위험요인의 위험성이 허용 가능한 수준인지 여부를 **결정**하는 경우
4. 위험성 감소대책을 수립하여 **실행**하는 경우
5. 위험성 감소대책 실행 여부를 **확인**하는 경우

제7조(위험성평가의 방법) ① **사업주**는 다음과 같은 방법으로 위험성평가를 실시하여야 한다.

1. 안전보건관리책임자 등 해당 사업장에서 사업의 실시를 총괄 관리하는 사람에게 위험성평가의 실시를 총괄 관리하게 할 것
2. 사업장의 안전관리자, 보건관리자 등이 위험성평가의 실시에 관하여 안전보건관리책임자를 보좌하고 지도·조언하게 할 것
3. 유해·위험요인을 파악하고 그 결과에 따른 개선조치를 시행할 것 → **관리감독자**

(×)

4. 기계·기구, 설비 등과 관련된 위험성평가에는 해당 기계·기구, 설비 등에 전문 지식을 갖춘 사람을 참여하게 할 것
5. 안전·보건관리자의 선임의무가 없는 경우에는 제2호에 따른 업무를 수행할 사람을 지정하는 등 그 밖에 위험성평가를 위한 체제를 구축할 것

② 사업주는 제1항에서 정하고 있는 자에 대해 위험성평가를 실시하기 위해 필요한 교육을 실시하여야 한다. 이 경우 위험성평가에 대해 외부에서 교육을 받았거나, 관련학문을 전공하여 관련 지식이 풍부한 경우에는 필요한 부분만 교육을 실시하거나 교육을 생략할 수 있다.

③ 사업주가 위험성평가를 실시하는 경우에는 산업안전·보건 전문가 또는 전문기관의 컨설팅을 받을 수 있다.

④ 사업주가 다음 각 호의 어느 하나에 해당하는 제도를 이행한 경우에는 그 부분에 대하여 이 고시에 따른 위험성평가를 실시한 것으로 본다.

→ **제42조 : 유해위험방지계획서(×)**

1. 위험성평가 방법을 적용한 안전·보건진단(법 제47조)
2. **공정안전보고서(법 제44조). 다만, 공정안전보고서의 내용 중 공정위험성 평가서가 최대 4년 범위 이내에서 정기적으로 작성된 경우에 한한다.**
3. **근골격계부담작업 유해요인조사(안전보건규칙 제657조부터 제662조까지)**
4. **그 밖에 법과 이 법에 따른 명령에서 정하는 위험성평가 관련 제도**

⑤ 사업주는 사업장의 규모와 특성 등을 고려하여 다음 각 호의 위험성평가 방법 중 한 가지 이상을 선정하여 위험성평가를 실시할 수 있다.

1. 위험 가능성과 중대성을 조합한 빈도·강도법
2. 체크리스트(Checklist)법
3. 위험성 수준 3단계(저·중·고) 판단법
4. 핵심요인 기술(One Point Sheet)법
5. 그 외 규칙 제50조 제1항 제2호 각 목의 방법

시행규칙 제50조(공정안전보고서의 세부 내용 등) ① 영 제44조에 따라 공정안전보고서에 포함해야 할 세부내용은 다음 각 호와 같다.

2. 공정위험성평가서 및 잠재위험에 대한 사고예방·피해 최소화 대책(공정위험성평가서는 공정의 특성 등을 고려하여 다음 각 목의 위험성평가 기법 중 한 가지 이상을 선정하여 위험성평가를 한 후 그 결과에 따라 작성해야 하며, 사고예방·피해최소화 대책은 위험성평가 결과 잠재위험이 있다고 인정되는 경우에만 작성한다)
   가. 체크리스트(Check List)
   나. 상대위험순위 결정(Dow and Mond Indices)
   다. 작업자 실수 분석(HEA)

라. 사고 예상 질문 분석(What-if)
마. 위험과 운전 분석(HAZOP)
바. 이상위험도 분석(FMECA)
사. 결함 수 분석(FTA)
아. 사건 수 분석(ETA)
자. 원인결과 분석(CCA)
차. 가목부터 자목까지의 규정과 같은 수준 이상의 기술적 평가기법

제8조(위험성평가의 절차) 사업주는 위험성평가를 다음의 절차에 따라 실시하여야 한다. 다만, 상시근로자 5인 미만 사업장(건설공사의 경우 1억 원 미만)의 경우 제1호의 절차를 생략할 수 있다.

1. **사전준비**
2. 유해·위험요인 **파악**
3. 삭제
4. 위험성 **결정**
5. 위험성 감소대책 **수립 및 실행**
6. 위험성평가 실시내용 및 결과에 관한 **기록 및 보존**

제9조(사전준비) ① 사업주는 위험성평가를 효과적으로 실시하기 위하여 최초 위험성평가 시 다음 **각 호의 사항이 포함된 위험성평가 실시규정**을 작성하고, 지속적으로 관리하여야 한다.

1. 평가의 목적 및 방법
2. 평가담당자 및 책임자의 역할
3. 평가시기 및 절차
4. 근로자에 대한 참여·공유방법 및 유의사항
5. 결과의 기록·보존

② 사업주는 위험성평가를 실시하기 전에 다음 각 호의 사항을 확정하여야 한다.

1. 위험성의 수준과 그 수준을 판단하는 기준
2. 허용 가능한 위험성의 수준(이 경우 법에서 정한 기준 이상으로 위험성의 수준을 정하여야 한다)

③ 사업주는 다음 각 호의 사업장 안전보건정보를 사전에 조사하여 위험성평가에 활용할 수 있다.

1. 작업표준, 작업절차 등에 관한 정보
2. 기계·기구, 설비 등의 사양서, 물질안전보건자료(MSDS) 등의 유해·위험요인에 관한 정보
3. 기계·기구, 설비 등의 공정 흐름과 작업 주변의 환경에 관한 정보
4. 법 제63조에 따른 작업을 하는 경우로서 같은 장소에서 사업의 일부 또는 전부를

도급을 주어 행하는 작업이 있는 경우 혼재 작업의 위험성 및 작업 상황 등에 관한 정보

5. 재해사례, 재해통계 등에 관한 정보
6. 작업환경측정결과, 근로자 건강진단결과에 관한 정보
7. 그 밖에 위험성평가에 참고가 되는 자료 등

제10조(유해 · 위험요인 파악) 사업주는 사업장 내의 제5조의2에 따른 유해·위험요인을 파악하여야 한다. 이때 업종, 규모 등 사업장 실정에 따라 다음 각 호의 방법 중 어느 하나 이상의 방법을 사용하되, 특별한 사정이 없으면 제1호에 의한 방법을 포함하여야 한다.

1. 사업장 순회점검에 의한 방법
2. 근로자들의 상시적 제안에 의한 방법
3. 설문조사·인터뷰 등 청취조사에 의한 방법
4. 물질안전보건자료, 작업환경측정결과, 특수건강진단결과 등 안전보건 자료에 의한 방법
5. 안전보건 체크리스트에 의한 방법
6. 그 밖에 사업장의 특성에 적합한 방법

제11조(위험성 결정) ① 사업주는 제10조에 따라 파악된 유해·위험요인이 근로자에게 노출되었을 때의 위험성을 제9조 제2항 제1호에 따른 기준에 의해 판단하여야 한다.

② 사업주는 제1항에 따라 판단한 위험성의 수준이 제9조제2항 제2호에 의한 허용 가능한 위험성의 수준인지 결정하여야 한다.

제12조(위험성 감소대책 수립 및 실행) ① 사업주는 제11조제2항에 따라 허용 가능한 위험성이 아니라고 판단한 경우에는 위험성의 수준, 영향을 받는 근로자 수 및 **다음 각 호의 순서를 고려**하여 위험성 감소를 위한 대책을 수립하여 실행하여야 한다. 이 경우 법령에서 정하는 사항과 그 밖에 근로자의 위험 또는 건강장해를 방지하기 위하여 필요한 조치를 반영하여야 한다.

1. 위험한 작업의 폐지·변경, 유해·위험물질 대체 등의 조치 또는 설계나 계획 단계에서 위험성을 **제거** 또는 저감하는 조치
2. 연동장치, 환기장치 설치 등의 **공학적** 대책
3. 사업장 작업절차서 정비 등의 **관리적** 대책
4. **개인용 보호구**의 사용

② 사업주는 위험성 감소대책을 실행한 후 해당 공정 또는 작업의 위험성의 수준이 사전에 자체 설정한 허용 가능한 위험성의 수준인지를 확인하여야 한다.

③ 제2항에 따른 확인 결과, 위험성이 자체 설정한 허용 가능한 위험성 수준으로 내려오지 않는 경우에는 허용 가능한 위험성 수준이 될 때까지 추가의 감소대책을 수립·실행하여야 한다.

④ 사업주는 중대재해, 중대산업사고 또는 심각한 질병이 발생할 우려가 있는 위험성

으로서 제1항에 따라 수립한 위험성 감소대책의 실행에 많은 시간이 필요한 경우에는 즉시 잠정적인 조치를 강구하여야 한다.

제13조(위험성평가의 공유) ① 사업주는 위험성평가를 실시한 결과 중 다음 각 호에 해당하는 사항을 근로자에게 게시, 주지 등의 방법으로 알려야 한다.

1. 근로자가 종사하는 작업과 관련된 유해·위험요인
2. 제1호에 따른 유해·위험요인의 위험성 결정 결과
3. 제1호에 따른 유해·위험요인의 위험성 감소대책과 그 실행 계획 및 실행 여부
4. 제3호에 따른 위험성 감소대책에 따라 근로자가 준수하거나 주의하여야 할 사항

② 사업주는 위험성평가 결과 법 제2조 제2호의 중대재해로 이어질 수 있는 유해·위험요인에 대해서는 작업 전 안전점검회의(TBM: Tool Box Meeting) 등을 통해 근로자에게 상시적으로 주지시키도록 노력하여야 한다.

제14조(기록 및 보존) ① 규칙 제37조 제1항 제4호에 따른 "그 밖에 위험성평가의 실시내용을 확인하기 위하여 필요한 사항으로서 고용노동부장관이 정하여 고시하는 사항"이란 다음 각 호에 관한 사항을 말한다.

1. 위험성평가를 위해 사전조사 한 안전보건정보
2. 그 밖에 사업장에서 필요하다고 정한 사항

② 시행규칙 제37조제2항의 기록의 최소 보존기한은 제15조에 따른 실시 시기별 위험성평가를 완료한 날부터 기산한다.

제15조(위험성평가의 실시 시기) ① 사업주는 사업이 성립된 날(사업 개시일을 말하며, 건설업의 경우 실착공일을 말한다)로부터 1개월이 되는 날까지 제5조의2제1항에 따라 위험성평가의 대상이 되는 유해·위험요인에 대한 **최초 위험성평가**의 실시에 착수하여야 한다. 다만, 1개월 미만의 기간 동안 이루어지는 작업 또는 공사의 경우에는 특별한 사정이 없는 한 작업 또는 공사 개시 후 지체 없이 최초 위험성평가를 실시하여야 한다.

② 사업주는 다음 각 호의 어느 하나에 해당하여 추가적인 유해·위험요인이 생기는 경우에는 해당 유해·위험요인에 대한 **수시 위험성평가를 실시하**여야 한다. 다만, 제5호에 해당하는 경우에는 재해발생 작업을 대상으로 작업을 재개하기 전에 실시하여야 한다.

1. 사업장 건설물의 설치·이전·변경 또는 해체
2. 기계·기구, 설비, 원재료 등의 신규 도입 또는 변경
3. 건설물, 기계·기구, 설비 등의 정비 또는 보수(주기적·반복적 작업으로서 이미 위험성평가를 실시한 경우에는 제외)
4. 작업방법 또는 작업절차의 신규 도입 또는 변경
5. **중대산업사고 또는 산업재해(휴업 이상의 요양을 요하는 경우에 한정한다) 발생**
6. 그 밖에 사업주가 필요하다고 판단한 경우

③ 사업주는 다음 각 호의 사항을 고려하여 제1항에 따라 실시한 위험성평가의 결과

에 대한 **적정성을 1년마다 정기적으로 재검토**(이때, 해당 기간 내 제2항에 따라 실시한 위험성평가의 결과가 있는 경우 함께 적정성을 재검토하여야 한다)하여야 한다. 재검토 결과 허용 가능한 위험성 수준이 아니라고 검토된 유해·위험요인에 대해서는 제12조에 따라 위험성 감소대책을 수립하여 실행하여야 한다.

1. 기계·기구, 설비 등의 기간 경과에 의한 성능 저하
2. 근로자의 교체 등에 수반하는 안전·보건과 관련되는 지식 또는 경험의 변화
3. 안전·보건과 관련되는 새로운 지식의 습득
4. 현재 수립되어 있는 위험성 감소대책의 유효성 등

④ 사업주가 사업장의 상시적인 위험성평가를 위해 다음 각 호의 사항을 이행하는 경우 **제2항과 제3항의 수시평가와 정기평가**를 실시한 것으로 본다.

1. 매월 1회 이상 근로자 제안제도 활용, 아차사고 확인, 작업과 관련된 근로자를 포함한 사업장 순회점검 등을 통해 사업장 내 유해·위험요인을 발굴하여 제11조의 위험성결정 및 제12조의 위험성 감소대책 수립·실행을 할 것
2. **매주** 안전보건관리책임자, 안전관리자, 보건관리자, 관리감독자 등(도급사업주의 경우 수급사업장의 안전·보건 관련 관리자 등을 포함한다)을 중심으로 제1호의 결과 등을 논의·공유하고 이행상황을 점검할 것
3. **매 작업일**마다 제1호와 제2호의 실시결과에 따라 근로자가 준수하여야 할 사항 및 주의하여야 할 사항을 **작업 전 안전점검회의** 등을 통해 공유·주지할 것

예 상 1

산업안전보건법령상 위험성평가를 실시한 것으로 보는 경우에 해당하는 것을 모두 고른 것은?

ㄱ. 위험성평가 방법을 적용한 안전·보건진단
ㄴ. 유해위험방지계획서의 작성·제출
ㄷ. 공정안전보고서의 내용 중 공정위험성 평가서가 최대 4년 범위 이내에서 정기적으로 작성된 경우
ㄹ. 근골격계부담작업 유해요인조사

① ㄱ, ㄴ
② ㄴ, ㄷ
③ ㄱ, ㄴ, ㄷ
④ ㄱ, ㄷ, ㄹ
⑤ ㄱ, ㄴ, ㄷ, ㄹ

정 답

④

예 상 2

사업장 위험성평가에 관한 지침에서 상시근로자 5인 미만(건설공사의 경우 1억 원 미만)의 경우 위험성평가 절차 중 생략할 수 있는 것은?

① 사전준비
② 유해위험요인 파악
③ 위험성 결정
④ 위험성 감소대책 수립 및 실행
⑤ 위험성평가 실시내용 및 결과에 관한 기록 및 보존

정 답

①

예 상 3

사업장 위험성평가에 관한 지침에서 위험성평가 실시규정에 포함사항이 아닌 것은?

① 평가의 목적 및 방법
② 평가담당자 및 책임자의 역할
③ 평가시기 및 절차
④ 사업주에 대한 참여·공유방법 및 유의사항
⑤ 결과의 기록·보존

정 답

④

예 상 4

사업장 위험성평가에 관한 지침에서 위험성평가 방법에 관한 설명 중 옳지 않은 것은?

① 안전보건관리책임자 등 해당 사업장에서 사업의 실시를 총괄 관리하는 사람에게 위험성평가의 실시를 총괄 관리하게 할 것
② 사업장의 안전관리자, 보건관리자 등이 위험성평가의 실시에 관하여 안전보건관리책임자를 보좌하고 지도·조언하게 할 것
③ 안전·보건관리자의 선임의무가 없는 경우에는 위험성평가의 실시에 관하여 안전보건관리책임자를 보좌하고 지도·조언을 수행할 사람을 지정하는 등 체제를 구축할 것
④ 관리감독자는 유해·위험요인을 파악하고 그 결과에 따른 개선조치를 시행할 것
⑤ 기계·기구, 설비 등과 관련된 위험성평가에는 해당 기계·기구, 설비 등에 전문 지식을 갖춘 사람을 참여하게 할 것

정 답

④

예 상 5

사업장 위험성평가에 관한 지침에서 위험성평가의 실시 시기에 관한 다음 설명 중 옳지 않은 것은?

① 사업주는 사업이 성립한 날(사업개시일, 건설업의 경우 실착공일)로부터 1개월이 되는 날까지 유해·위험요인에 대한 최초 위험성평가의 실시에 착수하여야 한다.

② 사업장 건설물의 설치·이전·변경 또는 해체에 있어 추가적인 유해·위험요인이 생기는 경우에는 수시 위험성평가를 실시하여야 한다.

③ 중대산업사고 또는 산업재해(사망자 발생의 경우에 한정) 발생으로 추가적인 유해·위험요인이 생기는 경우에는 수시 위험성평가를 실시하여야 한다.

④ 사업주는 최초 위험성평가 실시 결과에 대한 적정성을 1년마다 정기적으로 재검토하여야 한다.

⑤ ④항의 재검토에서는 현재 수립되어 있는 위험성 감소대책의 유효성 등도 고려하여야 한다.

정 답

③

예 상 6

사업장 위험성평가에 관한 지침에 관한 다음 설명 중 옳은 것은?

① 사업주는 사업이 성립한 날(사업개시일, 건설업의 경우 실착공일)로부터 1주일이 되는 날까지 최초 위험성평가의 실시에 착수하여야 한다.

② 사업주가 사업장의 상시적인 위험성평가를 위해 매주 1회 이상 근로자 제안제도 활용, 아차사고 확인 등을 통해 사업장 내 유해·위험요인을 발굴하여 위험성 결정 및 위험성 감소대책 수립실행을 한 경우에는 수시평가와 정기평가를 한 것으로 본다.

③ 위험성 감소를 위한 대책의 우선순위에서 1순위는 연동장치, 환기장치 설치 등의 공학적 대책이다.

④ 사업주는 중대재해, 중대산업사고 또는 심각한 질병이 발생할 우려가 있는 위험성으로서 위험성 감소대책의 실행에 많은 비용이 필요한 경우에는 지체 없이 잠정적인 조치를 강구하여야 한다.

⑤ 사업주는 위험성평가 결과 중대재해로 이어질 수 있는 유해·위험요인에 대해서는 작업 전 안전점검회의(TBM) 등을 통해 근로자에게 상시적으로 주지시키도록 노력하여야 한다.

정 답

⑤

1.

제17조(안전관리자) ① 사업주는 사업장에 제15조제1항 각 호의 사항 중 안전에 관한 기술적인 사항에 관하여 사업주 또는 안전보건관리책임자를 보좌하고 관리감독자에게 지도·조언하는 업무를 수행하는 사람(이하 "안전관리자"라 한다)을 두어야 한다.

② 안전관리자를 두어야 하는 사업의 종류와 사업장의 상시근로자 수, 안전관리자의 수·자격·업무·권한·선임방법, 그 밖에 필요한 사항은 대통령령으로 정한다.

③ 대통령령으로 정하는 사업의 종류 및 사업장의 상시근로자 수에 해당하는 사업장의 사업주는 안전관리자에게 **그 업무만을 전담**하도록 하여야 한다. 〈신설 2021. 5. 18.〉

④ 고용노동부장관은 산업재해 예방을 위하여 필요한 경우로서 고용노동부령으로 정하는 사유에 해당하는 경우에는 사업주에게 안전관리자를 제2항에 따라 대통령령으로 정하는 수 이상으로 늘리거나 교체할 것을 명할 수 있다. 〈개정 2021. 5. 18.〉

⑤ 대통령령으로 정하는 사업의 종류 및 사업장의 상시근로자 수에 해당하는 사업장의 사업주는 제21조에 따라 지정받은 안전관리 업무를 전문적으로 수행하는 기관(이하 "안전관리전문기관"이라 한다)에 안전관리자의 업무를 위탁할 수 있다.

영 제16조(안전관리자의 선임 등) ① 법 제17조제1항에 따라 안전관리자를 두어야 하는 사업의 종류와 사업장의 상시근로자 수, 안전관리자의 수 및 선임방법은 별표 3과 같다.

② 법 제17조제3항에서 "대통령령으로 정하는 사업의 종류 및 사업장의 상시근로자 수에 해당하는 사업장"이란 제1항에 따른 사업 중 상시근로자 (　　)명 이상을 사용하는 사업장[건설업의 경우에는 공사금액이 (　　)억원(「건설산업기본법 시행령」 별표 1의 종합공사를 시공하는 업종의 건설업종란 제1호에 따른 토목공사업의 경우에는 150억원) 이상인 사업장]을 말한다. 〈개정 2021.11.19〉

③ 제1항 및 제2항을 적용할 경우 제52조에 따른 사업으로서 도급인의 사업장에서 이루어지는 도급사업의 공사금액 또는 관계수급인의 상시근로자는 각각 해당 사업의 공사금액 또는 상시근로자로 본다. 다만, 별표 3의 기준에 해당하는 도급사업의 공사금액 또는 관계수급인의 상시근로자의 경우에는 그렇지 않다.

④ 제1항에도 불구하고 같은 사업주가 경영하는 둘 이상의 사업장이 다음 각 호의 어느 하나에 해당하는 경우에는 **그 둘 이상의 사업장에 1명의 안전관리자를 공동으로 둘 수 있다.** 이 경우 해당 사업장의 상시근로자 수의 합계는 300명 이내[건설업의 경우에는 공사금액의 합계가 120억원(「건설산업기본법 시행령」 별표 1의 종합공사를 시공하는 업종의 건설업종란 제1호에 따른 토목공사업의 경우에는 150억원) 이내]이어야 한다.

1. 같은 시·군·구(자치구를 말한다) 지역에 소재하는 경우
2. 사업장 간의 경계를 기준으로 (　)킬로미터 이내에 소재하는 경우

⑤ 제1항부터 제3항까지의 규정에도 불구하고 도급인의 사업장에서 이루어지는 도급사업에서 (　)이 고용노동부령으로 정하는 바에 따라 그 사업의 관계수급인 근로자에 대한 안전관리를 전담하는 안전관리자를 선임한 경우에는 (　)은 해당 도급사업에 대한 안전관리자를 선임하지 않을 수 있다.

⑥ 사업주는 안전관리자를 선임하거나 법 제17조제5항에 따라 안전관리자의 업무를 안전관리전문기관에 위탁한 경우에는 고용노동부령으로 정하는 바에 따라 선임하거나 위탁한 날부터 (　)일 이내에 고용노동부장관에게 그 사실을 증명할 수 있는 서류를 제출해야 한다. 법 제17조제4항에 따라 안전관리자를 늘리거나 교체한 경우에도 또한 같다. 〈개정 2021.11.19.〉

영 제17조(안전관리자의 자격) 안전관리자의 자격은 별표 4와 같다.

안전관리자는 다음 각 호의 어느 하나에 해당하는 사람으로 한다.

1. 법 제143조제1항에 따른 산업안전지도사 자격을 가진 사람
2. 「국가기술자격법」에 따른 산업안전산업기사 이상의 자격을 취득한 사람
3. 「국가기술자격법」에 따른 건설안전산업기사 이상의 자격을 취득한 사람
9. 제16조제2항에 따라 전담 안전관리자를 두어야 하는 사업장(건설업은 제외한다)에서 안전 관련 업무를 (　)년 이상 담당한 사람
10. 「건설산업기본법」 제8조에 따른 종합공사를 시공하는 업종의 건설현장에서 안전보건관리책임자로 (　)년 이상 재직한 사람
12. 「국가기술자격법」에 따른 토목산업기사 또는 건축산업기사 이상의 자격을 취득한 후 해당 분야에서의 실무경력이 다음 각 목의 구분에 따른 기간 이상인 사람으로서 고용노동부장관이 지정하는 기관이 실시하는 산업안전교육(2023년 12월 31일까지의 교육만 해당한다)을 이수하고 정해진 시험에 합격한 사람
    가. 토목기사 또는 건축기사: 3년
    나. 토목산업기사 또는 건축산업기사: 5년

영 제18조(안전관리자의 업무 등) ① 안전관리자의 업무는 다음 각 호와 같다.

1. 법 제24조제1항에 따른 산업안전보건위원회(이하 "산업안전보건위원회"라 한다) 또는 법 제75조제1항에 따른 안전 및 보건에 관한 노사협의체(이하 "노사협의체"라 한다)에서 심의·의결한 업무와 해당 사업장의 법 제25조제1항에 따른 안전보건관리규정(이하 "안전보건관리규정"이라 한다) 및 취업규칙에서 정한 업무
2. 법 제36조에 따른 위험성평가에 관한 보좌 및 지도·조언
3. 법 제84조제1항에 따른 안전인증대상기계등(이하 "안전인증대상기계등"이라 한다)

과 법 제89조제1항 각 호 외의 부분 본문에 따른 자율안전확인대상기계등(이하 "자율안전확인대상기계등"이라 한다) 구입 시 적격품의 선정에 관한 보좌 및 지도·조언
4. 해당 사업장 안전교육계획의 수립 및 안전교육 실시에 관한 보좌 및 지도·조언
5. 사업장 순회점검, 지도 및 조치 건의
6. 산업재해 발생의 원인 조사·분석 및 재발 방지를 위한 기술적 보좌 및 지도·조언
7. 산업재해에 관한 통계의 유지·관리·분석을 위한 보좌 및 지도·조언
8. 법 또는 법에 따른 명령으로 정한 안전에 관한 사항의 이행에 관한 보좌 및 지도·조언
9. 업무 수행 내용의 기록·유시
10. 그 밖에 안전에 관한 사항으로서 고용노동부장관이 정하는 사항

② 사업주가 안전관리자를 배치할 때에는 연장근로·야간근로 또는 휴일근로 등 해당 사업장의 작업 형태를 고려해야 한다.

③ 사업주는 안전관리 업무의 원활한 수행을 위하여 외부전문가의 평가·지도를 받을 수 있다.

④ 안전관리자는 제1항 각 호에 따른 업무를 수행할 때에는 보건관리자와 협력해야 한다.

⑤ 안전관리자에 대한 지원에 관하여는 제14조제2항을 준용한다. 이 경우 "안전보건관리책임자"는 "안전관리자"로, "법 제15조제1항"은 "제1항"으로 본다.

✎ 안전관리자를 두어야 하는 사업의 종류, 사업장의 상시근로자수, 안전관리자의 수

사업의 종류	사업장의 상시근로자 수	안전관리자 수
토사석 광업, 식료품 제조업 등	50명 이상 500명 미만	1명 이상
	500명 이상	2명 이상
농업, 임업 및 어업 등	50명 이상 1천명 미만	1명 이상
	1천명 이상	2명 이상
건설업(공사금액)	50억 이상 800억 미만	1명 이상
	800억 이상 1,500억 미만	2명 이상

정 답

300명, 120억, 15킬로미터, 도급인, 그 사업의 관계수급인, 14일, 10년, 10년

2.

제18조(보건관리자) ① 사업주는 사업장에 제15조제1항 각 호의 사항 중 보건에 관한 기술적인 사항에 관하여 사업주 또는 안전보건관리책임자를 보좌하고 관리감독자에게 지도·조언하는 업무를 수행하는 사람(이하 "보건관리자"라 한다)을 두어야 한다.

② 보건관리자를 두어야 하는 사업의 종류와 사업장의 상시근로자 수, 보건관리자의 수·자격·업무·권한·선임방법, 그 밖에 필요한 사항은 대통령령으로 정한다.

③ 대통령령으로 정하는 사업의 종류 및 사업장의 상시근로자 수에 해당하는 사업장의 사업주는 보건관리자에게 그 업무만을 전담하도록 하여야 한다. 〈신설 2021. 5. 18.〉

④ 고용노동부장관은 산업재해 예방을 위하여 필요한 경우로서 고용노동부령으로 정하는 사유에 해당하는 경우에는 사업주에게 보건관리자를 제2항에 따라 대통령령으로 정하는 수 이상으로 늘리거나 교체할 것을 명할 수 있다. 〈개정 2021. 5. 18.〉

⑤ 대통령령으로 정하는 사업의 종류 및 사업장의 상시근로자 수에 해당하는 사업장의 사업주는 제21조에 따라 지정받은 보건관리 업무를 전문적으로 수행하는 기관(이하 "보건관리전문기관"이라 한다)에 보건관리자의 업무를 위탁할 수 있다.

영 제22조(보건관리자의 업무 등) ① 보건관리자의 업무는 다음 각 호와 같다.

1. 산업안전보건위원회 또는 노사협의체에서 심의·의결한 업무와 안전보건관리규정 및 취업규칙에서 정한 업무
2. 안전인증대상기계등과 자율안전확인대상기계등 중 보건과 관련된 보호구(保護具) 구입 시 적격품 선정에 관한 보좌 및 지도·조언
3. 법 제36조에 따른 위험성평가에 관한 보좌 및 지도·조언
4. 법 제110조에 따라 작성된 물질안전보건자료의 게시 또는 비치에 관한 보좌 및 지도·조언
5. 제31조제1항에 따른 산업보건의의 직무(보건관리자가 별표 6 제2호에 해당하는 사람인 경우로 한정한다)
6. 해당 사업장 보건교육계획의 수립 및 보건교육 실시에 관한 보좌 및 지도·조언
7. 해당 사업장의 근로자를 보호하기 위한 다음 각 목의 조치에 해당하는 의료행위(보건관리자가 별표 6 **제2호 또는 제3호에 해당하는 경우로 한정**한다) → **의사, 간호사**
   가. 자주 발생하는 가벼운 부상에 대한 치료
   나. 응급처치가 필요한 사람에 대한 처치
   다. 부상·질병의 악화를 방지하기 위한 처치
   라. 건강진단 결과 발견된 질병자의 요양 지도 및 관리
   마. 가목부터 라목까지의 의료행위에 따르는 의약품의 투여
8. 작업장 내에서 사용되는 **전체 환기장치 및 국소 배기장치** 등에 관한 설비의 점검과 작업방법의 공학적 개선에 관한 보좌 및 지도·조언

9. 사업장 순회점검, 지도 및 조치 건의
10. 산업재해 발생의 원인 조사·분석 및 재발 방지를 위한 기술적 보좌 및 지도·조언
11. 산업재해에 관한 통계의 유지·관리·분석을 위한 보좌 및 지도·조언
12. 법 또는 법에 따른 명령으로 정한 보건에 관한 사항의 이행에 관한 보좌 및 지도·조언
13. 업무 수행 내용의 기록·유지
14. 그 밖에 보건과 관련된 작업관리 및 작업환경관리에 관한 사항으로서 고용노동부장관이 정하는 사항

영 제23조(보건관리자 업무의 위탁 등) ① 법 제18조 제5항에 따라 보건관리자의 업무를 위탁할 수 있는 보건관리전문기관은 (   ) 보건관리전문기관과 업종별·유해인자별 보건관리전문기관으로 구분한다.

② 법 제18조 제5항에서 "대통령령으로 정하는 사업의 종류 및 사업장의 상시근로자 수에 해당하는 사업장"이란 다음 각 호의 어느 하나에 해당하는 사업장을 말한다.

1. 건설업을 제외한 사업(업종별·유해인자별 보건관리전문기관의 경우에는 고용노동부령으로 정하는 사업을 말한다)으로서 상시근로자 (   )명 미만을 사용하는 사업장
2. 외딴곳으로서 고용노동부장관이 정하는 지역에 있는 사업장

③ 보건관리자 업무의 위탁에 관하여는 제19조제2항을 준용한다. 이 경우 "법 제17조제5항 및 이 조 제1항"은 "법 제18조제5항 및 이 조 제2항"으로, "안전관리자"는 "보건관리자"로, "안전관리전문기관"은 "보건관리전문기관"으로 본다.

보건관리자의 자격(제21조 관련)

보건관리자는 다음 각 호의 어느 하나에 해당하는 사람으로 한다.

1. 법 제143조제1항에 따른 산업보건지도사 자격을 가진 사람
2. 「의료법」에 따른 의사
3. 「의료법」에 따른 간호사
4. 「국가기술자격법」에 따른 산업위생관리산업기사 또는 대기환경산업기사 이상의 자격을 취득한 사람
5. 「국가기술자격법」에 따른 인간공학(   ) 이상의 자격을 취득한 사람
6. 「고등교육법」에 따른 전문대학 이상의 학교에서 산업보건 또는 산업위생 분야의 학위를 취득한 사람(법령에 따라 이와 같은 수준 이상의 학력이 있다고 인정되는 사람을 포함한다)

정 답

지역별, 300명, 기사

3.

영 제24조(안전보건관리담당자의 선임 등) ① 다음 각 호의 어느 하나에 해당하는 사업의 사업주는 법 제19조제1항에 따라 상시근로자 20명 이상 50명 미만인 사업장에 안전보건관리담당자를 1명 이상 선임해야 한다. → **[암기법 : 담당자2~5/임제/하폐정화]**

1. 제조업
2. 임업
3. 하수, 폐수 및 분뇨 처리업
4. 폐기물 수집, 운반, 처리 및 원료 재생업
5. 환경 정화 및 복원업

② 안전보건관리담당자는 해당 사업장 소속 근로자로서 다음 각 호의 어느 하나에 해당하는 요건을 갖추어야 한다.

1. 제17조에 따른 안전관리자의 자격을 갖추었을 것
2. 제21조에 따른 보건관리자의 자격을 갖추었을 것
3. 고용노동부장관이 정하여 고시하는 안전보건교육을 이수했을 것

③ 안전보건관리담당자는 제25조 각 호에 따른 업무에 지장이 없는 범위에서 다른 업무를 겸할 수 있다.

④ 사업주는 제1항에 따라 안전보건관리담당자를 선임한 경우에는 그 선임 사실 및 제25조 각 호에 따른 업무를 수행했음을 증명할 수 있는 서류를 갖추어 두어야 한다.

영 제25조(안전보건관리담당자의 업무) 안전보건관리담당자의 업무는 다음 각 호와 같다. → **[암기법 : 교육평가/측정진단/통계적격]**

1. 법 제29조에 따른 안전보건교육 실시에 관한 보좌 및 지도·조언
2. 법 제36조에 따른 위험성평가에 관한 보좌 및 지도·조언
3. 법 제125조에 따른 작업환경측정 및 개선에 관한 보좌 및 지도·조언
4. 법 제129조부터 제131조까지의 규정에 따른 각종 건강진단에 관한 보좌 및 지도·조언
5. 산업재해 발생의 원인 조사, 산업재해 통계의 기록 및 유지를 위한 보좌 및 지도·조언
6. 산업 안전·보건과 관련된 안전장치 및 보호구 구입 시 적격품 선정에 관한 보좌 및 지도·조언

기 출

산업안전보건법령상 안전관리자가 수행하여야 할 업무가 아닌 것은?

① 사업장 순회점검·지도 및 조치의 건의
② 산업재해 발생의 원인 조사·분석 및 재발방지를 위한 기술적 보좌 및 조언·지도
③ 작업장 내에서 사용되는 전체 환기장치 및 국소배기장치 등에 관한 설비의 점검과 작업방법
④ 산업재해에 관한 통계의 유지·관리·분석을 위한 보좌 및 조언·지도
⑤ 업무수행 내용의 기록·유지

정 답

③

예 상 1

산업안전보건법령상 보건관리자에 관한 설명으로 옳지 않은 것은?

① 상시근로자 300명 이상을 사용하는 사업장의 사업주는 보건관리자에게 그 업무만을 전담하도록 하여야 한다.
② 안전인증대상기계 등과 자율안전확인대상기계 등 보건과 관련된 보호구 구입 시 적격품 선정에 관한 보좌 및 지도·조언은 보건관리자의 업무에 해당한다.
③ 「국가기술자격법」에 따른 대기환경기사 이상의 자격을 취득해야 보건관리자가 될 수 있다.
④ 「국가기술자격법」에 따른 인간공학기사 이상의 자격을 취득해야 보건관리자가 될 수 있다.
⑤ 보건관리자의 업무를 위탁할 수 있는 보건관리전문기관은 지역별 보건관리전문기관과 업종별·유해인자별 보건관리전문기관으로 구분된다.

정 답

③

예 상 2

산업안전보건법령상 하수, 폐수 및 분뇨 처리업의 경우 상시근로자 20명 이상 50명 미만인 사업장에 안전보건관리담당자를 1명 이상 선임해야 한다. 안전보건관리담당자의 업무가 아닌 것은?

① 「산업안전보건법」 제25조 및 제26조에 따른 안전보건관리규정의 작성 및 변경에 관한 사항
② 「산업안전보건법」 제29조에 따른 안전보건교육 실시에 관한 보좌 및 지도·조언
③ 「산업안전보건법」 제36조에 따른 위험성평가에 관한 보좌 및 지도·조언
④ 산업재해 발생의 원인 조사, 산업재해 통계의 기록 및 유지를 위한 보좌 및 지도·조언
⑤ 산업 안전·보건과 관련된 안전장치 및 보호구 구입 시 적격품 선정에 관한 보좌 및 지도·조언

정 답

①

제21조(안전관리전문기관 등) ① 안전관리전문기관 또는 보건관리전문기관이 되려는 자는 대통령령으로 정하는 인력·시설 및 장비 등의 요건을 갖추어 고용노동부장관의 (　　) 을 받아야 한다.

② 고용노동부장관은 안전관리전문기관 또는 보건관리전문기관에 대하여 평가하고 그 결과를 공개할 수 있다. 이 경우 평가의 기준·방법 및 결과의 공개에 필요한 사항은 고용노동부령으로 정한다.

③ 안전관리전문기관 또는 보건관리전문기관의 지정 절차, 업무 수행에 관한 사항, 위탁받은 업무를 수행할 수 있는 지역, 그 밖에 필요한 사항은 고용노동부령으로 정한다.

④ 고용노동부장관은 안전관리전문기관 또는 보건관리전문기관이 다음 각 호의 어느 하나에 해당할 때에는 그 지정을 취소하거나 (　　)개월 이내의 기간을 정하여 그 업무의 정지를 명할 수 있다. 다만, 제1호 또는 제2호에 해당할 때에는 그 지정을 취소하여야 한다.

1. 거짓이나 그 밖의 부정한 방법으로 지정을 받은 경우
2. 업무정지 기간 중에 업무를 수행한 경우
3. 제1항에 따른 지정 요건을 충족하지 못한 경우
4. 지정받은 사항을 위반하여 업무를 수행한 경우
5. 그 밖에 대통령령으로 정하는 사유에 해당하는 경우

⑤ 제4항에 따라 지정이 취소된 자는 지정이 취소된 날부터 (　　)년 이내에는 각각 해당 안전관리전문기관 또는 보건관리전문기관으로 지정받을 수 없다.

→ 제21조 제4항과 제5항 [준용관련 암기법 : 안전보건교육기관/안전보건진단기관/건설재해예방전문지도기관/타워크레인설치 · 해체업 등록한 자/석면해체 · 제거업을 등록한 자/안전인증기관/안전검사기관/자율안전검사기관/석면조사기관/작업환경측정기관/특수건강진단기관]

영 제23조(보건관리자 업무의 위탁 등) ① 법 제18조 제5항에 따라 보건관리자의 업무를 위탁할 수 있는 보건관리전문기관은 지역별 보건관리전문기관과 업종별·유해인자별 보건관리전문기관으로 구분한다.

영 제28조(안전관리전문기관 등의 지정 취소 등의 사유) 법 제21조제4항 제5호에서 "대통령령으로 정하는 사유에 해당하는 경우"란 다음 각 호의 경우를 말한다. → **임의취소사유**

1. 안전관리 또는 보건관리 업무 관련 서류를 거짓으로 작성한 경우

2. 정당한 사유 없이 안전관리 또는 보건관리 업무의 수탁을 거부한 경우
3. 위탁받은 안전관리 또는 보건관리 업무에 차질을 일으키거나 업무를 게을리한 경우
4. 안전관리 또는 보건관리 업무를 수행하지 않고 위탁 수수료를 받은 경우
5. 안전관리 또는 보건관리 업무와 관련된 비치서류를 보존하지 않은 경우
6. 안전관리 또는 보건관리 업무 수행과 관련한 대가 외에 금품을 받은 경우
7. 법에 따른 관계 공무원의 지도·감독을 거부·방해 또는 기피한 경우

시행규칙 제15조(업종별 · 유해인자별 보건관리전문기관) ① 영 제23조제2항제1호에 따라 업종별 보건관리전문기관에 보건관리 업무를 위탁할 수 있는 사업은 ( )으로 한다.

② **영 제23조제2항 제1호에 따라 유해인자별 보건관리전문기관에 보건관리 업무를 위탁할 수 있는 사업**은 다음 각 호와 같다. → [암기법 : 납/수/석/크~/허가단순]

1. 납 취급 사업
2. 수은 취급 사업
3. ( ) 취급 사업
4. 석면 취급 사업
5. 법 제118조에 따라 제조·사용허가를 받아야 할 물질을 취급하는 사업
6. 근골격계 질환의 원인이 되는 단순반복작업, 영상표시단말기 취급작업, 중량물 취급작업 등을 하는 사업

시행규칙 제18조(둘 이상의 관할지역에 걸치는 안전관리 · 보건관리전문기관의 지정) 법 제21조제3항에 따라 안전관리전문기관 또는 보건관리전문기관이 둘 이상의 지방고용노동청장의 관할지역에 걸쳐서 안전관리 또는 보건관리 업무를 수행하려는 경우에는 각 관할 지방고용노동청장에게 지정신청을 해야 한다. 이 경우 해당 관할 지방고용노동청장은 상호 협의하여 그 지정 여부를 결정해야 한다.

시행규칙 제20조(안전관리 · 보건관리전문기관의 업무수행 기준)

② 안전관리전문기관 또는 보건관리전문기관은 고용노동부장관이 정하는 바에 따라 매월 안전관리·보건관리 상태에 관한 보고서를 작성하여 다음 달 ( )일까지 고용노동부장관이 정하는 전산시스템에 등록하고 사업주에게 제출해야 한다.

시행규칙 제21조(안전관리 · 보건관리전문기관의 비치서류) 법 제21조제3항에 따라 안전관리전문기관 또는 보건관리전문기관은 다음 각 호의 서류를 갖추어 두고 ( )년간 보존해야 한다.

1. 안전관리 또는 보건관리 업무 수탁에 관한 서류
2. 그 밖에 안전관리전문기관 또는 보건관리전문기관의 직무수행과 관련되는 서류

시행규칙 제22조(안전관리 · 보건관리전문기관의 지도 · 감독) ① 고용노동부장관 또는 지방고용노동청장은 안전관리전문기관 또는 보건관리전문기관에 대하여 지도·감독을 해야 한다.
② 제1항에 따른 지도·감독의 기준과 그 밖에 필요한 사항은 고용노동부장관이 정한다.

정 답

지정, 6개월, 2년, 광업, 크롬, 10일, 3년

기 출 1

산업안전보건법령상 안전관리전문기관의 지정 취소 등에 관한 규정의 일부이다. (　) 안에 들어갈 숫자의 연결이 옳은 것은?

- 고용노동부장관은 안전관리전문기관이 지정 요건을 충족하지 못한 경우에 해당할 때에는 그 지정을 취소하거나 (ㄱ)개월 이내의 기간을 정하여 그 업무의 정지를 명할 수 있다.
- 지정이 취소된 자는 지정이 취소된 날부터 (ㄴ)년 이내에는 안전관리전문기관으로 지정받을 수 없다.

	ㄱ	ㄴ
①	1	1
②	3	1
③	3	2
④	6	1
⑤	6	2

정 답

⑤

기 출 2

산업안전보건법령상 고용노동부장관이 안전관리전문기관 또는 보건관리전문기관의 지정을 취소하거나 6개월 이내의 기간을 정하여 그 업무의 정지를 명할 수 있도록 하는 규정이 준용되는 기관이 아닌 것은?

① 안전보건교육기관
② 안전보건진단기관
③ 건설재해예방전문지도기관
④ 역학조사 실시 업무를 위탁받은 기관
⑤ 석면조사기관

정 답

④

✎ **산업안전보건법령상 안전관리전문기관·보건관리전문기관의 지정 취소와 업무정지 조항인 법 제21조 4항과 5항을 준용하는 경우**

① 안전보건교육기관
② 안전보건진단기관
③ 건설재해예방전문지도기관
④ 타워크레인 설치·해체업으로 고용노동부장관에게 등록한 자
⑤ 안전인증기관
⑥ 안전검사기관
⑦ 자율안전검사기관
⑧ 석면조사기관
⑨ 석면해체·제거업으로 고용노동부장관에게 등록한 자
⑩ 작업환경측정기관
⑪ 특수건강진단기관
⑫ 고용노동부장관이 지정한 자격의 취득 또는 근로자의 기능 습득을 위하여 지정한 교육기관

* 작업환경전문연구기관(유해인자별·업종별) → (×)
* 유해인자별 특수건강진단 전문연구기관 → (×)
* 역학조사 실시 업무를 위탁받은 기관 → (×)

막판 12 안전관리자 등의 증원 · 교체임명 명령

시행규칙 제12조(안전관리자 등의 증원 · 교체임명 명령) ① 지방고용노동관서의 장은 다음 각 호의 어느 하나에 해당하는 사유가 발생한 경우에는 법 제17조제4항·제18조제4항 또는 제19조제3항에 따라 사업주에게 안전관리자·보건관리자 또는 안전보건관리담당자(이하 이 조에서 "관리자"라 한다)를 정수 이상으로 증원하게 하거나 교체하여 임명할 것을 명할 수 있다. 다만, 제4호에 해당하는 경우로서 직업성 질병자 발생 당시 사업장에서 해당 화학적 인자(因子)를 사용하지 않은 경우에는 그렇지 않다. → **[암기법 : 재해2/질병3]**

1. 해당 사업장의 연간재해율이 같은 업종의 평균재해율의 2배 이상인 경우
2. 중대재해가 연간 2건 이상 발생한 경우. 다만, 해당 사업장의 **전년도 사망만인율**이 같은 업종의 평균 사망만인율 이하인 경우는 제외한다.
3. 관리자가 질병이나 그 밖의 사유로 3개월 이상 직무를 수행할 수 없게 된 경우
4. 별표 22 제1호에 따른 **화학적 인자**로 인한 직업성 질병자가 연간 3명 이상 발생한 경우. 이 경우 직업성 질병자의 발생일은 「산업재해보상보험법 시행규칙」 제21조제1항에 따른 요양급여의 결정일로 한다.

기 출

산업안전보건법령상 지방고용노동관서의 장이 사업주에게 안전관리자나 보건관리자(이하 '관리자'라 함)를 정수 이상으로 증원하게 하거나 교체하여 임명할 수 있는 경우에 해당하지 않는 것은?

① 중대재해가 연간 5건 발생한 경우로 해당 사업장의 전년도 사망만인율이 같은 업종의 평균 사망만인율 초과한 경우

② 상시근로자가 100명인 사업장에서 직업성 질병자 발생 당시 사용한 니트로벤젠으로 인한 직업성 질병자가 연간 5명 발생한 경우

③ 상시근로자가 100명인 사업장에서 직업성 질병자 발생 당시 누출된 유해광선인 자외선으로 인한 직업성 질병자가 연간 3명 발생한 경우

④ 해당 사업장의 연간재해율이 같은 업종의 평균재해율의 2배인 경우

⑤ 관리자가 질병이나 그 밖의 사유로 4개월간 직무를 수행할 수 없게 된 경우

정 답

③

제23조(명예산업안전감독관) ① 고용노동부장관은 산업재해 예방활동에 대한 참여와 지원을 촉진하기 위하여 근로자, (　), 사업주단체 및 산업재해 예방 관련 전문단체에 소속된 사람 중에서 명예산업안전감독관을 위촉할 수 있다.

② 사업주는 제1항에 따른 명예산업안전감독관(이하 "명예산업안전감독관"이라 한다)에 대하여 직무 수행과 관련한 사유로 불리한 처우를 해서는 아니 된다.

③ 명예산업안전감독관의 위촉 방법, 업무, 그 밖에 필요한 사항은 대통령령으로 정한다.

영 제32조(명예산업안전감독관 위촉 등) ① 고용노동부장관은 다음 각 호의 어느 하나에 해당하는 사람 중에서 법 제23조제1항에 따른 명예산업안전감독관(이하 "명예산업안전감독관"이라 한다)을 위촉할 수 있다.

1. 산업안전보건위원회 구성 대상 사업의 근로자 또는 노사협의체 구성·운영 대상 건설공사의 근로자 중에서 근로자대표(해당 사업장에 단위 노동조합의 산하 노동단체가 그 사업장 근로자의 과반수로 조직되어 있는 경우에는 지부·분회 등 명칭이 무엇이든 관계없이 해당 노동단체의 대표자를 말한다. 이하 같다)가 (　)의 의견을 들어 추천하는 사람
2. 「노동조합 및 노동관계조정법」 제10조에 따른 연합단체인 노동조합 또는 그 지역 대표기구에 소속된 임직원 중에서 해당 연합단체인 노동조합 또는 그 지역 대표기구가 추천하는 사람
3. 전국 규모의 사업주단체 또는 그 산하조직에 소속된 임직원 중에서 해당 단체 또는 그 산하조직이 추천하는 사람
4. 산업재해 예방 관련 업무를 하는 단체 또는 그 산하조직에 소속된 임직원 중에서 해당 단체 또는 그 산하조직이 추천하는 사람

② **명예산업안전감독관의 업무**는 다음 각 호와 같다. 이 경우 제1항 제1호에 따라 위촉된 명예산업안전감독관의 업무 범위는 해당 사업장에서의 업무(제8호는 제외한다)로 한정하며, **제1항 제2호부터 제4호까지의 규정에 따라 위촉된 명예산업안전감독관의 업무 범위는 제8호부터 제10호까지의 규정에 따른 업무로 한정**한다.

1. 사업장에서 하는 자체점검 참여 및 「근로기준법」 제101조에 따른 근로감독관(이하 "근로감독관"이라 한다)이 하는 사업장 감독 참여
2. 사업장 산업재해 예방계획 수립 참여 및 사업장에서 하는 기계·기구 자체검사 참석
3. 법령을 위반한 사실이 있는 경우 사업주에 대한 개선 요청 및 **감독기관에의 신고**
4. 산업재해 발생의 급박한 위험이 있는 경우 사업주에 대한 작업중지 요청
5. 작업환경측정, 근로자 건강진단 시의 참석 및 그 결과에 대한 설명회 참여
6. 직업성 질환의 증상이 있거나 질병에 걸린 근로자가 여러 명 발생한 경우 사업주

에 대한 **임시건강진단** 실시 요청
7. 근로자에 대한 안전수칙 준수 지도
8. 법령 및 산업재해 예방정책 **개선** 건의
9. 안전·보건 의식을 **북돋우기** 위한 활동 등에 대한 참여와 지원
10. 그 밖에 산업재해 예방에 대한 **홍보** 등 산업재해 예방업무와 관련하여 고용노동부장관이 정하는 업무

③ 명예산업안전감독관의 임기는 (   )년으로 하되, 연임할 수 있다.

④ 고용노동부장관은 명예산업안전감독관의 활동을 지원하기 위하여 수당 등을 지급할 수 있다.

⑤ 제1항부터 제4항까지에서 규정한 사항 외에 명예산업안전감독관의 위촉 및 운영 등에 필요한 사항은 고용노동부장관이 정한다.

영 제33조(명예산업안전감독관의 해촉) 고용노동부장관은 다음 각 호의 어느 하나에 해당하는 경우에는 명예산업안전감독관을 해촉(解囑)할 수 있다.

1. (   )가 사업주의 의견을 들어 제32조제1항제1호에 따라 위촉된 명예산업안전감독관의 해촉을 요청한 경우
2. 제32조제1항 제2호부터 제4호까지의 규정에 따라 위촉된 명예산업안전감독관이 해당 단체 또는 그 산하조직으로부터 퇴직하거나 해임된 경우
3. 명예산업안전감독관의 업무와 관련하여 부정한 행위를 한 경우
4. 질병이나 부상 등의 사유로 명예산업안전감독관의 업무 수행이 곤란하게 된 경우

정 답

근로자단체, 사업주, 2년, 근로자대표

기 출 1

갑(甲)은 전국 규모의 사업주단체에 소속된 임직원으로서 해당 단체가 추천하여 법령에 따라 위촉된 명예산업안전감독관이다. 산업안전보건법령상 갑의 업무가 아닌 것을 모두 고른 것은?

ㄱ. 법령 및 산업재해 예방정책 개선 건의 ㄴ. 안전·보건의식을 북돋우기 위한 활동 등에 대한 참여와 지원 ㄷ. 산업재해 발생의 급박한 위험이 있는 경우 사업주에 대한 작업중지 요청 ㄹ. 법령을 위반한 사실이 있는 경우 사업주에 대한 개선 요청 및 감독기관에의 신고 ㅁ. 산업재해 발생의 급박한 위험이 있는 경우 사업주에 대한 작업중지 요청

① ㄱ, ㄴ, ㄷ ② ㄴ, ㄷ, ㄹ ③ ㄷ, ㄹ, ㅁ
④ ㄴ, ㄹ, ㅁ ⑤ ㄱ, ㄷ, ㅁ

정 답

③

기 출 2

산업안전보건법령상 규정하고 있는 명예산업안전감독관의 업무가 아닌 것은?

① 사업장에서 하는 자체점검 참여 및 근로감독관이 하는 사업장 감독 참여
② 법령을 위반한 사실이 있는 경우 사업주에 대한 개선 요청 및 감독기관에의 신고
③ 산업재해 발생의 급박한 위험이 있는 경우 사업주에 대한 작업중지 요청
④ 사업장 순회점검·지도 및 조치의 건의
⑤ 직업성 질환의 증상이 있거나 질병에 걸린 근로자가 여러 명 발생한 경우 사업주에 대한 임시 건강진단 실시 요청

정 답

④

기 출 3

산업안전보건법령상 명예산업안전감독관에 대한 설명으로 옳지 않은 것은?

① 고용노동부장관은 산업안전보건위원회 설치 대상 사업의 근로자 중에서 근로자대표가 사업주의 의견을 들어 추천하는 사람을 명예산업안전감독관으로 위촉할 수 있다.

② 위 ①항의 명예산업안전감독관은 법령 및 산업재해 예방정책의 개선을 건의할 수 있다.

③ 명예산업안전감독관의 임기는 2년으로 하되, 연임할 수 있다.

④ 고용노동부장관은 명예산업안전감독관의 활동을 지원하기 위하여 수당 등을 지급할 수 있다.

⑤ 고용노동부장관은 근로자대표가 사업주의 의견을 들어 위촉된 명예산업안전감독관의 해촉을 요청한 경우 그를 해촉할 수 있다.

정 답

②

제24조(산업안전보건위원회) ① 사업주는 사업장의 **안전 및 보건에 관한 중요 사항을 심의·의결**하기 위하여 사업장에 근로자위원과 사용자위원이 같은 수로 구성되는 산업안전보건위원회를 구성·운영하여야 한다.

② 사업주는 다음 각 호의 사항에 대해서는 제1항에 따른 산업안전보건위원회(이하 "산업안전보건위원회"라 한다)의 심의·의결을 거쳐야 한다. → **[암기법 : 적격품 여부 x]**

1. 제15조 제1항 제1호부터 제5호까지 및 제7호에 관한 사항
2. 제15조 제1항 제6호에 따른 사항 중 중대재해에 관한 사항
3. 유해하거나 위험한 기계·기구·설비를 **도입**한 경우 안전 및 보건 관련 조치에 관한 사항
4. 그 밖에 해당 사업장 근로자의 안전 및 보건을 **유지·증진**시키기 위하여 필요한 사항

③ 산업안전보건위원회는 대통령령으로 정하는 바에 따라 회의를 개최하고 그 결과를 회의록으로 작성하여 보존하여야 한다.

④ 사업주와 근로자는 제2항에 따라 산업안전보건위원회가 심의·의결한 사항을 성실하게 이행하여야 한다.

⑤ 산업안전보건위원회는 이 법, 이 법에 따른 명령, 단체협약, 취업규칙 및 제25조에 따른 안전보건관리규정에 반하는 내용으로 심의·의결해서는 아니 된다.

⑥ 사업주는 산업안전보건위원회의 위원에게 직무 수행과 관련한 사유로 불리한 처우를 해서는 아니 된다.

⑦ 산업안전보건위원회를 구성하여야 할 사업의 종류 및 사업장의 상시근로자 수, 산업안전보건위원회의 구성·운영 및 의결되지 아니한 경우의 처리방법, 그 밖에 필요한 사항은 대통령령으로 정한다.

제26조(안전보건관리규정의 작성 · 변경 절차) 사업주는 안전보건관리규정을 작성하거나 변경할 때에는 산업안전보건위원회의 (   )을 거쳐야 한다. 다만, 산업안전보건위원회가 설치되어 있지 아니한 사업장의 경우에는 근로자대표의 (   )를 받아야 한다.

제15조(안전보건관리책임자) ① 사업주는 사업장을 실질적으로 총괄하여 관리하는 사람에게 해당 사업장의 다음 각 호의 업무를 총괄하여 관리하도록 하여야 한다.

1. 사업장의 산업재해 예방계획의 수립에 관한 사항
2. 제25조 및 제26조에 따른 안전보건관리규정의 작성 및 변경에 관한 사항
3. 제29조에 따른 안전보건교육에 관한 사항
4. 작업환경측정 등 작업환경의 점검 및 개선에 관한 사항
5. 제129조부터 제132조까지에 따른 근로자의 건강진단 등 건강관리에 관한 사항
6. 산업재해의 원인 조사 및 재발 방지대책 수립에 관한 사항

7. 산업재해에 관한 통계의 기록 및 유지에 관한 사항
8. 안전장치 및 보호구 구입 시 적격품 여부 확인에 관한 사항
9. 그 밖에 근로자의 유해·위험 방지조치에 관한 사항으로서 고용노동부령으로 정하는 사항

② 제1항 각 호의 업무를 총괄하여 관리하는 사람(이하 "안전보건관리책임자"라 한다)은 제17조에 따른 안전관리자와 제18조에 따른 보건관리자를 지휘·감독한다.

③ 안전보건관리책임자를 두어야 하는 사업의 종류와 사업장의 상시근로자 수, 그 밖에 필요한 사항은 대통령령으로 정한다.

제44조(공정안전보고서의 작성 · 제출)

② 사업주는 제1항에 따라 공정안전보고서를 작성할 때 산업안전보건위원회의 심의를 거쳐야 한다. 다만, 산업안전보건위원회가 설치되어 있지 아니한 사업장의 경우에는 근로자대표의 의견을 들어야 한다.

제49조(안전보건개선계획의 수립 · 시행 명령)

② 사업주는 안전보건개선계획을 수립할 때에는 산업안전보건위원회의 (　　)를 거쳐야 한다. 다만, 산업안전보건위원회가 설치되어 있지 아니한 사업장의 경우에는 근로자대표의 (　　)을 들어야 한다.

영 제35조(산업안전보건위원회의 구성) ① 산업안전보건위원회의 **근로자위원**은 다음 각 호의 사람으로 구성한다.

1. 근로자대표
2. 명예산업안전감독관이 위촉되어 있는 사업장의 경우 근로자대표가 지명하는 1명 이상의 명예산업안전감독관
3. 근로자대표가 지명하는 9명(근로자인 제2호의 위원이 있는 경우에는 9명에서 그 위원의 수를 제외한 수를 말한다) 이내의 해당 사업장의 근로자

② 산업안전보건위원회의 **사용자위원**은 다음 각 호의 사람으로 구성한다. **다만, 상시근로자 (　　)을 사용하는 사업장에서는 제5호에 해당하는 사람을 제외하고 구성할 수 있다.** ★

1. 해당 사업의 대표자(같은 사업으로서 다른 지역에 사업장이 있는 경우에는 그 사업장의 안전보건관리책임자를 말한다. 이하 같다)
2. 안전관리자(제16조제1항에 따라 안전관리자를 두어야 하는 사업장으로 한정하되, 안전관리자의 업무를 안전관리전문기관에 위탁한 사업장의 경우에는 그 안전관리전문기관의 해당 사업장 담당자를 말한다) 1명
3. 보건관리자(제20조제1항에 따라 보건관리자를 두어야 하는 사업장으로 한정하되, 보건관리자의 업무를 보건관리전문기관에 위탁한 사업장의 경우에는 그 보건관리전문기관의 해당 사업장 담당자를 말한다) 1명
4. 산업보건의(해당 사업장에 선임되어 있는 경우로 한정한다)

5. **해당 사업의 대표자가 지명하는 9명 이내의 해당 사업장 부서의 장**

③ 제1항 및 제2항에도 불구하고 **법 제69조 제1항에 따른 건설공사도급인(이하 "건설공사도급인"이라 한다)이 법 제64조 제1항 제1호에 따른 안전 및 보건에 관한 협의체를 구성한 경우에는 산업안전보건위원회의 위원을 다음 각 호의 사람을 포함하여 구성할 수 있다.**

1. 근로자위원 : 도급 또는 하도급 사업을 포함한 전체 사업의 근로자대표, 명예산업안전감독관 및 근로자대표가 지명하는 해당 사업장의 근로자
2. 사용자위원 : 도급인 대표자, 관계수급인의 각 대표자 및 안전관리자

영 제36조(산업안전보건위원회의 위원장) 산업안전보건위원회의 위원장은 위원 중에서 호선(互選)한다. 이 경우 근로자위원과 사용자위원 중 각 1명을 공동위원장으로 **(선출할 수 있다, 선출한다)**

영 제37조(산업안전보건위원회의 회의 등) ① 법 제24조제3항에 따라 산업안전보건위원회의 회의는 정기회의와 임시회의로 구분하되, 정기회의는 (　)마다 산업안전보건위원회의 위원장이 소집하며, 임시회의는 위원장이 필요하다고 인정할 때에 소집한다.

② 회의는 근로자위원 및 사용자위원 각 과반수의 출석으로 개의(開議)하고 출석위원 과반수의 찬성으로 의결한다.

③ 근로자대표, 명예산업안전감독관, 해당 사업의 대표자, 안전관리자 또는 보건관리자는 회의에 출석할 수 없는 경우에는 해당 사업에 종사하는 사람 중에서 1명을 지정하여 위원으로서의 직무를 대리하게 할 수 있다.

④ 산업안전보건위원회는 다음 각 호의 사항을 기록한 회의록을 작성하여 갖추어 두어야 한다.

1. 개최 일시 및 장소
2. 출석위원
3. 심의 내용 및 의결·결정 사항
4. 그 밖의 토의사항

영 제38조(의결되지 않은 사항 등의 처리) ① 산업안전보건위원회는 다음 각 호의 어느 하나에 해당하는 경우에는 근로자위원과 사용자위원의 합의에 따라 산업안전보건위원회에 중재기구를 두어 해결하거나 제3자에 의한 중재를 받아야 한다.

1. 법 제24조 제2항 각 호에 따른 사항에 대하여 산업안전보건위원회에서 의결하지 못한 경우
2. 산업안전보건위원회에서 의결된 사항의 해석 또는 이행방법 등에 관하여 의견이 일치하지 않는 경우

② 제1항에 따른 중재 결정이 있는 경우에는 산업안전보건위원회의 의결을 거친 것으로 보며, 사업주와 근로자는 그 결정에 따라야 한다.

영 제39조(회의 결과 등의 공지) 산업안전보건위원회의 위원장은 산업안전보건위원회에서 심의·의결된 내용 등 회의 결과와 중재 결정된 내용 등을 사내방송이나 사내보(社內

報), 게시 또는 자체 정례조회, 그 밖의 적절한 방법으로 근로자에게 신속히 알려야 한다.

산업안전보건법 시행령 [별표 9]

산업안전보건위원회를 구성해야 할 사업의 종류 및 사업장의 상시근로자 수 (제34조 관련)	
사업의 종류	**사업장의 상시근로자 수**
1. 토사석 광업 2. 목재 및 나무제품 제조업; 가구제외 3. 화학물질 및 화학제품 제조업; 의약품 제외(세제, 화장품 및 광택제 제조업과 화학섬유 제조업은 제외한다) 4. 비금속 광물제품 제조업 5. 1차 금속 제조업 6. 금속가공제품 제조업; 기계 및 가구 제외 7. 자동차 및 트레일러 제조업 8. 기타 기계 및 장비 제조업(사무용 기계 및 장비 제조업은 제외한다) 9. 기타 운송장비 제조업(전투용 차량 제조업은 제외한다) ★	상시근로자 50명 이상 → **[암기법 : 전투용/사무용/의약품/가구/는 제외 즉, 100명 이상]**
10. 농업 11. 어업 12. 소프트웨어 개발 및 공급업 13. 컴퓨터 프로그래밍, 시스템 통합 및 관리업 14. 정보서비스업 15. 금융 및 보험업 16. 임대업; 부동산 제외 17. 전문, 과학 및 기술 서비스업(연구개발업은 제외한다) 18. 사업지원 서비스업 19. 사회복지 서비스업	**상시근로자 300명 이상** → **[암기법 : 농업/어업/컴퓨터소프트웨어정보/금융임대서비스]**
20. 건설업	공사금액 ( )억원 이상(「건설산업기본법 시행령」 별표 1의 종합공사를 시공하는 업종의 건설업종란 제1호에 따른 토목공사업의 경우에는 150억원 이상)

21. 제1호부터 제20호까지의 사업을 제외한 사업	**상시근로자 100명 이상**

정 답

심의·의결, 동의, 심의, 의견, 50명 이상 100명 미만, 선출할 수 있다, 분기, 120억

위원회의 심의·의결	위원회의 심의
근로자대표의 동의(법 제26조)	근로자대표의 의견(법 제44조, 제49조)

기 출 1

산업안전보건법령상 사업주가 산업안전보건위원회의 심의 · 의결을 거쳐야 하는 사항을 모두 고른 것은?

ㄱ. 안전장치 및 보호구 구입 시 적격품 여부 확인에 관한 사항
ㄴ. 작업환경측정 및 작업환경의 점검 및 개선에 관한 사항
ㄷ. 산업재해의 원인조사 및 재발 방지대책 수립에 관한 사항 중 중대재해에 관한 사항
ㄹ. 유해하거나 위험한 기계·기구·설비를 도입한 경우 안전 및 보건 관련 조치에 관한 사항

① ㄱ
② ㄱ, ㄴ
③ ㄷ, ㄹ
④ ㄴ, ㄷ, ㄹ
⑤ ㄱ, ㄴ, ㄷ, ㄹ

정 답

④

기출 2

산업안전보건법령상 산업안전보건위원회를 설치 · 운영하여야 하는 사업이 아닌 것은?

① 상시 근로자 50명인 토사석 광업
② 상시 근로자 100명인 비금속 광물 제조업
③ 상시 근로자 50명인 전투용 차량 제조업
④ 상시 근로자 100명인 사무용 기계 및 장비 제조업
⑤ 상시 근로자 50명인 자동차 및 트레일러 제조업

정 답

③

기출 3

산업안전보건법령상 산업안전보건위원회를 구성할 수 있는 사용자위원 중 상시근로자 50명 이상 100명 미만을 사용하는 사업장에서는 제외할 수 있는 사람은?

① 해당 사업의 대표자(같은 사업으로서 다른 지역에 사업장이 있는 경우에는 그 사업장의 안전보건관리책임자를 말한다)
② 안전관리자(안전관리자를 두어야 하는 사업장으로 한정하되, 안전관리자의 업무를 안전관리전문기관에 위탁한 경우에는 그 안전관리전문기관의 해당 사업장 담당자) 1명
③ 보건관리자(보건관리자를 두어야 하는 사업장으로 한정하되, 보건전관리자의 업무를 보건관리전문기관에 위탁한 경우에는 그 보건관리전문기관의 해당 사업장 담당자) 1명
④ 산업보건의(해당 사업장에 선임되어 있는 경우로 한정)
⑤ 해당 사업의 대표자가 지명하는 9명 이내의 해당 사업장 부서의 장

정 답

⑤

예 상

산업안전보건법령상 ( ) 안의 숫자를 올바르게 연결한 것은?

- 노사협의체의 정기회의는 (ㄱ) 개월 마다 노사협의체의 위원장이 소집한다. - 산업안전보건위원회 정기회의는 산업안전보건위원회의 위원장이 (ㄴ)마다 소집한다. - 안전보건협의체는 (ㄷ) 1회 이상 정기적으로 회의를 개최하고 그 결과를 기록·보존하여야 한다.

① ㄱ: 2, ㄴ: 반기, ㄷ: 매월
② ㄱ: 3, ㄴ: 분기, ㄷ: 매월
③ ㄱ: 2, ㄴ: 분기, ㄷ: 2개월마다
④ ㄱ: 3, ㄴ: 반기, ㄷ: 2개월마다
⑤ ㄱ: 2, ㄴ: 분기, ㄷ: 매월

정 답

⑤

제75조(안전 및 보건에 관한 협의체 등의 구성 · 운영에 관한 특례) ① 대통령령으로 정하는 규모의 **건설공사의 건설공사도급인**은 해당 건설공사 현장에 근로자위원과 사용자위원이 같은 수로 구성되는 안전 및 보건에 관한 협의체(이하 "노사협의체"라 한다)를 대통령령으로 정하는 바에 따라 구성·운영할 수 있다.

> **영 제63조(노사협의체의 설치 대상)** 법 제75조제1항에서 "대통령령으로 정하는 규모의 건설공사"란 공사금액이 (　　)억원[「토목공사업은 (　　)억원] 이상인 건설공사를 말한다.

② 건설공사도급인이 제1항에 따라 노사협의체를 구성·운영하는 경우에는 산업안전보건위원회 및 제64조 제1항 제1호에 따른 안전 및 보건에 관한 협의체를 각각 구성·운영하는 것으로 본다.

③ 제1항에 따라 노사협의체를 구성·운영하는 건설공사도급인은 제24조 제2항 각호의 사항에 대하여 노사협의체의 심의·의결을 거쳐야 한다. 이 경우 노사협의체에서 의결되지 아니한 사항의 처리방법은 대통령령으로 정한다.

④ 노사협의체는 대통령령으로 정하는 바에 따라 회의를 개최하고 그 결과를 회의록으로 작성하여 보존하여야 한다.

⑤ 노사협의체는 산업재해 예방 및 산업재해가 발생한 경우의 대피방법 등 고용노동부령으로 정하는 사항에 대하여 협의하여야 한다.

⑥ 노사협의체를 구성·운영하는 건설공사도급인·근로자 및 관계수급인·근로자는 제3항에 따라 노사협의체가 심의·의결한 사항을 성실하게 이행하여야 한다.

⑦ 노사협의체에 관하여는 **제24조 제5항 및 제6항**을 준용한다. 이 경우 "산업안전보건위원회"는 "노사협의체"로 본다.

> ⑤ 산업안전보건위원회는 이 법, 이 법에 따른 명령, 단체협약, 취업규칙 및 제25조에 따른 안전보건관리규정에 반하는 내용으로 심의·의결해서는 아니 된다.
> ⑥ 사업주는 산업안전보건위원회의 위원에게 직무 수행과 관련한 사유로 불리한 처우를 해서는 아니 된다.

영 제64조(노사협의체의 구성) ① 노사협의체는 다음 각 호에 따라 근로자위원과 사용자위원으로 구성한다.

1. 근로자위원
   가. 도급 또는 하도급 사업을 포함한 전체 사업의 근로자대표

나. 근로자대표가 지명하는 명예산업안전감독관 1명. 다만, 명예산업안전감독관이 위촉되어 있지 않은 경우에는 근로자대표가 지명하는 해당 사업장 근로자 1명
다. 공사금액이 (　)억원 이상인 공사의 관계수급인의 각 근로자대표

2. 사용자위원
가. 도급 또는 하도급 사업을 포함한 전체 사업의 대표자
나. 안전관리자 1명
다. 보건관리자 1명(별표 5 제44호에 따른 보건관리자 선임대상 건설업으로 한정한다)
라. 공사금액이 (　)억원 이상인 공사의 관계수급인의 각 대표자

② 노사협의체의 근로자위원과 사용자위원은 합의하여 노사협의체에 공사금액이 (　) 억원 미만인 공사의 관계수급인 및 관계수급인 근로자대표를 위원으로 위촉할 수 있다.

③ 노사협의체의 근로자위원과 사용자위원은 합의하여 **제67조 제2호(특수형태근로종사자 중 「건설기계관리법」 제3조제1항에 따라 등록된 건설기계를 직접 운전하는 사람)**에 따른 사람을 노사협의체에 참여하도록 할 수 있다.

영 **제65조(노사협의체의 운영 등)** ① 노사협의체의 회의는 정기회의와 임시회의로 구분하여 개최하되, 정기회의는 (　)개월마다 노사협의체의 위원장이 소집하며, 임시회의는 위원장이 필요하다고 인정할 때에 소집한다.

② 노사협의체 위원장의 선출, 노사협의체의 회의, 노사협의체에서 의결되지 않은 사항에 대한 처리방법 및 회의 결과 등의 공지에 관하여는 각각 제36조, 제37조제2항부터 제4항까지, 제38조 및 제39조를 준용한다. 이 경우 "산업안전보건위원회"는 "노사협의체"로 본다.

영 **제67조(특수형태근로종사자의 범위 등)** 법 제77조제1항제1호에 따른 요건을 충족하는 사람은 다음 각 호의 어느 하나에 해당하는 사람으로 한다. 〈개정 2021. 11. 19.〉

1. 보험을 모집하는 사람으로서 다음 각 목의 어느 하나에 해당하는 사람
가. 「보험업법」 제83조제1항제1호에 따른 보험설계사
나. 「우체국예금·보험에 관한 법률」에 따른 우체국보험의 모집을 전업(專業)으로 하는 사람
2. 「건설기계관리법」 제3조제1항에 따라 등록된 건설기계를 직접 운전하는 사람
3. 「통계법」 제22조에 따라 통계청장이 고시하는 직업에 관한 표준분류(이하 "한국표준직업분류표"라 한다)의 세세분류에 따른 학습지 방문강사, 교육 교구 방문강사, 그 밖에 회원의 가정 등을 직접 방문하여 아동이나 학생 등을 가르치는 사람
4. 「체육시설의 설치·이용에 관한 법률」 제7조에 따라 직장체육시설로 설치된 골프장 또는 같은 법 제19조에 따라 체육시설업의 등록을 한 골프장에서 골프경기를 보조하는 골프장 캐디
5. 한국표준직업분류표의 세분류에 따른 택배원으로서 택배사업(소화물을 집화·수송 과정을 거쳐 배송하는 사업을 말한다)에서 집화 또는 배송 업무를 하는 사람
6. 한국표준직업분류표의 세분류에 따른 택배원으로서 고용노동부장관이 정하는 기준

에 따라 주로 하나의 퀵서비스업자로부터 업무를 의뢰받아 배송 업무를 하는 사람

7. 「대부업 등의 등록 및 금융이용자 보호에 관한 법률」 제3조제1항 단서에 따른 대출모집인
8. 「여신전문금융업법」 제14조의2제1항제2호에 따른 신용카드회원 모집인
9. 고용노동부장관이 정하는 기준에 따라 주로 하나의 대리운전업자로부터 업무를 의뢰받아 대리운전 업무를 하는 사람
10. 「방문판매 등에 관한 법률」 제2조제2호 또는 제8호의 방문판매원이나 후원방문판매원으로서 고용노동부장관이 정하는 기준에 따라 상시적으로 방문판매업무를 하는 사람
11. 한국표준직업분류표의 세세분류에 따른 대여 제품 방문점검원
12. 한국표준직업분류표의 세분류에 따른 가전제품 설치 및 수리원으로서 가전제품을 배송, 설치 및 시운전하여 작동상태를 확인하는 사람
13. 「화물자동차 운수사업법」에 따른 화물차주로서 다음 각 목의 어느 하나에 해당하는 사람
    가. 「자동차관리법」 제3조제1항제4호의 특수자동차로 수출입 컨테이너를 운송하는 사람
    나. 「자동차관리법」 제3조제1항제4호의 특수자동차로 시멘트를 운송하는 사람
    다. 「자동차관리법」 제2조제1호 본문의 피견인자동차나 「자동차관리법」 제3조제1항제3호의 일반형 화물자동차로 철강재를 운송하는 사람
    라. 「자동차관리법」 제3조제1항제3호의 일반형 화물자동차나 특수용도형 화물자동차로 「물류정책기본법」 제29조제1항 각 호의 위험물질을 운송하는 사람
14. 「소프트웨어 진흥법」에 따른 소프트웨어사업에서 노무를 제공하는 소프트웨어기술자

시행규칙 제93조(노사협의체 협의사항 등) 법 제75조제5항에서 "고용노동부령으로 정하는 사항"이란 다음 각 호의 사항을 말한다. → **[암기법 : 작업의 종료시간 x]**

1. 산업재해 예방방법 및 산업재해가 발생한 경우의 대피방법
2. 작업의 시작시간, 작업 및 작업장 간의 연락방법
3. 그 밖의 산업재해 예방과 관련된 사항

시행규칙 제79조(협의체의 구성 및 운영) ① 법 제64조 제1항 제1호에 따른 안전 및 보건에 관한 협의체(이하 이 조에서 "협의체"라 한다)는 도급인 및 그의 수급인 전원으로 구성해야 한다.

② 협의체는 다음 각 호의 사항을 협의해야 한다. → **[암기법 : 시작방법/위험조정]**

1. 작업의 시작 시간
2. 작업 또는 작업장 간의 연락방법
3. 재해발생 위험이 있는 경우 대피방법
4. 작업장에서의 법 제36조에 따른 **위험성평가의 실시**에 관한 사항

5. 사업주와 수급인 또는 수급인 상호 간의 연락 방법 및 **작업공정의 조정**

③ 협의체는 (   ) 1회 이상 정기적으로 회의를 개최하고 그 결과를 기록·보존해야 한다.

정 답

120억, 150억, 20억, 20억, 20억, 2개월, 매월

기 출 1

산업안전보건법령상 도급인 및 그의 수급인 전원으로 구성된 안전 및 보건에 관한 협의체에서 협의해야 하는 사항이 아닌 것은?

① 작업의 시작 시간

② 작업의 종료 시간

③ 작업 또는 작업장 간의 연락방법

④ 재해발생 위험이 있는 경우 대피방법

⑤ 사업주와 수급인 또는 수급인 상호 간의 연락 방법 및 작업공정의 조정

정 답

②

✎ **정기회의 주기**

안전보건협의체 (도급인과 수급인 전원)	산업안전보건위원회	노사협의체 (건설공사도급인)
매월	분기마다	2개월마다

기 출 2

산업안전보건법령상 노사협의체에 관한 설명으로 옳지 않은 것은?

① 노사협의체의 회의는 근로자위원 및 사용자위원 각 과반수의 출석으로 시작하고 출석위원 과반수의 찬성으로 의결한다.

② 노사협의체의 위원장은 직권으로 노사협의체에 공사금액이 20억 미만인 도급 또는 하도급 사업주 및 근로자대표를 위원으로 위촉할 수 있다.

③ 노사협의체의 위원장은 위원 중에서 호선(互先)한다. 이 경우 근로자위원과 사용자위원 중 각 1명을 공동위원장으로 선출할 수 있다.

④ 노사협의체의 위원장은 노사협의체에서 심의·의결된 내용 등 회의 결과와 중재 결정된 내용 등을 사내방송이나 사내보, 게시 또는 자체 정례조회, 그 밖의 적절한 방법으로 근로자에게 신속히 알려야 한다.

⑤ 노사협의체의 회의는 정기회의와 임시회의로 구분하되, 정기회의는 2개월마다 노사협의체 위원장이 소집하며, 임시회의는 위원장이 필요하다고 인정할 때에 소집한다.

정 답

②

막판 16 도급에 따른 산업재해 예방조치

제64조(도급에 따른 산업재해 예방조치) ① 도급인은 관계수급인 근로자가 도급인의 사업장에서 작업을 하는 경우 다음 각 호의 사항을 이행하여야 한다.

1. 도급인과 수급인을 구성원으로 하는 안전 및 보건에 관한 협의체의 구성 및 운영
2. 작업장 순회점검
3. 관계수급인이 근로자에게 하는 제29조제1항부터 제3항까지의 규정에 따른 안전보건교육을 위한 장소 및 자료의 제공 등 지원
4. 관계수급인이 근로자에게 하는 제29조제3항에 따른 안전보건교육의 실시 확인
5. 다음 각 목의 어느 하나의 경우에 대비한 경보체계 운영과 대피방법 등 훈련
   가. 작업 장소에서 발파작업을 하는 경우
   나. 작업 장소에서 화재·폭발, 토사·구축물 등의 붕괴 또는 지진 등이 발생한 경우
6. 위생시설 등 고용노동부령으로 정하는 시설의 설치 등을 위하여 필요한 장소의 제공 또는 도급인이 설치한 위생시설 이용의 협조
7. 같은 장소에서 이루어지는 도급인과 관계수급인 등의 작업에 있어서 관계수급인 등의 작업시기·내용, 안전조치 및 보건조치 등의 확인
8. 제7호에 따른 확인 결과 관계수급인 등의 작업 혼재로 인하여 화재·폭발 등 대통령령으로 정하는 위험이 발생할 우려가 있는 경우 관계수급인 등의 작업시기·내용 등의 조정

② 제1항에 따른 도급인은 고용노동부령으로 정하는 바에 따라 자신의 근로자 및 관계수급인 근로자와 함께 정기적으로 또는 수시로 작업장의 안전 및 보건에 관한 점검을 하여야 한다.

③ 제1항에 따른 안전 및 보건에 관한 협의체 구성 및 운영, 작업장 순회점검, 안전보건교육 지원, 그 밖에 필요한 사항은 고용노동부령으로 정한다.

영 제53조의2(도급에 따른 산업재해 예방조치) 법 제64조제1항제8호에서 "화재·폭발 등 대통령령으로 정하는 위험이 발생할 우려가 있는 경우"란 다음 각호의 경우를 말한다.

1. 화재·폭발이 발생할 우려가 있는 경우
2. 동력으로 작동하는 기계·설비 등에 끼일 우려가 있는 경우
3. 차량계 하역운반기계, 건설기계, 양중기(揚重機) 등 동력으로 작동하는 기계와 충돌할 우려가 있는 경우
4. 근로자가 추락할 우려가 있는 경우
5. 물체가 떨어지거나 날아올 우려가 있는 경우
6. 기계·기구 등이 넘어지거나 무너질 우려가 있는 경우
7. 토사·구축물·인공구조물 등이 붕괴될 우려가 있는 경우
8. 산소 결핍이나 유해가스로 질식이나 중독의 우려가 있는 경우

시행규칙 제79조(협의체의 구성 및 운영) ① 법 제64조 제1항 제1호에 따른 안전 및 보건에 관한 협의체(이하 이 조에서 "협의체"라 한다)는 도급인 및 그의 수급인 전원으로 구성해야 한다.

② 협의체는 다음 각 호의 사항을 협의해야 한다. → **[암기법 : 시작방법/위험조정]**

1. 작업의 시작 시간
2. 작업 또는 작업장 간의 연락방법
3. 재해발생 위험이 있는 경우 대피방법
4. 작업장에서의 법 제36조에 따른 **위험성평가의 실시**에 관한 사항
5. 사업주와 수급인 또는 수급인 상호 간의 연락 방법 및 **작업공정의 조정**

③ 협의체는 매월 1회 이상 정기적으로 회의를 개최하고 그 결과를 기록·보존해야 한다.

시행규칙 제80조(도급사업 시의 안전 · 보건조치 등) ① 도급인은 법 제64조제1항 제2호에 따른 작업장 순회점검을 다음 각 호의 구분에 따라 실시해야 한다.

1. 다음 각 목의 사업: 2일에 1회 이상 → **[암기법 : 금토/서적음악/건제]**
   가. 건설업
   나. 제조업
   다. 토사석 광업
   라. 서적, 잡지 및 기타 인쇄물 출판업
   마. 음악 및 기타 오디오물 출판업
   바. 금속 및 비금속 원료 재생업
2. 제1호 각 목의 사업을 제외한 사업 : 1주일에 1회 이상

시행규칙 제81조(위생시설의 설치 등 협조) ① 법 제64조제1항제6호에서 "위생시설 등 고용노동부령으로 정하는 시설"이란 다음 각 호의 시설을 말한다.

1. 휴게시설
2. 세면·목욕시설
3. 세탁시설
4. 탈의시설
5. 수면시설

② 도급인이 제1항에 따른 시설을 설치할 때에는 해당 시설에 대해 안전보건규칙에서 정하고 있는 기준을 준수해야 한다.

시행규칙 제82조(도급사업의 합동 안전 · 보건점검) ① 법 제64조 제2항에 따라 도급인이 작업장의 안전 및 보건에 관한 점검을 할 때에는 다음 각 호의 사람으로 점검반을 구성해야 한다.

1. 도급인(같은 사업 내에 지역을 달리하는 사업장이 있는 경우에는 그 사업장의 안전보건관리책임자)
2. 관계수급인(같은 사업 내에 지역을 달리하는 사업장이 있는 경우에는 그 사업장의 안전보건관리책임자)

3. 도급인 및 관계수급인의 근로자 각 1명(관계수급인의 근로자의 경우에는 해당 공정만 해당한다)

② 법 제64조 제2항에 따른 정기 안전·보건점검의 실시 횟수는 다음 각 호의 구분에 따른다.

1. 다음 각 목의 사업: 2개월에 1회 이상
   가. 건설업
   나. 선박 및 보트 건조업
2. 제1호의 사업을 제외한 사업: 분기에 1회 이상

기 출 1

산업안전보건법령상 도급사업 시 구성하는 안전 · 보건에 관한 협의체의 협의사항에 포함되지 않는 것은?

① 작업 또는 작업장 간의 연락방법
② 재해발생 위험이 있는 경우 대피방법
③ 작업장 순회점검에 관한 사항
④ 작업장에서의 위험성평가의 실시에 관한 사항
⑤ 수급인 상호 간의 연락방법 및 작업공정의 조정

정 답

③

기 출 2

산업안전보건법령상 도급사업 시의 안전 · 보건조치 등을 위하여 2일에 1회 이상 순회점검 하여야 하는 사업의 작업장에 해당하지 않는 것은?

① 건설업의 작업장
② 정보서비스의 작업장
③ 제조업의 작업장
④ 토사석 광업의 작업장
⑤ 음악 및 기타 오디오물 출판업의 작업장

정 답

②

기 출 3

산업안전보건법령상 도급인의 안전조치 및 보건조치 등에 관한 설명으로 옳은 것은?

① 관계수급인 근로자가 도급인의 토사석 광업 사업장에서 작업을 하는 경우 도급인은 1주일에 1회 작업장 순회점검을 실시하여야 한다.

② 도급인은 관계수급인 근로자의 산업재해 예방을 위해 보호구 착용 지시 등 관계수급인 근로자의 작업행동에 관한 직접적인 조치도 포함하여 필요한 안전조치를 하여야 한다.

③ 안전 및 보건에 관한 협의체는 회의를 분기별 1회 정기적으로 개최하여야 한다.

④ 관계수급인 근로자가 도급인의 사업장에서 작업하는 경우 도급인은 위생시설 등 고용노동부령으로 정하는 시설의 설치 등을 위하여 필요한 장소의 제공 또는 도급인이 설치한 위생시설 이용의 협조를 이행하여야 한다.

⑤ 도급에 따른 산업재해 예방조치의무에 따라 도급인이 작업장의 안전 및 보건에 관한 합동점검을 할 때에는 도급인, 관계수급인, 도급인 및 관계수급인의 근로자 각 2명으로 점검반을 구성하여야 한다.

정 답

④

막판 17 안전보건관리규정

1.

제2절 안전보건관리규정

제25조(안전보건관리규정의 작성) ① 사업주는 사업장의 안전 및 보건을 유지하기 위하여 다음 각 호의 사항이 포함된 안전보건관리규정을 작성하여야 한다. → **[암기법 : 조직과 직무/교/관/사/위]**

1. 안전 및 보건에 관한 관리조직과 그 직무에 관한 사항
2. 안전보건교육에 관한 사항
3. 작업장의 안전 및 보건 관리에 관한 사항
4. 사고 조사 및 대책 수립에 관한 사항
5. 그 밖에 안전 및 보건에 관한 사항 → **위험성평가에 관한 사항**

② 제1항에 따른 안전보건관리규정(이하 "안전보건관리규정"이라 한다)은 단체협약 또는 취업규칙에 반할 수 없다. 이 경우 안전보건관리규정 중 단체협약 또는 취업규칙에 반하는 부분에 관하여는 그 단체협약 또는 취업규칙으로 정한 기준에 따른다.

③ 안전보건관리규정을 작성하여야 할 사업의 종류, 사업장의 상시근로자 수 및 안전보건관리규정에 포함되어야 할 세부적인 내용, 그 밖에 필요한 사항은 고용노동부령으로 정한다.

제26조(안전보건관리규정의 작성 · 변경 절차) 사업주는 안전보건관리규정을 작성하거나 변경할 때에는 산업안전보건위원회의 심의·의결을 거쳐야 한다. 다만, 산업안전보건위원회가 설치되어 있지 아니한 사업장의 경우에는 근로자대표의 동의를 받아야 한다.

제27조(안전보건관리규정의 준수) 사업주와 근로자는 안전보건관리규정을 지켜야 한다.

제28조(다른 법률의 준용) 안전보건관리규정에 관하여 이 법에서 규정한 것을 제외하고는 그 성질에 반하지 아니하는 범위에서 「근로기준법」 중 취업규칙에 관한 규정을 **준용**한다. → 「노동조합법」 상 단체협약(×)

시행규칙 제25조(안전보건관리규정의 작성) ① 법 제25조 제3항에 따라 안전보건관리규정을 작성해야 할 사업의 종류 및 상시근로자 수는 별표 2와 같다.

② 제1항에 따른 사업의 사업주는 안전보건관리규정을 작성해야 할 사유가 발생한 날부터 ( )**일 이내**에 별표 3의 내용을 포함한 안전보건관리규정을 작성해야 한다. 이를 변경할 사유가 발생한 경우에도 또한 같다.

③ 사업주가 제2항에 따라 안전보건관리규정을 작성할 때에는 소방·가스·전기·교통 분야 등의 다른 법령에서 정하는 안전관리에 관한 규정과 ( )하여 작성할 수 있다.

정 답

30일, 통합

2.

■ 산업안전보건법 시행규칙 [별표 2]

안전보건관리규정을 작성해야 할 사업의 종류 및 상시근로자 수(제25조 제1항 관련)

사업의 종류	상시근로자 수
1. 농업 2. 어업 3. 소프트웨어 개발 및 공급업 4. 컴퓨터 프로그래밍, 시스템 통합 및 관리업 5. 정보서비스업 6. 금융 및 보험업 7. 임대업; 부동산 제외 8. 전문, 과학 및 기술 서비스업(연구개발업은 제외한다) 9. 사업지원 서비스업 10. 사회복지 서비스업	300명 이상
11. 제1호부터 제10호까지의 사업을 제외한 사업	(　　)명 이상

■ 산업안전보건법 시행규칙 [별표 3]

안전보건관리규정의 세부 내용(제25조 제2항 관련)

1. 총칙
   가. 안전보건관리규정 작성의 목적 및 적용 범위에 관한 사항
   나. 사업주 및 근로자의 재해 예방 책임 및 의무 등에 관한 사항
   다. 하도급 사업장에 대한 안전·보건관리에 관한 사항
2. 안전·보건 관리조직과 그 직무
   가. 안전·보건 관리조직의 구성방법, 소속, 업무 분장 등에 관한 사항
   나. 안전보건관리책임자(안전보건총괄책임자), 안전관리자, 보건관리자, 관리감독자의 직무 및 선임에 관한 사항
   다. 산업안전보건위원회의 설치·운영에 관한 사항
   라. 명예산업안전감독관의 직무 및 활동에 관한 사항
   마. 작업지휘자 배치 등에 관한 사항
3. 안전·보건교육
   가. 근로자 및 관리감독자의 안전·보건교육에 관한 사항
   나. 교육계획의 수립 및 기록 등에 관한 사항
4. 작업장 안전관리
   가. 안전·보건관리에 관한 계획의 수립 및 시행에 관한 사항
   나. 기계·기구 및 설비의 방호조치에 관한 사항
   다. 유해·위험기계등에 대한 자율검사프로그램에 의한 검사 또는 안전검사에 관한 사항
   라. 근로자의 안전수칙 준수에 관한 사항
   마. (　　)물질의 보관 및 출입 제한에 관한 사항

바. 중대재해 및 중대산업사고 발생, 급박한 산업재해 발생의 위험이 있는 경우 작업중지에 관한 사항

사. 안전표지·안전수칙의 종류 및 게시에 관한 사항과 그 밖에 안전관리에 관한 사항

5. 작업장 보건관리

가. 근로자 건강진단, 작업환경측정의 실시 및 조치절차 등에 관한 사항

나. ( )물질의 취급에 관한 사항

다. ( )의 지급 등에 관한 사항

라. 질병자의 근로 금지 및 취업 제한 등에 관한 사항

마. 보건표지·보건수칙의 종류 및 게시에 관한 사항과 그 밖에 보건관리에 관한 사항

6. 사고 조사 및 대책 수립

가. 산업재해 및 중대산업사고의 발생 시 처리 절차 및 긴급조치에 관한 사항

나. 산업재해 및 중대산업사고의 발생원인에 대한 조사 및 분석, 대책 수립에 관한 사항

다. 산업재해 및 중대산업사고 발생의 기록·관리 등에 관한 사항

7. 위험성평가에 관한 사항

가. 위험성평가의 실시 시기 및 방법, 절차에 관한 사항

나. 위험성 감소대책 수립 및 시행에 관한 사항

8. 보칙

가. 무재해운동 참여, 안전·보건 관련 제안 및 포상·징계 등 산업재해 예방을 위하여 필요하다고 판단하는 사항

나. 안전·보건 관련 문서의 보존에 관한 사항

다. 그 밖의 사항

사업장의 규모·업종 등에 적합하게 작성하며, 필요한 사항을 추가하거나 그 사업장에 관련되지 않는 사항은 제외할 수 있다.

정 답

100명, 위험, 유해, 보호구

기 출

산업안전보건법령상 안전보건관리규정에 관한 설명으로 옳은 것은?

① '안전보건교육에 관한 사항'은 안전보건관리규정에 포함되지 않는다.

② 상시근로자 수가 100명인 금융업의 경우 안전보건관리규정을 작성해야 한다.

③ 사업주가 안전보건관리규정을 작성할 때에는 소방·가스·전기·교통 분야 등의 다른 법령에서 정하는 안전관리에 관한 규정과 통합하여 작성할 수 있다.

④ 산업안전보건위원회가 설치되어 있지 아니한 사업장의 사업주가 안전보건관리규정을 변경할 경우 근로자대표의 동의를 받지 않아도 된다.

⑤ 사업주는 안전보건관리규정을 작성해야 할 사유가 발생한 날부터 15일 이내에 이를 작성해야 한다.

정 답

③

시행규칙 제26조(교육시간 및 교육내용 등)

③ 사업주가 법 제29조제1항부터 제3항까지의 규정에 따른 안전보건교육을 자체적으로 실시하는 경우에 교육을 할 수 있는 사람은 다음 각 호의 어느 하나에 해당하는 사람으로 한다. ★

1. 다음 각 목의 어느 하나에 해당하는 사람
   가. 법 제15조제1항에 따른 안전보건관리책임자
   나. 법 제16조제1항에 따른 관리감독자
   다. 법 제17조제1항에 따른 안전관리자(안전관리전문기관에서 안전관리자의 위탁업무를 수행하는 사람을 포함한다)
   라. 법 제18조제1항에 따른 보건관리자(보건관리전문기관에서 보건관리자의 위탁업무를 수행하는 사람을 포함한다)
   마. 법 제19조제1항에 따른 안전보건관리담당자(안전관리전문기관 및 보건관리전문기관에서 안전보건관리담당자의 위탁업무를 수행하는 사람을 포함한다)
   바. 법 제22조제1항에 따른 산업보건의
2. 공단에서 실시하는 해당 분야의 강사요원 교육과정을 이수한 사람
3. 법 제142조에 따른 산업안전지도사 또는 산업보건지도사(이하 "지도사"라 한다)
4. 산업안전보건에 관하여 학식과 경험이 있는 사람으로서 **고용노동부장관이 정하는 기준에 해당하는 사람**

제30조(근로자에 대한 안전보건교육의 면제 등) ① 사업주는 제29조제1항에도 불구하고 다음 각 호의 어느 하나에 해당하는 경우에는 같은 항에 따른 **안전보건교육의 전부 또는 일부를 하지 아니할 수 있다.**

1. 사업장의 산업재해 발생 정도가 고용노동부령으로 정하는 기준에 해당하는 경우
2. 근로자가 제11조제3호에 따른 시설에서 건강관리에 관한 교육 등 고용노동부령으로 정하는 교육을 이수한 경우
3. 관리감독자가 산업 안전 및 보건 업무의 전문성 제고를 위한 교육 등 고용노동부령으로 정하는 교육을 이수한 경우

② 사업주는 제29조제2항 또는 제3항에도 불구하고 해당 근로자가 채용 또는 변경된 작업에 경험이 있는 등 고용노동부령으로 정하는 경우에는 같은 조 제2항 또는 제3항에 따른 안전보건교육의 전부 또는 일부를 하지 아니할 수 있다.

시행규칙 제27조(안전보건교육의 면제) ① 전년도에 산업재해가 발생하지 않은 사업장의 사업주의 경우 법 제29조제1항에 따른 근로자 정기교육(이하 "근로자 정기교육"이라 한다)을 **그 다음 연도에 한정**하여 별표 4에서 정한 실시기준 시간의 100분의 50 범위에서 면제할 수 있다.

② 영 제16조 및 제20조에 따른 안전관리자 및 보건관리자를 선임할 의무가 없는 사업장의 사업주가 법 제11조제3호에 따라 노무를 제공하는 자의 건강 유지·증진을 위하여 설치된 근로자건강센터(이하 "근로자건강센터"라 한다)에서 실시하는 안전보건교육, 건강상담, 건강관리프로그램 등 근로자 건강관리 활동에 해당 사업장의 근로자를 참여하게 한 경우에는 해당 시간을 제26조제1항에 따른 교육 중 해당 반기(관리감독자의 지위에 있는 사람의 경우 해당 연도)의 근로자 정기교육 시간에서 면제할 수 있다. 이 경우 사업주는 해당 사업장의 근로자가 근로자건강센터에서 실시하는 건강관리 활동에 참여한 사실을 입증할 수 있는 서류를 갖춰 두어야 한다.

③ 법 제30조제1항 제3호에 따라 **관리감독자가 다음 각 호의 어느 하나에 해당하는 교육을 이수한 경우 별표 4에서 정한 근로자 정기교육시간을 면제할 수 있다.** ★

1. 법 제32조제1항 각 호 외의 부분 본문에 따라 영 제40조제3항에 따른 직무교육기관(이하 "직무교육기관"이라 한다)에서 실시한 전문화교육
2. 법 제32조제1항 각 호 외의 부분 본문에 따라 직무교육기관에서 실시한 인터넷 원격교육
3. 법 제32조제1항 각 호 외의 부분 본문에 따라 공단에서 실시한 안전보건관리담당자 양성교육
4. 법 제98조제1항제2호에 따른 검사원 성능검사 교육
5. 그 밖에 고용노동부장관이 근로자 정기교육 면제대상으로 인정하는 교육

시행규칙 제35조(직무교육의 신청 등) ① 직무교육을 받으려는 자는 별지 제15호서식의 직무교육 수강신청서를 직무교육기관의 장에게 제출해야 한다.

② **직무교육기관의 장은 직무교육을 실시하기 15일 전까지 교육 일시 및 장소 등을 직무교육 대상자에게 알려야 한다.**

③ 직무교육을 이수한 사람이 다른 사업장으로 전직하여 신규로 선임되어 선임신고를 하는 경우에는 전직 전에 받은 교육이수증명서를 제출하면 해당 교육을 이수한 것으로 본다.

④ 직무교육기관의 장이 직무교육을 실시하려는 경우에는 매년 12월 31일까지 다음 연도의 교육 실시계획서를 고용노동부장관에게 제출(전자문서로 제출하는 것을 포함한다)하여 승인을 받아야 한다.

■ 산업안전보건법 시행규칙 [별표 4] 〈개정 2023. 9. 27.〉

안전보건교육 교육과정별 교육시간(제26조제1항 등 관련)

1. 근로자 안전보건교육(제26조제1항, 제28조제1항 관련)

<table>
<tr><th>교육과정</th><th colspan="2">교육대상</th><th>교육시간</th></tr>
<tr><td rowspan="3">가. 정기교육</td><td colspan="2">1) 사무직 종사 근로자</td><td>매반기 6시간 이상</td></tr>
<tr><td rowspan="2">2) 그 밖의 근로자</td><td>가) 판매업무에 직접 종사하는 근로자</td><td>매반기 6시간 이상</td></tr>
<tr><td>나) 판매업무에 직접 종사하는 근로자 외의 근로자</td><td>매반기 12시간 이상</td></tr>
<tr><td rowspan="3">나. 채용 시 교육</td><td colspan="2">1) 일용근로자 및 근로계약기간이 1주일 이하인 기간제근로자</td><td>1시간 이상</td></tr>
<tr><td colspan="2">2) 근로계약기간이 1주일 초과 1개월 이하인 기간제근로자</td><td>4시간 이상</td></tr>
<tr><td colspan="2">3) 그 밖의 근로자</td><td>8시간 이상</td></tr>
<tr><td rowspan="2">다. 작업내용 변경 시 교육</td><td colspan="2">1) 일용근로자 및 근로계약기간이 1주일 이하인 기간제근로자</td><td>1시간 이상</td></tr>
<tr><td colspan="2">2) 그 밖의 근로자</td><td>2시간 이상</td></tr>
<tr><td rowspan="3">라. 특별교육</td><td colspan="2">1) 일용근로자 및 근로계약기간이 1주일 이하인 기간제근로자 : 별표 5 제1호 라목(제39호는 제외한다)에 해당하는 작업에 종사하는 근로자에 한정한다.</td><td>2시간 이상</td></tr>
<tr><td colspan="2">2) 일용근로자 및 근로계약기간이 1주일 이하인 기간제근로자 : 별표 5 제1호라목제39호에 해당하는 작업에 종사하는 근로자에 한정한다.</td><td>8시간 이상</td></tr>
<tr><td colspan="2">3) 일용근로자 및 근로계약기간이 1주일 이하인 기간제근로자를 제외한 근로자 : 별표 5 제1호라목에 해당하는 작업에 종사하는 근로자에 한정한다.</td><td>가) 16시간 이상(최초 작업에 종사하기 전 4시간 이상 실시하고 12시간은 3개월 이내에서 분할하여 실시 가능)
나) 단기간 작업 또는 간헐적 작업인 경우에는 2시간 이상</td></tr>
<tr><td>마. 건설업 기초안전·보건교육</td><td colspan="2">건설 일용근로자</td><td>4시간 이상</td></tr>
</table>

비고

1. 위 표의 적용을 받는 "일용근로자"란 근로계약을 1일 단위로 체결하고 그 날의 근로가 끝나면 근로관계가 종료되어 계속 고용이 보장되지 않는 근로자를 말한다.

2. 일용근로자가 위 표의 나목 또는 라목에 따른 교육을 받은 날 이후 1주일 동안 같은 사업장에서 같은 업무의 일용근로자로 다시 종사하는 경우에는 이미 받은 위 표의 나목 또는 라목에 따른 교육을 면제한다.
3. 다음 각 목의 어느 하나에 해당하는 경우는 위 표의 가목부터 라목까지의 규정에도 불구하고 **해당 교육과정별 교육시간의 2분의 1 이상을 그 교육시간**으로 한다.
   가. 영 별표 1 제1호에 따른 사업 *
   나. 상시근로자 50명 미만의 도매업, 숙박 및 음식점업
4. 근로자가 다음 각 목의 어느 하나에 해당하는 안전교육을 받은 경우에는 그 시간만큼 위 표의 가목에 따른 해당 반기의 정기교육을 받은 것으로 본다.
   가. 「원자력안전법 시행령」 제148조제1항에 따른 방사선작업종사자 정기교육
   나. 「항만안전특별법 시행령」 제5조제1힝제2호에 따른 정기안전교육
   다. 「화학물질관리법 시행규칙」 제37조제4항에 따른 유해화학물질 안전교육
5. 근로자가 「항만안전특별법 시행령」 제5조제1항제1호에 따른 신규안전교육을 받은 때에는 그 시간만큼 위 표의 나목에 따른 채용 시 교육을 받은 것으로 본다.
6. 방사선 업무에 관계되는 작업에 종사하는 근로자가 「원자력안전법 시행규칙」 제138조제1항제2호에 따른 방사선작업종사자 신규교육 중 직장교육을 받은 때에는 그 시간만큼 위 표의 라목에 따른 특별교육 중 별표 5 제1호라목의 33.란에 따른 특별교육을 받은 것으로 본다.

1의2. 관리감독자 안전보건교육(제26조제1항 관련)

교육과정	교육시간
가. 정기교육	연간 16시간 이상
나. 채용 시 교육	8시간 이상
다. 작업내용 변경 시 교육	2시간 이상
라. 특별교육	16시간 이상(최초 작업에 종사하기 전 4시간 이상 실시하고, 12시간은 3개월 이내에서 분할하여 실시 가능)
	단기간 작업 또는 간헐적 작업인 경우에는 2시간 이상

2. 안전보건관리책임자 등에 대한 교육(제29조제2항 관련)

교육대상	교육시간	
	신규교육	보수교육
가. 안전보건관리책임자	6시간 이상	6시간 이상
나. 안전관리자, 안전관리전문기관의 종사자	34시간 이상	24시간 이상
다. 보건관리자, 보건관리전문기관의 종사자	34시간 이상	24시간 이상
라. 건설재해예방전문지도기관의 종사자	34시간 이상	24시간 이상
마. 석면조사기관의 종사자	34시간 이상	24시간 이상
바. 안전보건관리담당자	-	8시간 이상
사. 안전검사기관, 자율안전검사기관의 종사자	34시간 이상	24시간 이상

3. **특수형태근로종사자에 대한 안전보건교육(제95조제1항 관련)**

교육과정	교육시간
가. 최초 노무제공 시 교육	2시간 이상(단기간 작업 또는 간헐적 작업에 노무를 제공하는 경우에는 1시간 이상 실시하고, 특별교육을 실시한 경우는 면제)
나. 특별교육	16시간 이상(최초 작업에 종사하기 전 4시간 이상 실시하고 12시간은 3개월 이내에서 분할하여 실시가능)
	단기간 작업 또는 간헐적 작업인 경우에는 2시간 이상
비고 : 영 제67조 제13호 라목에 해당하는 사람이 「화학물질관리법」 제33조제1항에 따른 유해화학물질 안전교육을 받은 경우에는 그 시간만큼 가목에 따른 최초 노무제공 시 교육을 실시하지 않을 수 있다.	

4. **검사원 성능검사 교육(제131조제2항 관련)**

교육과정	교육대상	교육시간
성능검사 교육	-	28시간 이상

* 영 [별표1의 제1호] → **해당 교육과정별 교육시간의 2분의 1 이상을 그 교육시간**

1. 다음 각 목의 어느 하나에 해당하는 사업
   가. 「광산안전법」 적용 사업(광업 중 광물의 채광·채굴·선광 또는 제련 등의 공정으로 한정하며, 제조공정은 제외한다)
   나. 「원자력안전법」 적용 사업(발전업 중 원자력 발전설비를 이용하여 전기를 생산하는 사업장으로 한정한다)
   다. 「항공안전법」 적용 사업(항공기, 우주선 및 부품 제조업과 창고 및 운송관련 서비스업, 여행사 및 기타 여행보조 서비스업 중 항공 관련 사업은 각각 제외한다)
   라. 「선박안전법」 적용 사업(선박 및 보트 건조업은 제외한다)

■ 산업안전보건법 시행규칙 [별표 5] 〈개정 2023. 9. 27.〉

안전보건교육 교육대상별 교육내용(제26조제1항 등 관련)

1. **근로자 안전보건교육(제26조제1항 관련)**

가. 정기교육

교육내용
• 산업안전 및 사고 예방에 관한 사항 • 산업보건 및 직업병 예방에 관한 사항 • 위험성 평가에 관한 사항 • 건강증진 및 질병 예방에 관한 사항 • 유해·위험 작업환경 관리에 관한 사항 • 산업안전보건법령 및 산업재해보상보험 제도에 관한 사항 • 직무스트레스 예방 및 관리에 관한 사항

• 직장 내 괴롭힘, 고객의 폭언 등으로 인한 건강장해 예방 및 관리에 관한 사항

나. 삭제 〈2023. 9. 27.〉

다. 채용 시 교육 및 작업내용 변경 시 교육

교육내용
• 산업안전 및 사고 예방에 관한 사항 • 산업보건 및 직업병 예방에 관한 사항 • 위험성 평가에 관한 사항 • 산업안전보건법령 및 산업재해보상보험 제도에 관한 사항 • 직무스트레스 예방 및 관리에 관한 사항 • 직장 내 괴롭힘, 고객의 폭언 등으로 인한 건강장해 예방 및 관리에 관한 사항 • 기계·기구의 위험성과 작업의 순서 및 동선에 관한 사항 • 작업 개시 전 점검에 관한 사항 • 정리정돈 및 청소에 관한 사항 • 사고 발생 시 긴급조치에 관한 사항 • 물질안전보건자료에 관한 사항

라. 특별교육 대상 작업별 교육

작업명	교육내용
〈공통내용〉 제1호부터 제39호까지의 작업	**다목과 같은 내용**
〈개별내용〉 1. 고압실 내 작업(잠함공법이나 그 밖의 압기공법으로 대기압을 넘는 기압인 작업실 또는 수갱 내부에서 하는 작업만 해당한다)	• 고기압 장해의 인체에 미치는 영향에 관한 사항 • 작업의 시간·작업 방법 및 절차에 관한 사항 • 압기공법에 관한 기초지식 및 보호구 착용에 관한 사항 • 이상 발생 시 응급조치에 관한 사항 • 그 밖에 안전·보건관리에 필요한 사항
2. 아세틸렌 용접장치 또는 가스집합 용접장치를 사용하는 금속의 용접·용단 또는 가열작업(발생기·도관 등에 의하여 구성되는 용접장치만 해당한다)	• 용접 흄, 분진 및 유해광선 등의 유해성에 관한 사항 • 가스용접기, 압력조정기, 호스 및 취관두(불꽃이 나오는 용접기의 앞부분) 등의 기기점검에 관한 사항 • 작업방법·순서 및 응급처치에 관한 사항 • 안전기 및 보호구 취급에 관한 사항 • 화재예방 및 초기대응에 관한사항 • 그 밖에 안전·보건관리에 필요한 사항
3. 밀폐된 장소(탱크 내 또는 환기가 극히 불량한 좁은 장소를 말한다)에서 하는 용접작업 또는 습한 장소에서 하는 전기용접 작업	• 작업순서, 안전작업방법 및 수칙에 관한 사항 • 환기설비에 관한 사항 • 전격 방지 및 보호구 착용에 관한 사항 • 질식 시 응급조치에 관한 사항 • 작업환경 점검에 관한 사항 • 그 밖에 안전·보건관리에 필요한 사항

4. 폭발성·물반응성·자기반응성·자기발열성 물질, 자연발화성 액체·고체 및 인화성 액체의 제조 또는 취급작업(시험연구를 위한 취급작업은 제외한다)	• 폭발성·물반응성·자기반응성·자기발열성 물질, 자연발화성 액체·고체 및 인화성 액체의 성질이나 상태에 관한 사항 • 폭발 한계점, 발화점 및 인화점 등에 관한 사항 • 취급방법 및 안전수칙에 관한 사항 • 이상 발견 시의 응급처치 및 대피 요령에 관한 사항 • 화기·정전기·충격 및 자연발화 등의 위험방지에 관한 사항 • 작업순서, 취급주의사항 및 방호거리 등에 관한 사항 • 그 밖에 안전·보건관리에 필요한 사항
5. 액화석유가스·수소가스 등 인화성 가스 또는 폭발성 물질 중 가스의 발생장치 취급 작업	• 취급가스의 상태 및 성질에 관한 사항 • 발생장치 등의 위험 방지에 관한 사항 • 고압가스 저장설비 및 안전취급방법에 관한 사항 • 설비 및 기구의 점검 요령 • 그 밖에 안전·보건관리에 필요한 사항
6. 화학설비 중 반응기, 교반기·추출기의 사용 및 세척작업	• 각 계측장치의 취급 및 주의에 관한 사항 • 투시창·수위 및 유량계 등의 점검 및 밸브의 조작주의에 관한 사항 • 세척액의 유해성 및 인체에 미치는 영향에 관한 사항 • 작업 절차에 관한 사항 • 그 밖에 안전·보건관리에 필요한 사항
7. 화학설비의 탱크 내 작업	• 차단장치·정지장치 및 밸브 개폐장치의 점검에 관한 사항 • 탱크 내의 산소농도 측정 및 작업환경에 관한 사항 • 안전보호구 및 이상 발생 시 응급조치에 관한 사항 • 작업절차·방법 및 유해·위험에 관한 사항 • 그 밖에 안전·보건관리에 필요한 사항
8. 분말·원재료 등을 담은 호퍼(하부가 깔대기 모양으로 된 저장통)·저장창고 등 저장탱크의 내부작업	• 분말·원재료의 인체에 미치는 영향에 관한 사항 • 저장탱크 내부작업 및 복장보호구 착용에 관한 사항 • 작업의 지정·방법·순서 및 작업환경 점검에 관한 사항 • 팬·풍기(風旗) 조작 및 취급에 관한 사항 • 분진 폭발에 관한 사항 • 그 밖에 안전·보건관리에 필요한 사항
9. 다음 각 목에 정하는 설비에 의한 물건의 가열·건조작업 가. 건조설비 중 위험물 등에 관계되는 설비로 속부피가 1세제곱미터 이상인 것 나. 건조설비 중 가목의 위험물 등 외의 물질에 관계되는 설비로서, 연료를 열원으로 사용하는 것(그 최대연소소비량이 매 시간당 10킬로그	• 건조설비 내외면 및 기기기능의 점검에 관한 사항 • 복장보호구 착용에 관한 사항 • 건조 시 유해가스 및 고열 등이 인체에 미치는 영향에 관한 사항 • 건조설비에 의한 화재·폭발 예방에 관한 사항

램 이상인 것만 해당한다) 또는 전력을 열원으로 사용하는 것(정격소비전력이 10킬로와트 이상인 경우만 해당한다)	
10. 다음 각 목에 해당하는 집재장치(집재기·가선·운반기구·지주 및 이들에 부속하는 물건으로 구성되고, 동력을 사용하여 원목 또는 장작과 숯을 담아 올리거나 공중에서 운반하는 설비를 말한다)의 조립, 해체, 변경 또는 수리작업 및 이들 설비에 의한 집재 또는 운반 작업 가. 원동기의 정격출력이 7.5킬로와트를 넘는 것 나. 지간의 경사거리 합계가 350미터 이상인 것 다. 최대사용하중이 200킬로그램 이상인 것	• 기계의 브레이크 비상정지장치 및 운반경로, 각종 기능 점검에 관한 사항 • 작업 시작 전 준비사항 및 작업방법에 관한 사항 • 취급물의 유해·위험에 관한 사항 • 구조상의 이상 시 응급처치에 관한 사항 • 그 밖에 안전·보건관리에 필요한 사항
11. 동력에 의하여 작동되는 프레스기계를 5대 이상 보유한 사업장에서 해당 기계로 하는 작업	• 프레스의 특성과 위험성에 관한 사항 • 방호장치 종류와 취급에 관한 사항 • 안전작업방법에 관한 사항 • 프레스 안전기준에 관한 사항 • 그 밖에 안전·보건관리에 필요한 사항
12. 목재가공용 기계[둥근톱기계, 띠톱기계, 대패기계, 모떼기기계 및 라우터기(목재를 자르거나 홈을 파는 기계)만 해당하며, 휴대용은 제외한다]를 5대 이상 보유한 사업장에서 해당 기계로 하는 작업	• 목재가공용 기계의 특성과 위험성에 관한 사항 • 방호장치의 종류와 구조 및 취급에 관한 사항 • 안전기준에 관한 사항 • 안전작업방법 및 목재 취급에 관한 사항 • 그 밖에 안전·보건관리에 필요한 사항
13. 운반용 등 하역기계를 5대 이상 보유한 사업장에서의 해당 기계로 하는 작업	• 운반하역기계 및 부속설비의 점검에 관한 사항 • 작업순서와 방법에 관한 사항 • 안전운전방법에 관한 사항 • 화물의 취급 및 작업신호에 관한 사항 • 그 밖에 안전·보건관리에 필요한 사항
14. 1톤 이상의 크레인을 사용하는 작업 또는 1톤 미만의 크	• 방호장치의 종류, 기능 및 취급에 관한 사항 • 걸고리·와이어로프 및 비상정지장치 등의 기계·기구 점검

레인 또는 호이스트를 5대 이상 보유한 사업장에서 해당 기계로 하는 작업(제40호의 작업은 제외한다)	에 관한 사항 • 화물의 취급 및 안전작업방법에 관한 사항 • 신호방법 및 공동작업에 관한 사항 • 인양 물건의 위험성 및 낙하·비래(飛來)·충돌재해 예방에 관한 사항 • 인양물이 적재될 지반의 조건, 인양하중, 풍압 등이 인양물과 타워크레인에 미치는 영향 • 그 밖에 안전·보건관리에 필요한 사항
15. 건설용 리프트·곤돌라를 이용한 작업	• 방호장치의 기능 및 사용에 관한 사항 • 기계, 기구, 달기체인 및 와이어 등의 점검에 관한 사항 • 화물의 권상·권하 작업방법 및 안전작업 지도에 관한 사항 • 기계·기구에 특성 및 동작원리에 관한 사항 • 신호방법 및 공동작업에 관한 사항 • 그 밖에 안전·보건관리에 필요한 사항
16. 주물 및 단조(금속을 두들기거나 눌러서 형체를 만드는 일) 작업	• 고열물의 재료 및 작업환경에 관한 사항 • 출탕·주조 및 고열물의 취급과 안전작업방법에 관한 사항 • 고열작업의 유해·위험 및 보호구 착용에 관한 사항 • 안전기준 및 중량물 취급에 관한 사항 • 그 밖에 안전·보건관리에 필요한 사항
17. 전압이 75볼트 이상인 정전 및 활선작업	• 전기의 위험성 및 전격 방지에 관한 사항 • 해당 설비의 보수 및 점검에 관한 사항 • 정전작업·활선작업 시의 안전작업방법 및 순서에 관한 사항 • 절연용 보호구, 절연용 보호구 및 활선작업용 기구 등의 사용에 관한 사항 • 그 밖에 안전·보건관리에 필요한 사항
18. 콘크리트 파쇄기를 사용하여 하는 파쇄작업(2미터 이상인 구축물의 파쇄작업만 해당한다)	• 콘크리트 해체 요령과 방호거리에 관한 사항 • 작업안전조치 및 안전기준에 관한 사항 • 파쇄기의 조작 및 공통작업 신호에 관한 사항 • 보호구 및 방호장비 등에 관한 사항 • 그 밖에 안전·보건관리에 필요한 사항
19. 굴착면의 높이가 2미터 이상이 되는 지반 굴착(터널 및 수직갱 외의 갱 굴착은 제외한다)작업	• 지반의 형태·구조 및 굴착 요령에 관한 사항 • 지반의 붕괴재해 예방에 관한 사항 • 붕괴 방지용 구조물 설치 및 작업방법에 관한 사항 • 보호구의 종류 및 사용에 관한 사항 • 그 밖에 안전·보건관리에 필요한 사항
20. 흙막이 지보공의 보강 또는 동바리를 설치하거나 해체하는 작업	• 작업안전 점검 요령과 방법에 관한 사항 • 동바리의 운반·취급 및 설치 시 안전작업에 관한 사항 • 해체작업 순서와 안전기준에 관한 사항 • 보호구 취급 및 사용에 관한 사항 • 그 밖에 안전·보건관리에 필요한 사항

21. 터널 안에서의 굴착작업(굴착용 기계를 사용하여 하는 굴착작업 중 근로자가 칼날 밑에 접근하지 않고 하는 작업은 제외한다) 또는 같은 작업에서의 터널 거푸집 지보공의 조립 또는 콘크리트 작업	• 작업환경의 점검 요령과 방법에 관한 사항 • 붕괴 방지용 구조물 설치 및 안전작업 방법에 관한 사항 • 재료의 운반 및 취급·설치의 안전기준에 관한 사항 • 보호구의 종류 및 사용에 관한 사항 • 소화설비의 설치장소 및 사용방법에 관한 사항 • 그 밖에 안전·보건관리에 필요한 사항
22. 굴착면의 높이가 2미터 이상이 되는 암석의 굴착작업	• 폭발물 취급 요령과 대피 요령에 관한 사항 • 안전거리 및 안전기준에 관한 사항 • 방호물의 설치 및 기준에 관한 사항 • 보호구 및 신호방법 등에 관한 사항 • 그 밖에 안전·보건관리에 필요한 사항
23. 높이가 2미터 이상인 물건을 쌓거나 무너뜨리는 작업(하역기계로만 하는 작업은 제외한다)	• 원부재료의 취급 방법 및 요령에 관한 사항 • 물건의 위험성·낙하 및 붕괴재해 예방에 관한 사항 • 적재방법 및 전도 방지에 관한 사항 • 보호구 착용에 관한 사항 • 그 밖에 안전·보건관리에 필요한 사항
24. 선박에 짐을 쌓거나 부리거나 이동시키는 작업	• 하역 기계·기구의 운전방법에 관한 사항 • 운반·이송경로의 안전작업방법 및 기준에 관한 사항 • 중량물 취급 요령과 신호 요령에 관한 사항 • 작업안전 점검과 보호구 취급에 관한 사항 • 그 밖에 안전·보건관리에 필요한 사항
25. 거푸집 동바리의 조립 또는 해체작업	• 동바리의 조립방법 및 작업 절차에 관한 사항 • 조립재료의 취급방법 및 설치기준에 관한 사항 • 조립 해체 시의 사고 예방에 관한 사항 • 보호구 착용 및 점검에 관한 사항 • 그 밖에 안전·보건관리에 필요한 사항
26. 비계의 조립·해체 또는 변경작업	• 비계의 조립순서 및 방법에 관한 사항 • 비계작업의 재료 취급 및 설치에 관한 사항 • 추락재해 방지에 관한 사항 • 보호구 착용에 관한 사항 • 비계상부 작업 시 최대 적재하중에 관한 사항 • 그 밖에 안전·보건관리에 필요한 사항
27. 건축물의 골조, 다리의 상부구조 또는 탑의 금속제의 부재로 구성되는 것(5미터 이상인 것만 해당한다)의 조립· 해체 또는 변경작업	• 건립 및 버팀대의 설치순서에 관한 사항 • 조립 해체 시의 추락재해 및 위험요인에 관한 사항 • 건립용 기계의 조작 및 작업신호 방법에 관한 사항 • 안전장비 착용 및 해체순서에 관한 사항 • 그 밖에 안전·보건관리에 필요한 사항

28. 처마 높이가 5미터 이상인 목조건축물의 구조 부재의 조립이나 건축물의 지붕 또는 외벽 밑에서의 설치작업	• 붕괴·추락 및 재해 방지에 관한 사항 • 부재의 강도·재질 및 특성에 관한 사항 • 조립·설치 순서 및 안전작업방법에 관한 사항 • 보호구 착용 및 작업 점검에 관한 사항 • 그 밖에 안전·보건관리에 필요한 사항
29. 콘크리트 인공구조물(그 높이가 2미터 이상인 것만 해당한다)의 해체 또는 파괴작업	• 콘크리트 해체기계의 점점에 관한 사항 • 파괴 시의 안전거리 및 대피 요령에 관한 사항 • 작업방법·순서 및 신호 방법 등에 관한 사항 • 해체·파괴 시의 작업안전기준 및 보호구에 관한 사항 • 그 밖에 안전·보건관리에 필요한 사항
30. 타워크레인을 설치(상승작업을 포함한다)·해체하는 작업	• 붕괴·추락 및 재해 방지에 관한 사항 • 설치·해체 순서 및 안전작업방법에 관한 사항 • 부재의 구조·재질 및 특성에 관한 사항 • 신호방법 및 요령에 관한 사항 • 이상 발생 시 응급조치에 관한 사항 • 그 밖에 안전·보건관리에 필요한 사항
31. 보일러(소형 보일러 및 다음 각 목에서 정하는 보일러는 제외한다)의 설치 및 취급 작업 가. 몸통 반지름이 750밀리미터 이하이고 그 길이가 1,300밀리미터 이하인 증기보일러 나. 전열면적이 3제곱미터 이하인 증기보일러 다. 전열면적이 14제곱미터 이하인 온수보일러 라. 전열면적이 30제곱미터 이하인 관류보일러(물관을 사용하여 가열시키는 방식의 보일러)	• 기계 및 기기 점화장치 계측기의 점검에 관한 사항 • 열관리 및 방호장치에 관한 사항 • 작업순서 및 방법에 관한 사항 • 그 밖에 안전·보건관리에 필요한 사항
32. 게이지 압력을 제곱센티미터당 1킬로그램 이상으로 사용하는 압력용기의 설치 및 취급작업	• 안전시설 및 안전기준에 관한 사항 • 압력용기의 위험성에 관한 사항 • 용기 취급 및 설치기준에 관한 사항 • 작업안전 점검 방법 및 요령에 관한 사항 • 그 밖에 안전·보건관리에 필요한 사항
33. 방사선 업무에 관계되는 작업(의료 및 실험용은 제외한다)	• 방사선의 유해·위험 및 인체에 미치는 영향 • 방사선의 측정기기 기능의 점검에 관한 사항 • 방호거리·방호벽 및 방사선물질의 취급 요령에 관한 사항 • 응급처치 및 보호구 착용에 관한 사항

	• 그 밖에 안전·보건관리에 필요한 사항
34. 밀폐공간에서의 작업	• 산소농도 측정 및 작업환경에 관한 사항 • 사고 시의 응급처치 및 비상 시 구출에 관한 사항 • 보호구 착용 및 보호 장비 사용에 관한 사항 • 작업내용·안전작업방법 및 절차에 관한 사항 • 장비·설비 및 시설 등의 안전점검에 관한 사항 • 그 밖에 안전·보건관리에 필요한 사항
35. 허가 또는 관리 대상 유해물질의 제조 또는 취급작업	• 취급물질의 성질 및 상태에 관한 사항 • 유해물질이 인체에 미치는 영향 • 국소배기장치 및 안전설비에 관한 사항 • 안전작업방법 및 보호구 사용에 관한 사항 • 그 밖에 안전·보건관리에 필요한 사항
36. 로봇작업	• 로봇의 기본원리·구조 및 작업방법에 관한 사항 • 이상 발생 시 응급조치에 관한 사항 • 안전시설 및 안전기준에 관한 사항 • 조작방법 및 작업순서에 관한 사항
37. 석면해체·제거작업	• 석면의 특성과 위험성 • 석면해체·제거의 작업방법에 관한 사항 • 장비 및 보호구 사용에 관한 사항 • 그 밖에 안전·보건관리에 필요한 사항
38. 가연물이 있는 장소에서 하는 화재위험작업	• 작업준비 및 작업절차에 관한 사항 • 작업장 내 위험물, 가연물의 사용·보관·설치 현황에 관한 사항 • 화재위험작업에 따른 인근 인화성 액체에 대한 방호조치에 관한 사항 • 화재위험작업으로 인한 불꽃, 불티 등의 흩날림 방지 조치에 관한 사항 • 인화성 액체의 증기가 남아 있지 않도록 환기 등의 조치에 관한 사항 • 화재감시자의 직무 및 피난교육 등 비상조치에 관한 사항 • 그 밖에 안전·보건관리에 필요한 사항
39. 타워크레인을 사용하는 작업 시 신호업무를 하는 작업	• 타워크레인의 기계적 특성 및 방호장치 등에 관한 사항 • 화물의 취급 및 안전작업방법에 관한 사항 • 신호방법 및 요령에 관한 사항 • 인양 물건의 위험성 및 낙하·비래·충돌재해 예방에 관한 사항 • 인양물이 적재될 지반의 조건, 인양하중, 풍압 등이 인양물과 타워크레인에 미치는 영향 • 그 밖에 안전·보건관리에 필요한 사항

1의2. 관리감독자 안전보건교육(제26조제1항 관련)

가. 정기교육

교육내용
• 산업안전 및 사고 예방에 관한 사항 • 산업보건 및 직업병 예방에 관한 사항 • 위험성평가에 관한 사항 • 유해·위험 작업환경 관리에 관한 사항 • 산업안전보건법령 및 산업재해보상보험 제도에 관한 사항 • 직무스트레스 예방 및 관리에 관한 사항 • 직장 내 괴롭힘, 고객의 폭언 등으로 인한 건강장해 예방 및 관리에 관한 사항 • 작업공정의 유해·위험과 재해 예방대책에 관한 사항 • 사업장 내 안전보건관리체제 및 안전·보건조치 현황에 관한 사항 • 표준안전 작업방법 결정 및 지도·감독 요령에 관한 사항 • 현장근로자와의 의사소통능력 및 강의능력 등 안전보건교육 능력 배양에 관한 사항 • 비상시 또는 재해 발생 시 긴급조치에 관한 사항 • 그 밖의 관리감독자의 직무에 관한 사항

나. 채용 시 교육 및 작업내용 변경 시 교육

교육내용
• 산업안전 및 사고 예방에 관한 사항 • 산업보건 및 직업병 예방에 관한 사항 • 위험성평가에 관한 사항 • 산업안전보건법령 및 산업재해보상보험 제도에 관한 사항 • 직무스트레스 예방 및 관리에 관한 사항 • 직장 내 괴롭힘, 고객의 폭언 등으로 인한 건강장해 예방 및 관리에 관한 사항 • 기계·기구의 위험성과 작업의 순서 및 동선에 관한 사항 • 작업 개시 전 점검에 관한 사항 • 물질안전보건자료에 관한 사항 • 사업장 내 안전보건관리체제 및 안전·보건조치 현황에 관한 사항 • 표준안전 작업방법 결정 및 지도·감독 요령에 관한 사항 • 비상시 또는 재해 발생 시 긴급조치에 관한 사항 • 그 밖의 관리감독자의 직무에 관한 사항

다. 특별교육 대상 작업별 교육

작업명	교육내용
〈공통내용〉	**나목과 같은 내용**
〈개별내용〉	제1호라목에 따른 교육내용(공통내용은 제외한다)과 같음

2. 건설업 기초안전보건교육에 대한 내용 및 시간(제28조제1항 관련)

교육 내용	시간
가. 건설공사의 종류(건축·토목 등) 및 시공 절차	1시간
나. 산업재해 유형별 위험요인 및 안전보건조치	2시간
다. 안전보건관리체제 현황 및 산업안전보건 관련 근로자 권리·의무	1시간

3. 안전보건관리책임자 등에 대한 교육(제29조제2항 관련)

교육대상	교육내용	
	신규과정	보수과정
가. 안전보건관리책임자	1) 관리책임자의 책임과 직무에 관한 사항 2) 산업안전보건법령 및 안전·보건조치에 관한 사항	1) 산업안전·보건정책에 관한 사항 2) 자율안전·보건관리에 관한 사항
나. 안전관리자 및 안전관리전문기관 종사자	1) 산업안전보건법령에 관한 사항 2) 산업안전보건개론에 관한 사항 3) 인간공학 및 산업심리에 관한 사항 4) 안전보건교육방법에 관한 사항 5) 재해 발생 시 응급처치에 관한 사항 6) 안전점검·평가 및 재해 분석기법에 관한 사항 7) 안전기준 및 개인보호구 등 분야별 재해예방 실무에 관한 사항 8) 산업안전보건관리비 계상 및 사용기준에 관한 사항 9) 작업환경 개선 등 산업위생 분야에 관한 사항 10) 무재해운동 추진기법 및 실무에 관한 사항 11) 위험성평가에 관한 사항 12) 그 밖에 안전관리자의 직무 향상을 위하여 필요한 사항	1) 산업안전보건법령 및 정책에 관한 사항 2) 안전관리계획 및 안전보건개선계획의 수립·평가·실무에 관한 사항 3) 안전보건교육 및 무재해운동 추진 실무에 관한 사항 4) 산업안전보건관리비 사용기준 및 사용방법에 관한 사항 5) 분야별 재해 사례 및 개선 사례에 관한 연구와 실무에 관한 사항 6) 사업장 안전 개선기법에 관한 사항 7) 위험성평가에 관한 사항 8) 그 밖에 안전관리자 직무 향상을 위하여 필요한 사항
다. 보건관리자 및 보건관리전문기관 종사자	1) 산업안전보건법령 및 작업환경측정에 관한 사항 2) 산업안전보건개론에 관한 사항 3) 안전보건교육방법에 관한 사항 4) 산업보건관리계획 수립·평가 및 산업역학에 관한 사항 5) 작업환경 및 직업병 예방에 관한 사항	1) 산업안전보건법령, 정책 및 작업환경 관리에 관한 사항 2) 산업보건관리계획 수립·평가 및 안전보건교육 추진 요령에 관한 사항 3) 근로자 건강 증진 및 구급환자 관리에 관한 사항 4) 산업위생 및 산업환기에 관한 사항 5) 직업병 사례 연구에 관한 사항

	6) 작업환경 개선에 관한 사항(소음·분진·관리대상 유해물질 및 유해광선 등) 7) 산업역학 및 통계에 관한 사항 8) 산업환기에 관한 사항 9) 안전보건관리의 체제·규정 및 보건관리자 역할에 관한 사항 10) 보건관리계획 및 운용에 관한 사항 11) 근로자 건강관리 및 응급처치에 관한 사항 12) 위험성평가에 관한 사항 13) 감염병 예방에 관한 사항 14) 자살 예방에 관한 사항 15) 그 밖에 보건관리자의 직무 향상을 위하여 필요한 사항	6) 유해물질별 작업환경 관리에 관한 사항 7) 위험성평가에 관한 사항 8) 감염병 예방에 관한 사항 9) 자살 예방에 관한 사항 10) 그 밖에 보건관리자 직무 향상을 위하여 필요한 사항
라. 건설재해예방 전문지도기관 종사자	1) 산업안전보건법령 및 정책에 관한 사항 2) 분야별 재해사례 연구에 관한 사항 3) 새로운 공법 소개에 관한 사항 4) 사업장 안전관리기법에 관한 사항 5) 위험성평가의 실시에 관한 사항 6) 그 밖에 직무 향상을 위하여 필요한 사항	1) 산업안전보건법령 및 정책에 관한 사항 2) 분야별 재해사례 연구에 관한 사항 3) 새로운 공법 소개에 관한 사항 4) 사업장 안전관리기법에 관한 사항 5) 위험성평가의 실시에 관한 사항 6) 그 밖에 직무 향상을 위하여 필요한 사항
마. 석면조사기관 종사자	1) 석면 제품의 종류 및 구별 방법에 관한 사항 2) 석면에 의한 건강유해성에 관한 사항 3) 석면 관련 법령 및 제도(법, 「석면안전관리법」 및 「건축법」 등)에 관한 사항 4) 법 및 산업안전보건 정책방향에 관한 사항 5) 석면 시료채취 및 분석 방법에 관한 사항 6) 보호구 착용 방법에 관한 사항 7) 석면조사결과서 및 석면지도 작성 방법에 관한 사항 8) 석면 조사 실습에 관한 사항	1) 석면 관련 법령 및 제도(법, 「석면안전관리법」 및 「건축법」 등)에 관한 사항 2) 실내공기오염 관리(또는 작업환경측정 및 관리)에 관한 사항 3) 산업안전보건 정책방향에 관한 사항 4) 건축물·설비 구조의 이해에 관한 사항 5) 건축물·설비 내 석면함유 자재 사용 및 시공·제거 방법에 관한 사항 6) 보호구 선택 및 관리방법에 관한 사항 7) 석면해체·제거작업 및 석면 흩날림 방지 계획 수립 및 평가에 관한 사항 8) 건축물 석면조사 시 위해도평가 및 석면지도 작성·관리 실무에 관한 사항 9) 건축 자재의 종류별 석면조사실무에 관한 사항

바. 안전보건관리 담당자		1) 위험성평가에 관한 사항 2) 안전·보건교육방법에 관한 사항 3) 사업장 순회점검 및 지도에 관한 사항 4) 기계·기구의 적격품 선정에 관한 사항 5) 산업재해 통계의 유지·관리 및 조사에 관한 사항 6) 그 밖에 안전보건관리담당자 직무 향상을 위하여 필요한 사항
사. 안전검사기관 및 자율안전검사기관	1) 산업안전보건법령에 관한 사항 2) 기계, 장비의 주요장치에 관한 사항 3) 측정기기 작동 방법에 관한 사항 4) 공통점검 사항 및 주요 위험요인별 점검내용에 관한 사항 5) 기계, 장비의 주요안전장치에 관한 사항 6) 검사시 안전보건 유의사항 7) 기계·전기·화공 등 공학적 기초 지식에 관한 사항 8) 검사원의 직무윤리에 관한 사항 9) 그 밖에 종사자의 직무 향상을 위하여 필요한 사항	1) 산업안전보건법령 및 정책에 관한 사항 2) 주요 위험요인별 점검내용에 관한 사항 3) 기계, 장비의 주요장치와 안전장치에 관한 심화과정 4) 검사시 안전보건 유의 사항 5) 구조해석, 용접, 피로, 파괴, 피해 예측, 작업환기, 위험성평가 등에 관한 사항 6) 검사대상 기계별 재해 사례 및 개선 사례에 관한 연구와 실무에 관한 사항 7) 검사원의 직무윤리에 관한 사항 8) 그 밖에 종사자의 직무 향상을 위하여 필요한 사항

4. 특수형태근로종사자에 대한 안전보건교육(제95조제1항 관련)

가. 최초 노무제공 시 교육

교육내용
아래의 내용 중 특수형태근로종사자의 직무에 적합한 내용을 교육해야 한다. • 산업안전 및 사고 예방에 관한 사항 • 산업보건 및 직업병 예방에 관한 사항 • 건강증진 및 질병 예방에 관한 사항 • 유해·위험 작업환경 관리에 관한 사항 • 산업안전보건법령 및 산업재해보상보험 제도에 관한 사항 • 직무스트레스 예방 및 관리에 관한 사항 • 직장 내 괴롭힘, 고객의 폭언 등으로 인한 건강장해 예방 및 관리에 관한 사항 • 기계·기구의 위험성과 작업의 순서 및 동선에 관한 사항 • 작업 개시 전 점검에 관한 사항 • 정리정돈 및 청소에 관한 사항

• 사고 발생 시 긴급조치에 관한 사항 • 물질안전보건자료에 관한 사항 • 교통안전 및 운전안전에 관한 사항 • 보호구 착용에 관한 사항

나. 특별교육 대상 작업별 교육 : 제1호 라목과 같다.

5. 검사원 성능검사 교육(제131조제2항 관련)

설비명	교육과정	교육내용
가. 프레스 및 전단기	성능검사 교육	• 관계 법령 • 프레스 및 전단기 개론 • 프레스 및 전단기 구조 및 특성 • 검사기준 • 방호장치 • 검사장비 용도 및 사용방법 • 검사실습 및 체크리스트 작성 요령 • 위험검출 훈련
나. 크레인	성능검사 교육	• 관계 법령 • 크레인 개론 • 크레인 구조 및 특성 • 검사기준 • 방호장치 • 검사장비 용도 및 사용방법 • 검사실습 및 체크리스트 작성 요령 • 위험검출 훈련 • 검사원 직무
다. 리프트	성능검사 교육	• 관계 법령 • 리프트 개론 • 리프트 구조 및 특성 • 검사기준 • 방호장치 • 검사장비 용도 및 사용방법 • 검사실습 및 체크리스트 작성 요령 • 위험검출 훈련 • 검사원 직무
라. 곤돌라	성능검사 교육	• 관계 법령 • 곤돌라 개론 • 곤돌라 구조 및 특성 • 검사기준 • 방호장치 • 검사장비 용도 및 사용방법

		• 검사실습 및 체크리스트 작성 요령 • 위험검출 훈련 • 검사원 직무
마. 국소배기장치	성능검사 교육	• 관계 법령 • 산업보건 개요 • 산업환기의 기본원리 • 국소환기장치의 설계 및 실습 • 국소배기장치 및 제진장치 검사기준 • 검사실습 및 체크리스트 작성 요령 • 검사원 직무
바. 원심기	성능검사 교육	• 관계 법령 • 원심기 개론 • 원심기 종류 및 구조 • 검사기준 • 방호장치 • 검사장비 용도 및 사용방법 • 검사실습 및 체크리스트 작성 요령
사. 롤러기	성능검사 교육	• 관계 법령 • 롤러기 개론 • 롤러기 구조 및 특성 • 검사기준 • 방호장치 • 검사장비의 용도 및 사용방법 • 검사실습 및 체크리스트 작성 요령
아. 사출성형기	성능검사 교육	• 관계 법령 • 사출성형기 개론 • 사출성형기 구조 및 특성 • 검사기준 • 방호장치 • 검사장비 용도 및 사용방법 • 검사실습 및 체크리스트 작성 요령
자. 고소작업대	성능검사 교육	• 관계 법령 • 고소작업대 개론 • 고소작업대 구조 및 특성 • 검사기준 • 방호장치 • 검사장비의 용도 및 사용방법 • 검사실습 및 체크리스트 작성 요령
차. 컨베이어	성능검사	• 관계 법령

	교육	• 컨베이어 개론 • 컨베이어 구조 및 특성 • 검사기준 • 방호장치 • 검사장비의 용도 및 사용방법 • 검사실습 및 체크리스트 작성 요령
카. 산업용 로봇	성능검사 교육	• 관계 법령 • 산업용 로봇 개론 • 산업용 로봇 구조 및 특성 • 검사기준 • 방호장치 • 검사장비 용도 및 사용방법 • 검사실습 및 체크리스트 작성 요령
타. 압력용기	성능검사 교육	• 관계 법령 • 압력용기 개론 • 압력용기의 종류, 구조 및 특성 • 검사기준 • 방호장치 • 검사장비 용도 및 사용방법 • 검사실습 및 체크리스트 작성 요령 • 이상 시 응급조치

6. 물질안전보건자료에 관한 교육(제169조 제1항 관련)

교육내용→ **[암기법 : 제/건강/취급/적/응/이해]**
• 대상화학물질의 명칭(또는 제품명) • 물리적 위험성 및 건강 유해성 • 취급상의 주의사항 • 적절한 보호구 • 응급조치 요령 및 사고시 대처방법 • 물질안전보건자료 및 경고표지를 이해하는 방법

[연습 1]

근로자 정기교육(8)	근로자 채용/작업내용 변경 시 교육(11)	관리감독자 정기교육(13)	관리감독자 채용/작업내용 변경 시 교육(13)
[암기법 : 안전/보건/법령(산재)/직장내/스트레스/위험/건강증진/작업환경관리]	[암기법 : 안전/보건/법령(산재)/직장내/스트레스/위험/~~건강증진/작업환경관~~리/작업개시전/사고/위험성과(작업의 순서 및 동선)/MSDS/정리]	[암기법 : 안전/보건/법령(산재)/직장내/스트레스/위험/~~건강증진~~/작업환경관리/**/비상시/표준/체제**/공정/능력배양]	[암기법 : 안전/보건/법령(산재)/직장내/스트레스/위험/~~작업환경관~~리//작업개시전/사고/(기계기구의)위험성과(작업의 순서 및 동선)/MSDS/정리/**비상/표준/체제]**

[연습 2]

근로자 정기교육(8)	근로자 채용/작업내용 변경 시 교육(11)	관리감독자 정기교육(13)	관리감독자 채용/작업내용 변경 시 교육(13)
[암기법 : 안전/보건/법령(산재)/직장내/스트레스/위험/건강증진/작업환경관리]		[암기법 : 안전/보건/법령(산재)/직장내/스트레스/위험/~~건강증진~~/작업환경관리//비상시/표준/체제/공정/능력배양]	

기 출 1

산업안전보건법령상 근로자에 대한 안전·보건에 관한 교육을 사업주가 자체적으로 실시하는 경우에 교육을 실시할 수 있는 사람에 해당하지 않는 사람은?

① 산업안전지도사 또는 산업보건지도사
② 한국산업안전보건공단에서 실시하는 해당 분야의 강사요원 교육과정을 이수한 사람
③ 해당 사업장의 안전보건관리책임자, 관리감독자 및 산업보건의
④ 산업안전·보건에 관하여 학식과 경험이 있는 사람으로서 고용노동부장관이 정하는 기준에 해당하는 사람
⑤ 산업안전·보건에 관한 전문적인 지식과 경험이 있다고 사업주가 인정하는 전문강사요원

정 답

⑤

시행규칙 제26조(교육시간 및 교육내용 등)

③ 사업주가 법 제29조제1항부터 제3항까지의 규정에 따른 안전보건교육을 자체적으로 실시하는 경우에 교육을 할 수 있는 사람은 다음 각 호의 어느 하나에 해당하는 사람으로 한다. ★

1. 다음 각 목의 어느 하나에 해당하는 사람
   가. 법 제15조제1항에 따른 안전보건관리책임자
   나. 법 제16조제1항에 따른 관리감독자
   다. 법 제17조제1항에 따른 안전관리자(안전관리전문기관에서 안전관리자의 위탁업무를 수행하는 사람을 포함한다)
   라. 법 제18조제1항에 따른 보건관리자(보건관리전문기관에서 보건관리자의 위탁업무를 수행하는 사람을 포함한다)
   마. 법 제19조제1항에 따른 안전보건관리담당자(안전관리전문기관 및 보건관리전문기관에서 안전보건관리담당자의 위탁업무를 수행하는 사람을 포함한다)
   바. 법 제22조제1항에 따른 산업보건의
2. 공단에서 실시하는 해당 분야의 강사요원 교육과정을 이수한 사람
3. 법 제142조에 따른 산업안전지도사 또는 산업보건지도사(이하 "지도사"라 한다)
4. 산업안전보건에 관하여 학식과 경험이 있는 사람으로서 **고용노동부장관이 정하는 기준에 해당하는 사람**

기 출 2

산업안전보건법령상 안전보건관리책임자 등에 대한 교육내용 중 안전보건관리책임자의 '보수과정'에 해당하는 것은?

① 안전관리계획 및 안전보건개선계획의 수립·평가·실무에 관한 사항
② 안전보건관리책임자의 책임과 직무에 관한 사항
③ 산업안전보건법령 및 안전·보건조치에 관한 사항
④ 산업안전·보건정책에 관한 사항
⑤ 산업안전보건관리비 사용기준 및 사용방법에 관한 사항

정 답

④

기 출 3

산업안전보건법령상 사업 내 안전 · 보건교육의 교육과정, 교육대상 및 교육시간을 나타낸 표이다. 교육과정 및 교육대상별 교육시간이 옳지 않은 것은?

구분	교육과정	교육대상	교육시간
①	정기교육	사무직 종사 근로자	매반기 6시간 이상
②	채용 시 교육	근로계약기간이 1주일 초과 1개월 이하인 기간제 근로자	4시간 이상
③	작용내용 변경 시	일용근로자 및 근로계약기간이 1주일 이하인 기간제근로자	1시간 이상
④	특별교육	일용근로자 및 근로계약기간이 1주일 이하인 기간제근로자	1시간 이상
⑤	특별교육	단기적 작업 또는 간헐적 작업	2시간 이상

정 답

④

기 출 4

산업안전보건법령상 사업주가 근로자에 대하여 실시하는 안전보건교육의 교육대상, 교육과정 및 교육시간의 조합으로 옳은 것은?

① 일용근로자를 제외한 근로자에 대한 작업내용 변경 시의 교육 - 2시간 이상
② 밀폐공간에서의 작업에 종사하는 근로자에 대한 특별안전·보건교육 - 8시간 이상
③ 건설 일용근로자에 대한 건설업 기초안전·보건교육 - 2시간
④ 관리감독자의 지위에 있는 사람에 대한 정기교육 - 연간 12시간 이상
⑤ 판매업무에 직접 종사하는 근로자에 대한 정기교육 - 매반기 4시간 이상

정 답

①

기 출 5

산업안전보건법령상 안전 · 보건교육에 관한 설명으로 옳은 것은?

① 사무직 종사 근로자는 정기교육 대상이 아니다.
② 관리감독자의 지위에 있는 사람은 연간 8시간 이상의 교육을 받아야 한다.
③ 작업내용 변경 시 일용근로자를 제외한 근로자의 안전·보건교육은 1시간 이상 실시하여야 한다.
④ 채용 시의 근로자에 대한 안전보건교육은 고용형태에 관계없이 교육시간이 동일하다.
⑤ 안전보건관리책임자도 고용노동부장관이 실시하는 안전보건에 관한 직무교육으로서 신규교육과 보수교육을 받아야 한다.

정 답

⑤

기 출 6

산업안전보건법령상 상시근로자 30명인 도매업의 사업주가 일용근로자를 제외한 근로자에게 실시하여야 하는 안전보건교육 교육과정별 교육시간 중 채용 시 교육의 교육시간으로 옳은 것은? (단, 다른 감면조건은 고려하지 않음)

① 30분 이상　② 1시간 이상　③ 2시간 이상
④ 3시간 이상　⑤ 4시간 이상

정 답

⑤

기 출 7

산업안전보건법령상 안전보건관리책임자 등에 대한 직무교육 중 신규교육이 면제되는 사람에 관한 내용이다. ( )에 들어갈 숫자로 옳은 것은?

「고등교육법」에 따른 이공계 전문대학 또는 이와 같은 수준 이상의 학교에서 학위를 취득하고, 해당 사업의 관리감독자로서의 업무를 (ㄱ)년(4년제 이공계 대학 학위 취득자는 1년) 이상 담당한 후 고용노동부장관이 지정하는 기관이 실시하는 교육(1998년 12월 31일까지의 교육만 해당한다)을 받고 정해진 시험에 합격한 사람. 다만 관리감독자로 종사한 사업과 같은 업종(한국표준산업분류에 따른 대분류를 기준으로 한다)의 사업장이면서, 건설업의 경우를 제외하고는 상시근로자 (ㄴ)명 미만인 사업장에서만 안전관리자가 될 수 있다.

① ㄱ: 2, ㄴ: 200
② ㄱ: 2, ㄴ: 300
③ ㄱ: 3, ㄴ: 200
④ ㄱ: 3, ㄴ: 300
⑤ ㄱ: 5, ㄴ: 200

정 답

④

기 출 8

산업안전보건법령상 안전보건관리책임자에 대한 신규교육 및 보수교육의 교육시간이 옳게 연결된 것은? (단, 다른 면제조건이나 감면조건은 고려하지 않음)

① 신규교육: 6시간 이상, 보수교육: 6시간 이상
② 신규교육: 10시간 이상, 보수교육: 6시간 이상
③ 신규교육: 10시간 이상, 보수교육: 10시간 이상
④ 신규교육: 24시간 이상, 보수교육: 34시간 이상
⑤ 신규교육: 34시간 이상, 보수교육: 24시간 이상

정 답

①

기 출 9

산업안전보건법령상 안전보건관리담당자는 고용노동부장관이 실시하는 안전·보건에 관한 보수교육을 최소 몇 시간 이상 받아야 하는가? (단, 보수교육의 면제사유 등은 고려하지 않음)

① 4시간
② 6시간
③ 8시간
④ 24시간
⑤ 34시간

정 답

③

기 출 10

산업안전보건법령상 관리감독자의 지위에 있는 근로자 A에 대하여 근로자 정기교육시간을 면제할 수 있는 경우를 모두 고른 것은?

ㄱ. A가 직무교육기관에서 실시한 전문화교육을 이수한 경우
ㄴ. A가 직무교육기관에서 실시한 인터넷 원격교육을 이수한 경우
ㄷ. A가 한국산업인력공단에서 실시한 안전보건관리담당자 양성교육을 이수한 경우

① ㄱ
② ㄱ, ㄴ
③ ㄱ, ㄷ
④ ㄴ, ㄷ
⑤ ㄱ, ㄴ, ㄷ

정 답

②

시행규칙 27조(안전보건교육의 면제)

③ 법 제30조제1항 제3호에 따라 **관리감독자가 다음 각 호의 어느 하나에 해당하는 교육을 이수한 경우 별표 4에서 정한 근로자 정기교육시간을 면제할 수 있다**. ★

1. 법 제32조제1항 각 호 외의 부분 본문에 따라 영 제40조제3항에 따른 직무교육기관(이하 "직무교육기관"이라 한다)에서 실시한 전문화교육
2. 법 제32조제1항 각 호 외의 부분 본문에 따라 직무교육기관에서 실시한 인터넷 원격교육
3. 법 제32조제1항 각 호 외의 부분 본문에 따라 **공단**에서 실시한 안전보건관리담당자 양성교육 → **한국산업안전보건공단**

4. 법 제98조제1항제2호에 따른 검사원 성능검사 교육
5. 그 밖에 고용노동부장관이 근로자 정기교육 면제대상으로 인정하는 교육

예 상 1

산업안전보건법령상 근로자에 대한 정기안전보건교육의 내용에 해당하는 것이 아닌 것은?

① 산업안전 및 사고 예방에 관한 사항
② 산업안전보건법령 및 산업재해보상보험 제도에 관한 사항
③ 건강증진 및 질병 예방에 관한 사항
④ 유해·위험 작업환경 관리에 관한 사항
⑤ 작업공정의 유해·위험과 재해 예방대책에 관한 사항

정 답

⑤

예 상 2

산업안전보건법령상 직무교육 중 신규교육이 면제되는 경우에 해당하지 않는 것은?

① 안전보건관리담당자
② 전문대학에서 산업안전관련 학위를 취득하고 관리감독자로서 업무를 3년 이상 담당한 후 고용노동부장관이 지정하는 기관이 실시하는 교육(1998년 12월 31일까지의 교육만 해당)을 받고 정해진 시험에 합격한 사람
③ 이공계 전문대학 학위를 취득하고 관리감독자로서 업무를 3년 이상 담당한 후 고용노동부장관이 지정하는 기관이 실시하는 교육(1998년 12월 31일까지의 교육만 해당)을 받고 정해진 시험에 합격한 사람
④ 4년제 이공계 대학학위를 취득하고 해당 사업의 관리감독자로서 업무를 1년 이상 담당한 후 고용노동부장관이 지정하는 기관이 실시하는 교육(1998년 12월 31일까지의 교육만 해당)을 받고 정해진 시험에 합격한 사람
⑤ 공업계 고등학교를 졸업하고 해당 사업의 관리감독자로서 업무를 5년 이상 담당한 후 고용노동부장관이 지정하는 기관이 실시하는 교육(1998년 12월 31일까지의 교육만 해당)을 받고 정해진 시험에 합격한 사람

정 답

②

시행규칙 제30조(직무교육의 면제) ① 법 제32조제1항 각 호 외의 부분 단서에 따라 다음 각 호의 어느 하나에 해당하는 사람에 대해서는 **직무교육 중 신규교육을 면제**한다.

1. 법 제19조제1항에 따른 **안전보건관리담당자**
2. **영 별표 4 제6호에 해당하는 사람**
3. **영 별표 4 제7호에 해당하는 사람**
5. 「고등교육법」에 따른 전문대학 또는 이와 같은 수준 이상의 학교에서 산업안전 관련 학위를 취득한 사람
6. 「고등교육법」에 따른 **이공계 전문대학** 또는 이와 같은 수준 이상의 학교에서 학위를 취득하고, 해당 사업의 **관리감독자로서의 업무**(건설업의 경우는 시공실무경력)를 **3년(4년제 이공계 대학 학위 취득자는 1년)** 이상 담당한 후 고용노동부장관이 지정하는 기관이 실시하는 교육(1998년 12월 31일까지의 교육만 해당한다)을 받고 정해진 시험에 합격한 사람. 다만, 관리감독자로 종사한 사업과 같은 업종(한국표준산업분류에 따른 대분류를 기준으로 한다)의 사업장이면서, 건설업의 경우를 제외하고는 상시근로자 300명 미만인 사업장에서만 안전관리자가 될 수 있다.
7. 「初·중등교육법」에 따른 **공업계 고등학교** 또는 이와 같은 수준 이상의 학교를 **졸업하고, 해당 사업의 관리감독자로서의 업무**(건설업의 경우는 시공실무경력)를 **5년 이상 담당**한 후 고용노동부장관이 지정하는 기관이 실시하는 교육(1998년 12월 31일까지의 교육만 해당한다)을 받고 정해진 시험에 합격한 사람. 다만, 관리감독자로 종사한 사업과 같은 종류인 업종(한국표준산업분류에 따른 대분류를 기준으로 한다)의 사업장이면서, 건설업의 경우를 제외하고는 별표 3 제28호 또는 제33호의 사업을 하는 사업장(상시근로자 50명 이상 1천명 미만인 경우만 해당한다)에서만 안전관리자가 될 수 있다.

막판 19 직무교육

제32조(안전보건관리책임자 등에 대한 직무교육) ① 사업주(제5호의 경우는 같은 호 각 목에 따른 기관의 장을 말한다)는 다음 각 호에 해당하는 사람에게 제33조에 따른 안전보건교육기관에서 직무와 관련한 안전보건교육을 이수하도록 하여야 한다. 다만, 다음 각 호에 해당하는 사람이 다른 법령에 따라 안전 및 보건에 관한 교육을 받는 등 고용노동부령으로 정하는 경우에는 안전보건교육의 전부 또는 일부를 하지 아니할 수 있다.

1. 안전보건관리책임자
2. 안전관리자
3. 보건관리자
4. 안전보건관리담당자
5. 다음 각 목의 기관에서 안전과 보건에 관련된 업무에 종사하는 사람
   가. 안전관리전문기관
   나. 보건관리전문기관
   다. 제74조에 따라 지정받은 건설재해예방전문지도기관
   라. 제96조에 따라 지정받은 안전검사기관
   마. 제100조에 따라 지정받은 자율안전검사기관
   바. 제120조에 따라 지정받은 석면조사기관

② 제1항 각 호 외의 부분 본문에 따른 안전보건교육의 시간·내용 및 방법, 그 밖에 필요한 사항은 고용노동부령으로 정한다.

시행규칙 제29조(안전보건관리책임자 등에 대한 직무교육) ① 법 제32조제1항 각 호 외의 부분 본문에 따라 다음 각 호의 어느 하나에 해당하는 사람은 해당 직위에 선임(위촉의 경우를 포함한다. 이하 같다)되거나 채용된 후 (　)개월(보건관리자가 의사인 경우는 1년을 말한다) 이내에 직무를 수행하는 데 필요한 신규교육을 받아야 하며, **신규교육을 이수한 후 매 2년이 되는 날을 기준**으로 전후 **6개월** 사이에 고용노동부장관이 실시하는 안전보건에 관한 보수교육을 받아야 한다. 〈개정 2023. 9. 27.〉

1. 법 제15조제1항에 따른 안전보건관리책임자
2. 법 제17조제1항에 따른 안전관리자(「기업활동 규제완화에 관한 특별조치법」 제30조제3항에 따라 안전관리자로 채용된 것으로 보는 사람을 포함한다)
3. 법 제18조제1항에 따른 보건관리자
4. 법 제19조제1항에 따른 안전보건관리담당자
5. 법 제21조제1항에 따른 안전관리전문기관 또는 보건관리전문기관에서 안전관리자 또는 보건관리자의 위탁 업무를 수행하는 사람
6. 법 제74조제1항에 따른 건설재해예방전문지도기관에서 지도업무를 수행하는 사람

7. 법 제96조제1항에 따라 지정받은 안전검사기관에서 검사업무를 수행하는 사람
8. 법 제100조제1항에 따라 지정받은 자율안전검사기관에서 검사업무를 수행하는 사람
9. 법 제120조제1항에 따른 석면조사기관에서 석면조사 업무를 수행하는 사람
② 제1항에 따른 신규교육 및 보수교육(이하 "직무교육"이라 한다)의 교육시간은 별표 4와 같고, 교육내용은 별표 5와 같다.
③ 직무교육을 실시하기 위한 집체교육, 현장교육, 인터넷원격교육 등의 교육 방법, 직무교육 기관의 관리, 그 밖에 교육에 필요한 사항은 고용노동부장관이 정하여 고시한다.

시행규칙 제30조(직무교육의 면제) ① 법 제32조제1항 각 호 외의 부분 단서에 따라 다음 각 호의 어느 하나에 해당하는 사람에 대해서는 **직무교육 중 신규교육을 면제**한다.
1. 법 제19조제1항에 따른 **안전보건관리담당자**
2. 영 별표 4 제6호에 해당하는 사람
3. 영 별표 4 제7호에 해당하는 사람
② 영 별표 4 제8호 각 목의 어느 하나에 해당하는 사람, **「기업활동 규제완화에 관한 특별조치법」 제30조제3항 제4호 또는 제5호에 따라 안전관리자로 채용된 것으로 보는 사람,** 보건관리자로서 영 별표 6 제2호 또는 제3호에 해당하는 사람이 해당 법령에 따른 교육기관에서 제29조제2항의 교육내용 중 고용노동부장관이 정하는 내용이 포함된 교육을 이수하고 해당 교육기관에서 발행하는 확인서를 제출하는 경우에는 **직무교육 중 보수교육을 면제한다.**
③ 제29조제1항 각 호의 어느 하나에 해당하는 사람이 고용노동부장관이 정하여 고시하는 안전·보건에 관한 교육을 이수한 경우에는 직무교육 중 보수교육을 면제한다.

시행규칙 제35조(직무교육의 신청 등) ① 직무교육을 받으려는 자는 별지 제15호서식의 직무교육 수강신청서를 직무교육기관의 장에게 제출해야 한다.
② 직무교육기관의 장은 직무교육을 실시하기 (   )일 전까지 교육 일시 및 장소 등을 직무교육 대상자에게 알려야 한다.
③ 직무교육을 이수한 사람이 다른 사업장으로 전직하여 신규로 선임되어 선임신고를 하는 경우에는 전직 전에 받은 교육이수증명서를 제출하면 해당 교육을 이수한 것으로 본다.
④ 직무교육기관의 장이 직무교육을 실시하려는 경우에는 매년 12월 31일까지 다음 연도의 교육 실시계획서를 고용노동부장관에게 제출(전자문서로 제출하는 것을 포함한다)하여 승인을 받아야 한다.

정 답

3개월, 15일

기출 1

산업안전보건법령상 안전보건관리책임자 등에 대한 직무교육에 관한 설명으로 옳은 것은?

① 보건관리자가 의사인 경우는 선임된 후 1년 이내에 직무를 수행하는 데 필요한 신규교육을 받아야 한다.

② 안전보건관리책임자로 선임된 자는 6개월 이내에 직무를 수행하는 데 필요한 신규교육을 받아야 한다.

③ 안전관리자로 선임된 자는 신규교육을 이수한 후 매 2년이 되는 날을 기준으로 전후 3개월 사이에 고용노동부장관이 실시하는 안전·보건에 관한 보수교육을 받아야 한다.

④ 「기업활동 규제완화에 관한 특별조치법」에 따라 안전관리자로 채용된 것으로 보는 사람은 신규교육이 면제된다.

⑤ 직무교육기관의 장은 직무교육을 실시하기 10일 전까지 교육 일시 및 장소 등을 직무교육 대상자에게 알려야 한다.

정 답

①

기출 2

산업안전보건법령상 안전보건관리책임자 등에 대한 직무교육에 관한 설명으로 옳은 것은?

① 법령에 따른 안전보건관리책임자에 해당하는 사람이 해당 직위에 위촉된 경우에는 직무교육을 이수한 것으로 본다.

② 법령에 따른 보건관리자가 의사인 경우에는 채용된 후 6개월 이내에 직무를 수행하는 데 필요한 신규교육을 받아야 한다.

③ 법령에 따른 안전보건관리담당자에 해당하는 사람은 선임된 후 매 2년이 되는 날을 기준으로 전후 6개월 사이에 고용노동부장관이 실시하는 안전·보건에 관한 보수교육을 받아야 한다.

④ 직무교육기관의 장은 직무교육을 실시하기 30일 전까지 교육 일시 및 장소 등을 직무교육 대상자에게 알려야 한다.

⑤ 직무교육을 이수한 사람이 다른 사업장으로 전직하여 신규로 선임된 경우로서 선임신고 시 전직 전에 받은 교육이수증명서를 제출하면 해당 교육의 2분의 1을 이수한 것으로 본다.

정 답

③

막판 20 근로자대표의 통지 요청

제35조(근로자대표의 통지 요청) 근로자대표는 사업주에게 다음 각 호의 사항을 통지하여 줄 것을 요청할 수 있고, 사업주는 이에 성실히 따라야 한다. → **[암기법 :위원회/도급인/47/49/작업환경측정/MSDS] →(44조, 근로자 건강진단은 X)**

1. 산업안전보건위원회(제75조에 따라 노사협의체를 구성·운영하는 경우에는 노사협의체를 말한다)가 의결한 사항
2. 제47조에 따른 안전보건진단 결과에 관한 사항
3. 제49조에 따른 안전보건개선계획의 수립·시행에 관한 사항
4. 제64조제1항 각 호에 따른 도급인의 이행 사항
5. 제110조제1항에 따른 물질안전보건자료에 관한 사항
6. 제125조제1항에 따른 작업환경측정에 관한 사항
7. 그 밖에 고용노동부령으로 정하는 안전 및 보건에 관한 사항

기 출

산업안전보건법령상 근로자대표가 사업주에게 그 내용 또는 결과를 통지할 것을 요청할 수 있는 사항이 아닌 것은?

① 산업재해 예방계획의 수립에 관하여 산업안전보건위원회가 의결한 사항
② 근로자의 건강진단 결과에 관한 사항
③ 작업환경측정에 관한 사항
④ 안전보건개선계획의 수립·시행명령을 받은 사업장의 경우 안전보건개선계획의 수립·시행 내용에 관한 사항
⑤ 물질안전보건자료의 작성·비치 등에 관한 사항

정 답

②

막판 21 위험성평가의 실시

시행규칙 제37조(위험성평가 실시내용 및 결과의 기록 · 보존) ① 사업주가 법 제36조제3항에 따라 위험성평가의 결과와 조치사항을 기록·보존할 때에는 다음 각 호의 사항이 포함되어야 한다. ★

1. 위험성평가 대상의 유해·위험요인
2. 위험성 결정의 내용
3. 위험성 결정에 따른 조치의 내용
4. 그 밖에 위험성평가의 실시내용을 확인하기 위하여 필요한 사항으로서 고용노동부장관이 정하여 고시하는 사항

② 사업주는 제1항에 따른 자료를 3년간 보존해야 한다.

사업장 위험성평가에 관한 지침

제6조(근로자 참여) 사업주는 위험성평가를 실시할 때, 법 제36조 제2항에 따라 다음 각 호에 해당하는 경우 해당 작업에 종사하는 근로자를 참여시켜야 한다.

1. 유해·위험요인의 위험성 수준을 판단하는 **기준**을 마련하고, 유해·위험요인별로 허용 가능한 위험성 수준을 정하거나 변경하는 경우
2. 해당 사업장의 유해·위험요인을 **파악**하는 경우
3. 유해·위험요인의 위험성이 허용 가능한 수준인지 여부를 **결정**하는 경우
4. 위험성 감소대책을 수립하여 **실행**하는 경우
5. 위험성 감소대책 실행 여부를 **확인**하는 경우

사업장 위험성평가에 관한 지침

제7조(위험성평가의 방법) ① **사업주**는 다음과 같은 방법으로 위험성평가를 실시하여야 한다.

1. 안전보건관리책임자 등 해당 사업장에서 사업의 실시를 총괄 관리하는 사람에게 위험성평가의 실시를 총괄 관리하게 할 것
2. 사업장의 안전관리자, 보건관리자 등이 위험성평가의 실시에 관하여 안전보건관리책임자를 보좌하고 지도·조언하게 할 것
3. 유해·위험요인을 파악하고 그 결과에 따른 개선조치를 시행할 것 → **관리감독자** (×)
4. 기계·기구, 설비 등과 관련된 위험성평가에는 해당 기계·기구, 설비 등에 전문 지식을 갖춘 사람을 참여하게 할 것
5. 안전·보건관리자의 선임의무가 없는 경우에는 제2호에 따른 업무를 수행할 사람을 지정하는 등 그 밖에 위험성평가를 위한 체제를 구축할 것

② 사업주는 제1항에서 정하고 있는 자에 대해 위험성평가를 실시하기 위해 필요한 교육을 실시하여야 한다. 이 경우 위험성평가에 대해 외부에서 교육을 받았거나, 관

련학문을 전공하여 관련 지식이 풍부한 경우에는 필요한 부분만 교육을 실시하거나 교육을 생략할 수 있다.

③ 사업주가 위험성평가를 실시하는 경우에는 산업안전·보건 전문가 또는 전문기관의 컨설팅을 받을 수 있다.

④ 사업주가 다음 각 호의 어느 하나에 해당하는 제도를 이행한 경우에는 그 부분에 대하여 이 고시에 따른 위험성평가를 실시한 것으로 본다.

→ **제42조: 유해위험방지계획서(×)**

1. 위험성평가 방법을 적용한 **안전·보건진단(법 제47조)**
2. **공정안전보고서(법 제44조). 다만, 공정안전보고서의 내용 중 공정위험성 평가서가 최대 4년 범위 이내에서 정기적으로 작성된 경우에 한한다.**
3. **근골격계부담작업 유해요인조사(안전보건규칙 제657조부터 제662조까지)**
4. **그 밖에 법과 이 법에 따른 명령에서 정하는 위험성평가 관련 제도**

⑤ 사업주는 사업장의 규모와 특성 등을 고려하여 다음 각 호의 위험성평가 방법 중 한 가지 이상을 선정하여 위험성평가를 실시할 수 있다.

1. 위험 가능성과 중대성을 조합한 빈도·강도법
2. 체크리스트(Checklist)법
3. 위험성 수준 3단계(저·중·고) 판단법
4. 핵심요인 기술(One Point Sheet)법
5. 그 외 규칙 제50조 제1항 제2호 각 목의 방법

기 출

산업안전보건법령상 위험성평가 실시내용 및 결과의 기록 · 보존에 관한 설명으로 옳지 않은 것은?

① 위험성평가 대상의 유해·위험요인이 포함되어야 한다.
② 위험성 결정의 내용이 포함되어야 한다.
③ 위험성 결정에 따른 조치의 내용이 포함되어야 한다.
④ 위험성평가의 실시내용을 확인하기 위하여 필요한 사항으로서 고용노동부장관이 정하여 고시하는 사항이 포함되어야 한다.
⑤ 사업주는 위험성평가 실시내용 및 결과의 기록·보존에 따른 자료를 5년간 보존하여야 한다.

정 답

⑤

예 상

사업장 위험성평가에 관한 지침에서 사업주가 '일정 제도'를 이행한 경우 그 부분에 대하여 위험성평가를 실시한 것으로 보는데 이 제도에 해당하지 않는 것은?

① 위험성평가 방법을 적용한 안전·보건진단
② 유해·위험방지계획서
③ 공정안전보고서의 내용 중 공정위험성 평가서가 최대 4년 범위 이내에서 정기적으로 작성된 경우의 공정안전보고서
④ 근골격계부담작업 유해요인조사
⑤ 그 밖에 산업안전보건법령에서 정하는 위험성평가 관련 제도

정 답

②

막판 22 안전보건표지

제37조(안전보건표지의 설치 · 부착) ① 사업주는 유해하거나 위험한 장소·시설·물질에 대한 경고, 비상시에 대처하기 위한 지시·안내 또는 그 밖에 근로자의 안전 및 보건 의식을 고취하기 위한 사항 등을 그림, 기호 및 글자 등으로 나타낸 표지(이하 이 조에서 "안전보건표지"라 한다)를 근로자가 쉽게 알아 볼 수 있도록 설치하거나 붙여야 한다. 이 경우 「외국인근로자의 고용 등에 관한 법률」 제2조에 따른 외국인근로자(같은 조 단서에 따른 사람을 포함한다)를 사용하는 사업주는 안전보건표지를 고용노동부장관이 정하는 바에 따라 해당 외국인근로자의 모국어로 작성하여야 한다.

② 안전보건표지의 종류, 형태, 색채, 용도 및 설치·부착 장소, 그 밖에 필요한 사항은 고용노동부령으로 정한다.

시행규칙 제38조(안전보건표지의 종류 · 형태 · 색채 및 용도 등)

② 안전보건표지의 표시를 명확히 하기 위하여 필요한 경우에는 그 안전보건표지의 주위에 표시사항을 글자로 덧붙여 적을 수 있다. 이 경우 글자는 (　　) 바탕에 검은색 한글고딕체로 표기해야 한다.

시행규칙 제39조(안전보건표지의 설치 등) ① 사업주는 법 제37조에 따라 안전보건표지를 설치하거나 부착할 때에는 별표 7의 구분에 따라 근로자가 쉽게 알아볼 수 있는 장소·시설 또는 물체에 설치하거나 부착해야 한다.

② 사업주는 안전보건표지를 설치하거나 부착할 때에는 흔들리거나 쉽게 파손되지 않도록 견고하게 설치하거나 부착해야 한다.

③ 안전보건표지의 성질상 설치하거나 부착하는 것이 곤란한 경우에는 해당 물체에 직접 **(도색할 수 있다, 도색한다)**

시행규칙 제40조(안전보건표지의 제작)

③ 안전보건표지 속의 그림 또는 부호의 크기는 안전보건표지의 크기와 비례해야 하며, 안전보건표지 전체 규격의 (　　)퍼센트 이상이 되어야 한다.

④ 안전보건표지는 쉽게 파손되거나 변형되지 않는 재료로 제작해야 한다.

⑤ 야간에 필요한 안전보건표지는 야광물질을 사용하는 등 쉽게 알아볼 수 있도록 제작해야 한다.

정 답

흰색, 도색할 수 있다, 30퍼센트

별표 7 [안전보건표지 종류별 색채]

종류	색채
금지표지	바탕은 흰색, 기본모형은 빨간색, 관련 부호 및 그림은 검은색
경고표지	바탕은 노란색, 기본모형, 관련 부호 및 그림은 검은색 다만, 인화성물질경고, 산화성물질경고, 폭발성물질경고, 급성독성물질경고, 부식성물질경고 및 발암성·변이원성·생식독성·전신독성·호흡기과민성물질경고의 경우 바탕은 무색, 기본모형은 빨간색(검은색도 가능)
지시표지	바탕은 파란색, 관련 그림은 흰색
안내표지	바탕은 흰색, 기본모형 및 관련 부호는 녹색, 바탕은 녹색, 관련 부호 및 그림은 흰색
출입금지표지 (허가대상유해물질취급, 금지물질취급, 석면취급 및 해제·제거)	글자는 흰색 바탕에 흑색. 다만, 다음 글자는 적색 - ooo제조/사용/보관 중 - 석면 취급/해체 중 - 발암물질 취급 중

■ **산업안전보건법 시행규칙 [별표 8]**

안전보건표지의 색도기준 및 용도(제38조제3항 관련)

색채	색도기준	용도	사용례
빨간색	(　)R 4/14	금지	정지신호, 소화설비 및 그 장소, 유해행위의 금지
		경고	화학물질 취급장소에서의 유해·위험 경고
노란색	5Y 8.5/12	경고	화학물질 취급장소에서의 유해·위험경고 이외의 위험경고, 주의표지 또는 기계방호물
파란색	2.5PB 4/10	지시	특정 행위의 지시 및 사실의 고지
녹색	2.5G 4/10	안내	비상구 및 피난소, 사람 또는 차량의 통행표지
흰색	N9.5		(　)에 대한 보조색
검은색	N0.5		문자 및 빨간색 또는 노란색에 대한 보조색

(참고)
1. 허용 오차 범위 H=± 2, V=± 0.3, C=± 1(H는 색상, V는 명도, C는 채도를 말한다)
2. 위의 색도기준은 한국산업규격(KS)에 따른 색의 3속성에 의한 표시방법(KSA 0062 기술표준원 고시 제2008-0759)에 따른다.

정 답

7.5, 파란색 또는 녹색

기 출

산업안전보건법령상 안전 · 보건표지의 색도기준 및 용도에 관한 내용으로 옳지 않은 것은? (단, 색도기준은 한국산업규격에 따른 색의 3속성에 의한 표시방법에 따른다)

① 7.5R 4/1 4: 정지신호, 소화설비 및 그 장소, 유해행위의 금지

② N9.5 : 화학물질 취급장소에서의 유해·위험경고

③ 5Y 8.5/12 : 화학물질 취급장소에서의 유해·위험경고 이외의 위험경고, 주의표지 또는 기계방호물

④ 2.5PB 4/10 : 특정 행위의 지시 및 사실의 고지

⑤ 2.5G 4/10 : 비상구 및 피난소, 사람 또는 차량의 통행표지

정 답

②

막판 23 안전조치 및 보건조치

제38조(안전조치) ① 사업주는 다음 각 호의 어느 하나에 해당하는 **위험으로 인한 산업재해를 예방**하기 위하여 필요한 조치를 하여야 한다.

1. 기계·기구, 그 밖의 설비에 의한 위험
2. 폭발성, 발화성 및 인화성 물질 등에 의한 위험
3. 전기, 열, 그 밖의 에너지에 의한 위험

② 사업주는 굴착, 채석, 하역, 벌목, 운송, 조작, 운반, 해체, 중량물 취급, 그 밖의 작업을 할 때 불량한 작업방법 등에 의한 위험으로 인한 산업재해를 예방하기 위하여 필요한 조치를 하여야 한다.

③ 사업주는 근로자가 다음 각 호의 어느 하나에 해당하는 장소에서 작업을 할 때 발생할 수 있는 산업재해를 예방하기 위하여 필요한 조치를 하여야 한다.

1. 근로자가 추락할 위험이 있는 장소
2. 토사·구축물 등이 붕괴할 우려가 있는 장소
3. 물체가 떨어지거나 날아올 위험이 있는 장소
4. 천재지변으로 인한 위험이 발생할 우려가 있는 장소

④ 사업주가 제1항부터 제3항까지의 규정에 따라 하여야 하는 조치(이하 "안전조치"라 한다)에 관한 구체적인 사항은 고용노동부령으로 정한다.

제39조(보건조치) ① 사업주는 다음 각 호의 어느 하나에 해당하는 **건강장해를 예방**하기 위하여 필요한 조치(이하 "보건조치"라 한다)를 하여야 한다.

1. 원재료·가스·증기·분진·흄(fume, 열이나 화학반응에 의하여 형성된 고체증기가 응축되어 생긴 미세입자를 말한다)·미스트(mist, 공기 중에 떠다니는 작은 액체방울을 말한다)·산소결핍·병원체 등에 의한 건강장해
2. 방사선·유해광선·고온·저온·초음파·소음·진동·이상기압 등에 의한 건강장해
3. 사업장에서 배출되는 기체·액체 또는 찌꺼기 등에 의한 건강장해
4. 계측감시(計測監視), 컴퓨터 단말기 조작, 정밀공작(精密工作) 등의 작업에 의한 건강장해
5. 단순반복작업 또는 인체에 과도한 부담을 주는 작업에 의한 건강장해
6. 환기·채광·조명·보온·방습·청결 등의 적정기준을 유지하지 아니하여 발생하는 건강장해

② 제1항에 따라 사업주가 하여야 하는 보건조치에 관한 구체적인 사항은 고용노동부령으로 정한다.

기 출

산업안전보건법령상 사업주가 작업 중 위험을 방지하기 위하여 필요한 안전조치를 취해야 할 장소가 아닌 것은?

① 근로자가 추락할 위험이 있는 장소
② 토사·구축물 등이 붕괴할 우려가 있는 장소
③ 방사선·유해광선·고온·저온·초음파·소음·진동·이상기압 등에 의한 건강장해의 우려가 있는 장소
④ 물체가 떨어지거나 날아올 위험이 있는 장소
⑤ 작업 시 천재지변으로 인한 위험이 발생할 우려가 있는 장소

정 답

③

막판 24 고객의 폭언 등으로 인한 건강장해 예방조치

제41조(고객의 폭언 등으로 인한 건강장해 예방조치 등) ① 사업주는 주로 고객을 직접 대면하거나 「정보통신망 이용촉진 및 정보보호 등에 관한 법률」 제2조제1항제1호에 따른 정보통신망을 통하여 상대하면서 상품을 판매하거나 서비스를 제공하는 업무에 종사하는 고객응대근로자에 대하여 고객의 폭언, 폭행, 그 밖에 적정 범위를 벗어난 신체적·정신적 고통을 유발하는 행위(이하 이 조에서 "폭언등"이라 한다)로 인한 건강장해를 예방하기 위하여 고용노동부령으로 정하는 바에 따라 필요한 조치를 하여야 한다.

② 사업주는 업무와 관련하여 고객 등 제3자의 폭언등으로 근로자에게 건강장해가 발생하거나 발생할 현저한 우려가 있는 경우에는 업무의 일시적 중단 또는 전환 등 대통령령으로 정하는 필요한 조치를 하여야 한다.

③ **근로자는 사업주에게 제2항에 따른 조치를 요구할 수 있고, 사업주는 근로자의 요구를 이유로 해고 또는 그 밖의 불리한 처우를 해서는 아니 된다.**

시행규칙 제41조(고객의 폭언등으로 인한 건강장해 예방조치) 사업주는 법 제41조제1항에 따라 건강장해를 예방하기 위하여 다음 각 호의 조치를 해야 한다. ★

1. 법 제41조제1항에 따른 폭언등을 하지 않도록 요청하는 문구 게시 또는 음성 안내
2. 고객과의 문제 상황 발생 시 대처방법 등을 포함하는 (   ) 마련
3. 제2호에 따른 고객응대업무 매뉴얼의 내용 및 건강장해 예방 관련 교육 실시
4. 그 밖에 법 제41조제1항에 따른 고객응대근로자의 건강장해 예방을 위하여 필요한 조치

영 제41조(제3자의 폭언등으로 인한 건강장해 발생 등에 대한 조치) 법 제41조제2항에서 "업무의 일시적 중단 또는 전환 등 대통령령으로 정하는 필요한 조치"란 다음 각 호의 조치 중 필요한 조치를 말한다.

1. 업무의 일시적 중단 또는 전환
2. 「근로기준법」 제54조제1항에 따른 휴게시간의 연장
3. 법 제41조제2항에 따른 폭언등으로 인한 건강장해 관련 치료 및 상담 지원
4. 관할 수사기관 또는 법원에 증거물·증거서류를 제출하는 등 법 제41조제2항에 따른 폭언등으로 인한 고소, 고발 또는 손해배상 청구 등을 하는 데 필요한 지원

제170조(벌칙) 다음 각 호의 어느 하나에 해당하는 자는 **1년 이하의 징역 또는 1천만원** 이하의 벌금에 처한다.

1. **제41조제3항**(제166조의2에서 준용하는 경우를 포함한다)을 위반하여 해고나 그 밖의 불리한 처우를 한 자

2. 제56조제3항(제166조의2에서 준용하는 경우를 포함한다)을 위반하여 중대재해 발생 현장을 훼손하거나 고용노동부장관의 원인조사를 방해한 자
3. 제57조제1항(제166조의2에서 준용하는 경우를 포함한다)을 위반하여 산업재해 발생 사실을 은폐한 자 또는 그 발생 사실을 은폐하도록 교사(敎唆)하거나 공모(共謀)한 자
4. 제65조제1항, 제80조제1항·제2항·제4항, 제85조제2항·제3항, 제92조제1항, 제141조제4항 또는 제162조를 위반한 자
5. 제85조제4항 또는 제92조제2항에 따른 명령을 위반한 자
6. 제101조에 따른 조사, 수거 또는 성능시험을 방해하거나 거부한 자
7. 제153조제1항을 위반하여 다른 사람에게 자기의 성명이나 사무소의 명칭을 사용하여 지도사의 직무를 수행하게 하거나 자격증·등록증을 대여한 사람
8. 제153조제2항을 위반하여 지도사의 성명이나 사무소의 명칭을 사용하여 지도사의 직무를 수행하거나 자격증·등록증을 대여받거나 이를 알선한 사람

정 답

고객응대 매뉴얼

기 출

산업안전보건법령상 고객의 폭언 등으로 인한 건강장해를 예방하기 위하여 사업주가 조치하여야 하는 것으로 명시된 것은?

① 업무의 일시적 중단 또는 전환
② 고객과의 문제 상황 발생 시 대처방법 등을 포함하는 고객응대업무 매뉴얼 마련
③ 근로기준법에 따른 휴게시간의 연장
④ 폭언 등으로 인한 건강장해 관련 치료
⑤ 관할 수사기관에 증거물을 제출하는 등 고객응대근로자가 폭언 등으로 인하여 고소, 고발 등을 하는 데 필요한 지원

정 답

②

제42조(유해위험방지계획서의 작성 · 제출 등) ① 사업주는 다음 각 호의 어느 하나에 해당하는 경우에는 이 법 또는 이 법에 따른 명령에서 정하는 유해·위험 방지에 관한 사항을 적은 계획서(이하 "유해위험방지계획서"라 한다)를 작성하여 고용노동부령으로 정하는 바에 따라 고용노동부장관에게 제출하고 심사를 받아야 한다. 다만, 제3호에 해당하는 사업주 중 산업재해발생률 등을 고려하여 고용노동부령으로 정하는 기준에 해당하는 사업주는 유해위험방지계획서를 스스로 심사하고, 그 심사결과서를 작성하여 고용노동부장관에게 제출하여야 한다.

1. 대통령령으로 정하는 사업의 종류 및 규모에 해당하는 사업으로서 해당 제품의 생산 공정과 직접적으로 관련된 건설물·기계·기구 및 설비 등 전부를 설치·이전하거나 그 주요 구조부분을 변경하려는 경우
2. 유해하거나 위험한 작업 또는 장소에서 사용하거나 건강장해를 방지하기 위하여 사용하는 기계·기구 및 설비로서 대통령령으로 정하는 기계·기구 및 설비를 설치·이전하거나 그 주요 구조부분을 변경하려는 경우
3. 대통령령으로 정하는 크기, 높이 등에 해당하는 건설공사를 착공하려는 경우

② 제1항 제3호에 따른 건설공사를 착공하려는 사업주(제1항 각 호 외의 부분 **단서에 따른 사업주는 제외**한다)는 유해위험방지계획서를 작성할 때 건설안전 분야의 자격 등 고용노동부령으로 정하는 자격을 갖춘 자의 의견을 들어야 한다.

③ 제1항에도 불구하고 사업주가 제44조제1항에 따라 공정안전보고서를 고용노동부장관에게 제출한 경우에는 해당 유해·위험설비에 대해서는 유해위험방지계획서를 제출한 것으로 본다. ★

④ 고용노동부장관은 제1항 각 호 외의 부분 본문에 따라 제출된 유해위험방지계획서를 고용노동부령으로 정하는 바에 따라 심사하여 그 결과를 사업주에게 서면으로 알려 주어야 한다. 이 경우 근로자의 안전 및 보건의 유지·증진을 위하여 필요하다고 인정하는 경우에는 해당 작업 또는 건설공사를 중지하거나 유해위험방지계획서를 변경할 것을 명할 수 있다.

⑤ 제1항에 따른 사업주는 같은 항 각 호 외의 부분 단서에 따라 스스로 심사하거나 제4항에 따라 고용노동부장관이 심사한 유해위험방지계획서와 그 심사결과서를 사업장에 갖추어 두어야 한다.

⑥ 제1항제3호에 따른 건설공사를 착공하려는 사업주로서 제5항에 따라 유해위험방지계획서 및 그 심사결과서를 사업장에 갖추어 둔 사업주는 해당 건설공사의 공법의 변경 등으로 인하여 그 유해위험방지계획서를 변경할 필요가 있는 경우에는 이를 변경하여 갖추어 두어야 한다.

제43조(유해위험방지계획서 이행의 확인 등) ① 제42조제4항에 따라 유해위험방지계획서에

대한 심사를 받은 사업주는 고용노동부령으로 정하는 바에 따라 유해위험방지계획서의 이행에 관하여 고용노동부장관의 확인을 받아야 한다.

② 제42조제1항 각 호 외의 부분 단서에 따른 사업주는 고용노동부령으로 정하는 바에 따라 유해위험방지계획서의 이행에 관하여 스스로 확인하여야 한다. 다만, 해당 건설공사 중에 근로자가 사망(교통사고 등 고용노동부령으로 정하는 경우는 제외한다)한 경우에는 고용노동부령으로 정하는 바에 따라 유해위험방지계획서의 이행에 관하여 고용노동부장관의 확인을 받아야 한다.

③ 고용노동부장관은 제1항 및 제2항 단서에 따른 확인 결과 유해위험방지계획서대로 유해·위험방지를 위한 조치가 되지 아니하는 경우에는 고용노동부령으로 정하는 바에 따라 **시설 등의 개선, 사용중지 또는 작업중지 등 필요한 조치를 명할 수 있다**.

④ 제3항에 따른 시설 등의 개선, 사용중지 또는 작업중지 등의 절차 및 방법, 그 밖에 필요한 사항은 고용노동부령으로 정한다.

영 **제42조(유해위험방지계획서 제출 대상)** ① 법 제42조제1항제1호에서 "대통령령으로 정하는 사업의 종류 및 규모에 해당하는 사업"이란 다음 각 호의 어느 하나에 해당하는 사업으로서 전기 계약용량이 300킬로와트 이상인 경우를 말한다. → **[암기법 : 고목자식/금비가화/1차반전자/기타기제]**

1. 금속가공제품 제조업; 기계 및 가구 제외
2. 비금속 광물제품 제조업
3. 기타 기계 및 장비 제조업
4. 자동차 및 트레일러 제조업
5. 식료품 제조업
6. 고무제품 및 플라스틱제품 제조업
7. 목재 및 나무제품 제조업
8. 기타 제품 제조업
9. 1차 금속 제조업
10. 가구 제조업
11. 화학물질 및 화학제품 제조업
12. 반도체 제조업
13. 전자부품 제조업

② 법 제42조제1항제2호에서 "대통령령으로 정하는 기계·기구 및 설비"란 다음 각 호의 어느 하나에 해당하는 기계·기구 및 설비를 말한다. 이 경우 다음 각 호에 해당하는 기계·기구 및 설비의 구체적인 범위는 고용노동부장관이 정하여 고시한다. 〈개정 2021.11.19.〉 → **[암기법 : 용해로/건조/가스(집합)/밀폐(환기 · 배기)/화학설비]**

1. 금속이나 그 밖의 광물의 용해로
2. 화학설비
3. 건조설비

4. 가스집합 용접장치
5. 근로자의 건강에 상당한 장해를 일으킬 우려가 있는 물질로서 고용노동부령으로 정하는 물질의 밀폐·환기·배기를 위한 설비
6. 삭제 〈2021.11.19〉

③ 법 제42조제1항제3호에서 "대통령령으로 정하는 크기 높이 등에 해당하는 건설공사"란 다음 각 호의 어느 하나에 해당하는 공사를 말한다. → **[암기법 : 31/3만/5천-문판매운종교의박지냉동/50(미터)지/터널/2천만톤/10(미터)깊이]**

1. 다음 각 목의 어느 하나에 해당하는 건축물 또는 시설 등의 건설·개조 또는 해체(이하 "건설등"이라 한다) 공사
   가. 지상높이가 31미터 이상인 건축물 또는 인공구조물
   나. 연면적 3만제곱미터 이상인 건축물
   다. 연면적 5천제곱미터 이상인 시설로서 다음의 어느 하나에 해당하는 시설
   1) 문화 및 집회시설(전시장 및 동물원·식물원은 제외한다)
   2) 판매시설, 운수시설(고속철도의 역사 및 집배송시설은 제외한다)
   3) 종교시설
   4) 의료시설 중 종합병원
   5) 숙박시설 중 관광숙박시설
   6) 지하도상가
   7) 냉동·냉장 창고시설
2. 연면적 5천제곱미터 이상인 냉동·냉장 창고시설의 설비공사 및 단열공사
3. 최대 지간(支間)길이(다리의 기둥과 기둥의 중심사이의 거리)가 50미터 이상인 다리의 건설등 공사
4. 터널의 건설등 공사
5. 다목적댐, 발전용댐, 저수용량 2천만톤 이상의 용수 전용 댐 및 지방상수도 전용 댐의 건설등 공사
6. 깊이 10미터 이상인 굴착공사

시행규칙 제42조(제출서류 등) ① 법 제42조제1항 제1호에 해당하는 사업주가 유해위험방지계획서를 제출할 때에는 사업장별로 별지 제16호서식의 제조업 등 유해위험방지계획서에 다음 각 호의 서류를 첨부하여 해당 작업 시작 15일 전까지 공단에 2부를 제출해야 한다. 이 경우 유해위험방지계획서의 작성기준, 작성자, 심사기준, 그 밖에 심사에 필요한 사항은 고용노동부장관이 정하여 고시한다.

1. 건축물 각 층의 평면도
2. 기계·설비의 개요를 나타내는 서류
3. 기계·설비의 배치도면
4. 원재료 및 제품의 취급, 제조 등의 작업방법의 개요
5. 그 밖에 고용노동부장관이 정하는 도면 및 서류

② 법 제42조제1항 제2호에 해당하는 사업주가 유해위험방지계획서를 제출할 때에는 사업장별로 별지 제16호서식의 제조업 등 유해위험방지계획서에 다음 각 호의 서류를 첨부하여 해당 작업 시작 (   )일 전까지 (   )에 2부를 제출해야 한다.

1. 설치장소의 개요를 나타내는 서류
2. 설비의 도면
3. 그 밖에 고용노동부장관이 정하는 도면 및 서류

③ 법 제42조제1항 제3호에 해당하는 사업주가 유해위험방지계획서를 제출할 때에는 별지 제17호서식의 건설공사 유해위험방지계획서에 별표 10의 서류를 첨부하여 해당 공사의 착공(유해위험방지계획서 작성 대상 시설물 또는 구조물의 공사를 시작하는 것을 말하며, 대지 정리 및 가설사무소 설치 등의 공사 준비기간은 착공으로 보지 않는다) **전날**까지 공단에 2부를 제출해야 한다. 이 경우 해당 공사가 「건설기술 진흥법」 제62조에 따른 안전관리계획을 수립해야 하는 건설공사에 해당하는 경우에는 유해위험방지계획서와 안전관리계획서를 통합하여 작성한 서류를 제출할 수 있다.

정 답

15일, 공단

기출 1

산업안전보건법령상 유해 · 위험방지계획서에 관한 설명으로 옳지 않은 것은?

① 산업재해발생률 등을 고려하여 고용노동부령으로 정하는 기준에 적합한 건설업체의 경우는 고용노동부령으로 정하는 자격을 갖춘 자의 의견을 생략하고 유해·위험방지계획서를 작성한 후 이를 스스로 심사하여야 한다.

② 유해·위험방지계획서는 고용노동부장관에게 제출하여야 한다.

③ 유해위험방지계획서에 대한 심사를 받은 사업주는 고용노동부령으로 정하는 바에 따라 유해위험방지계획서의 이행에 관하여 고용노동부장관의 확인을 받아야 한다.

④ 고용노동부장관은 유해·위험방지계획서를 심사한 후 확인 결과 유해위험방지계획서대로 유해·위험방지를 위한 조치가 되지 아니하는 경우에는 고용노동부령으로 정하는 바에 따라 시설 등의 개선, 사용중지 또는 작업중지 등 필요한 조치를 명할 수 있다.

⑤ 깊이 50미터 이상인 굴착공사를 착공하려는 사업주는 유해·위험방지계획서를 작성하여야 한다.

정 답

⑤

기 출 2

산업안전보건법령상 유해 · 위험방지계획서의 제출 대상 업종에 해당하지 않는 것은? (단, 전기 계약용량이 300킬로와트 이상인 사업에 한함)

① 전기장비제조업
② 식료품 제조업
③ 가구제품 제조업
④ 목재 및 나무제품 제조업
⑤ 자동차 및 트레일러 제조업

정 답

①

기 출 3

산업안전보건법령상 유해위험방지계획서 제출 대상인 건설공사에 해당하지 않는 것은? (단, 자체심사 및 확인업체의 사업주가 착공하려는 건설공사는 제외함)

① 연면적 3천제곱미터 이상인 냉동·냉장 창고시설의 설비공사
② 최대 지간(支間)길이(다리의 기둥과 기둥의 중심사이의 거리)가 50미터 이상인 다리의 건설등 공사
③ 지상높이가 31미터 이상인 건축물의 건설등 공사
④ 저수용량 2천만톤 이상의 용수 전용 댐의 건설등 공사
⑤ 깊이 10미터 이상인 굴착공사

정 답

①

제44조(공정안전보고서의 작성 · 제출) ① 사업주는 사업장에 대통령령으로 정하는 유해하거나 위험한 설비가 있는 경우 그 설비로부터의 위험물질 누출, 화재 및 폭발 등으로 인하여 사업장 내의 근로자에게 즉시 피해를 주거나 사업장 인근 지역에 피해를 줄 수 있는 사고로서 대통령령으로 정하는 사고(이하 "**중대산업사고**"라 **한다)를 예방**하기 위하여 대통령령으로 정하는 바에 따라 공정안전보고서를 작성하고 고용노동부장관에게 제출하여 심사를 받아야 한다. 이 경우 공정안전보고서의 내용이 중대산업사고를 예방하기 위하여 적합하다고 통보받기 전에는 관련된 유해하거나 위험한 설비를 가동해서는 아니 된다.

② 사업주는 제1항에 따라 공정안전보고서를 작성할 때 산업안전보건위원회의 심의를 거쳐야 한다. 다만, 산업안전보건위원회가 설치되어 있지 아니한 사업장의 경우에는 근로자대표의 의견을 들어야 한다.

제46조(공정안전보고서의 이행 등) ① 사업주와 근로자는 제45조제1항에 따라 심사를 받은 공정안전보고서(이 조 제3항에 따라 보완한 공정안전보고서를 포함한다)의 내용을 지켜야 한다.

② 사업주는 제45조제1항에 따라 심사를 받은 공정안전보고서의 내용을 실제로 이행하고 있는지 여부에 대하여 고용노동부령으로 정하는 바에 따라 고용노동부장관의 확인을 받아야 한다.

③ 사업주는 제45조제1항에 따라 심사를 받은 공정안전보고서의 내용을 변경하여야 할 사유가 발생한 경우에는 지체 없이 그 내용을 보완하여야 한다.

④ 고용노동부장관은 고용노동부령으로 정하는 바에 따라 공정안전보고서의 이행 상태를 정기적으로 평가할 수 있다.

⑤ 고용노동부장관은 제4항에 따른 평가 결과 제3항에 따른 보완 상태가 불량한 사업장의 사업주에게는 공정안전보고서의 변경을 명할 수 있으며, 이에 따르지 아니하는 경우 공정안전보고서를 다시 제출하도록 명할 수 있다.

영 제43조(공정안전보고서의 제출 대상) ① 법 제44조제1항 전단에서 "대통령령으로 정하는 유해하거나 위험한 설비"란 다음 각 호의 어느 하나에 해당하는 사업을 하는 사업장의 경우에는 그 보유설비를 말하고, 그 외의 사업을 하는 사업장의 경우에는 별표 13에 따른 유해·위험물질 중 하나 이상의 물질을 같은 표에 따른 규정량 이상 제조·취급·저장하는 설비 및 그 설비의 운영과 관련된 모든 공정설비를 말한다.

1. 원유 정제처리업
2. 기타 석유정제물 재처리업
3. 석유화학계 기초화학물질 제조업 또는 합성수지 및 기타 플라스틱물질 제조업. 다만, 합성수지 및 기타 플라스틱물질 제조업은 별표 13 제1호 또는 제2호에 해당하

는 경우로 한정한다.

4. 질소 화합물, 질소·인산 및 칼리질 화학비료 제조업 중 질소질 비료 제조
5. 복합비료 및 기타 화학비료 제조업 중 복합비료 제조(단순혼합 또는 배합에 의한 경우는 제외한다)
6. 화학 살균·살충제 및 농업용 약제 제조업[농약 원제(原劑) 제조만 해당한다]
7. 화약 및 불꽃제품 제조업

② 제1항에도 불구하고 **다음 각 호의 설비는 유해하거나 위험한 설비로 보지 않는다.**

→ **[암기법 : 원군직접/도소매/가스차량] 즉, 공정안전보고서 제출대상이 아니다.**

1. 원자력 설비
2. 군사시설
3. 사업주가 해당 사업장 내에서 직접 사용하기 위한 난방용 연료의 저장설비 및 사용설비
4. 도매·소매시설
5. 차량 등의 운송설비
6. 「액화석유가스의 안전관리 및 사업법」에 따른 액화석유가스의 충전·저장시설
7. 「도시가스사업법」에 따른 가스공급시설
8. 그 밖에 고용노동부장관이 누출·화재·폭발 등의 사고가 있더라도 그에 따른 피해의 정도가 크지 않다고 인정하여 고시하는 설비

③ 법 제44조제1항 전단에서 "대통령령으로 정하는 사고"란 다음 각 호의 어느 하나에 해당하는 사고를 말한다.

1. 근로자가 사망하거나 부상을 입을 수 있는 제1항에 따른 설비(제2항에 따른 설비는 제외한다. 이하 제2호에서 같다)에서의 누출·화재·폭발 사고
2. 인근 지역의 주민이 인적 피해를 입을 수 있는 제1항에 따른 설비에서의 누출·화재·폭발 사고

영 제44조(공정안전보고서의 내용) ① 법 제44조제1항 전단에 따른 공정안전보고서에는 다음 각 호의 사항이 포함되어야 한다.

1. 공정안전자료
2. 공정위험성 평가서
3. 안전운전계획
4. 비상조치계획
5. 그 밖에 공정상의 안전과 관련하여 고용노동부장관이 필요하다고 인정하여 고시하는 사항

② 제1항제1호부터 제4호까지의 규정에 따른 사항에 관한 세부 내용은 고용노동부령으로 정한다.

시행규칙 제50조(공정안전보고서의 세부 내용 등) ① 영 제44조에 따라 공정안전보고서에 포함해야 할 세부내용은 다음 각 호와 같다.

1. 공정안전자료
가. 취급·저장하고 있거나 취급·저장하려는 유해·위험물질의 종류 및 수량
나. 유해·위험물질에 대한 물질안전보건자료
다. 유해하거나 위험한 설비의 목록 및 사양
라. 유해하거나 위험한 설비의 운전방법을 알 수 있는 공정도면
마. 각종 건물·설비의 배치도
바. 폭발위험장소 구분도 및 전기단선도
사. 위험설비의 안전설계·제작 및 설치 관련 지침서
2. 공정위험성평가서 및 잠재위험에 대한 사고예방·피해 최소화 대책(공정위험성평가서는 공정의 특성 등을 고려하여 다음 각 목의 위험성평가 기법 중 한 가지 이상을 선정하여 위험성평가를 한 후 그 결과에 따라 작성해야 하며, 사고예방·피해최소화 대책은 위험성평가 결과 잠재위험이 있다고 인정되는 경우에만 작성한다)
가. 체크리스트(Check List)
나. 상대위험순위 결정(Dow and Mond Indices)
다. 작업자 실수 분석(HEA)
라. 사고 예상 질문 분석(What-if)
마. 위험과 운전 분석(HAZOP)
바. 이상위험도 분석(FMECA)
사. 결함 수 분석(FTA)
아. 사건 수 분석(ETA)
자. 원인결과 분석(CCA)
차. 가목부터 자목까지의 규정과 같은 수준 이상의 기술적 평가기법
3. 안전운전계획 → [암기법 : (안전운전)지침서/(유지계획)지침서/허가/도/계획/가동전/변경자]
가. 안전운전지침서
나. 설비점검·검사 및 보수계획, 유지계획 및 지침서
다. 안전작업허가
라. 도급업체 안전관리계획
마. 근로자 등 교육계획
바. 가동 전 점검지침
사. 변경요소 관리계획
아. 자체감사 및 사고조사계획
자. 그 밖에 안전운전에 필요한 사항
4. 비상조치계획
가. 비상조치를 위한 장비·인력 보유현황
나. 사고발생 시 각 부서·관련 기관과의 비상연락체계

다. 사고발생 시 비상조치를 위한 조직의 임무 및 수행 절차

라. 비상조치계획에 따른 교육계획

마. 주민홍보계획

바. 그 밖에 비상조치 관련 사항

② 공정안전보고서의 세부내용별 작성기준, 작성자 및 심사기준, 그 밖에 심사에 필요한 사항은 고용노동부장관이 정하여 고시한다.

시행규칙 제52조(공정안전보고서의 심사 등) ① 공단은 제51조에 따라 공정안전보고서를 제출받은 경우에는 제출받은 날부터 ( )일 이내에 심사하여 1부를 ( )에게 송부하고, 그 내용을 지방고용노동관서의 장에게 보고해야 한다.

② 공단은 제1항에 따라 공정안전보고서를 심사한 결과 「위험물안전관리법」에 따른 화재의 예방·소방 등과 관련된 부분이 있다고 인정되는 경우에는 그 관련 내용을 관할 소방관서의 장에게 통보해야 한다.

시행규칙 제53조(공정안전보고서의 확인 등) ① 공정안전보고서를 제출하여 심사를 받은 사업주는 법 제46조제2항에 따라 **다음 각 호의 시기별로 공단의 확인**을 받아야 한다. 다만, 화공안전 분야 산업안전지도사, 대학에서 조교수 이상으로 재직하고 있는 사람으로서 화공 관련 교과를 담당하고 있는 사람, 그 밖에 자격 및 관련 업무 경력 등을 고려하여 고용노동부장관이 정하여 고시하는 요건을 갖춘 사람에게 제50조제3호아목에 따른 자체감사를 하게 하고 그 결과를 공단에 제출한 경우에는 공단의 확인을 생략할 수 있다.

1. 신규로 설치될 유해하거나 위험한 설비에 대해서는 설치 과정 및 설치 완료 후 시운전단계에서 각 ( )회
2. **기존에 설치**되어 사용 중인 유해하거나 위험한 설비에 대해서는 심사 완료 후 ( )개월 이내
3. 유해하거나 위험한 설비와 관련한 공정의 중대한 변경이 있는 경우에는 변경 완료 후 ( )개월 이내
4. 유해하거나 위험한 설비 또는 이와 관련된 공정에 중대한 사고 또는 결함이 발생한 경우에는 ( )개월 이내. 다만, 법 제47조에 따른 안전보건진단을 받은 사업장 등 고용노동부장관이 정하여 고시하는 사업장의 경우에는 공단의 확인을 생략할 수 있다.

② 공단은 사업주로부터 확인요청을 받은 날부터 1개월 이내에 제50조제1호부터 제4호까지의 내용이 현장과 일치하는지 여부를 확인하고, 확인한 날부터 15일 이내에 그 결과를 사업주에게 통보하고 지방고용노동관서의 장에게 보고해야 한다.

③ 제1항 및 제2항에 따른 확인의 절차 등에 관하여 필요한 사항은 고용노동부장관이 정하여 고시한다.

시행규칙 제54조(공정안전보고서 이행 상태의 평가) ① 법 제46조제4항에 따라 고용노동부장관은 같은 조 제2항에 따른 **공정안전보고서의 확인(신규로 설치되는 유해하거나 위**

험한 설비의 경우에는 설치 완료 후 시운전 단계에서의 확인을 말한다) 후 1년이 지난 날부터 ( )년 이내에 공정안전보고서 이행 상태의 평가(이하 "이행상태평가"라 한다)를 해야 한다. ★

② 고용노동부장관은 제1항에 따른 **이행상태평가 후 4년마다 이행상태평가**를 해야 한다. **다만, 다음 각 호의 어느 하나에 해당하는 경우에는 1년 또는 2년마다 이행상태평가를 할 수 있다.**

1. 이행상태평가 후 사업주가 이행상태평가를 요청하는 경우
2. 법 제155조에 따라 사업장에 출입하여 검사 및 안전·보건점검 등을 실시한 결과 제50조제1항제3호사목에 따른 변경요소 관리계획 미준수로 공정안전보고서 이행 상태가 불량한 것으로 인정되는 경우 등 고용노동부장관이 정하여 고시하는 경우

③ 이행상태평가는 제50조제1항 각 호에 따른 공정안전보고서의 세부내용에 관하여 실시한다.

④ 이행상태평가의 방법 등 이행상태평가에 필요한 세부적인 사항은 고용노동부장관이 정한다.

제169조(벌칙) 다음 각 호의 어느 하나에 해당하는 자는 3년 이하의 징역 또는 3천만원 이하의 벌금에 처한다.

1. **제44조제1항 후단**, 제63조(제166조의2에서 준용하는 경우를 포함한다), **제76조(건설공사도급인의 안전조치), 제81조(기계기구등의 대여자 등의 안전조치), 제82조제2항(타워크레인설치해체업의 등록), 제84조제1항(안전인증), 제87조제1항, 제118조제3항(제조 등의 허가), 제123조제1항(석면해체제거기준의 준수), 제139조제1항(근로시간 제한 1일 6시간, 1주 34시간) 또는 제140조제1항(자격 등의 취업제한)[제166조의2에서 준용하는 경우를 포함한다]을 위반한 자**
2. 제45조제1항 후단, 제46조제5항, 제53조제1항(제166조의2에서 준용하는 경우를 포함한다), 제87조제2항, 제118조제4항, 제119조제4항 또는 제131조제1항(제166조의2에서 준용하는 경우를 포함한다)에 따른 명령을 위반한 자
3. 제58조제3항 또는 같은 조 제5항 후단(제59조제2항에 따라 준용되는 경우를 포함한다)에 따른 안전 및 보건에 관한 평가 업무를 제165조제2항에 따라 위탁받은 자로서 그 업무를 거짓이나 그 밖의 부정한 방법으로 수행한 자
4. 제84조제1항 및 제3항에 따른 안전인증 업무를 제165조제2항에 따라 위탁받은 자로서 그 업무를 거짓이나 그 밖의 부정한 방법으로 수행한 자
5. 제93조제1항에 따른 안전검사 업무를 제165조제2항에 따라 위탁받은 자로서 그 업무를 거짓이나 그 밖의 부정한 방법으로 수행한 자
6. 제98조에 따른 자율검사프로그램에 따른 안전검사 업무를 거짓이나 그 밖의 부정한 방법으로 수행한 자

정 답

30일, 사업주, 1회, 3개월, 1개월, 1개월, 2년

기 출 1

산업안전보건법령상 3년 이하의 징역 또는 3년 이하의 벌금에 처하게 될 수 있는 자는?

① 중대재해 발생현장을 훼손한 자
② 공정안전보고서의 내용이 중대산업사고를 예방하기 위하여 적합하다고 통보받기 전에 관련 설비를 가동한 자
③ 동력으로 작동하는 기계·기구로서 작동부분의 돌기부분을 묻힘형으로 하지 않거나 덮개를 부착하지 않고 양도한 자
④ 안전인증을 받지 않은 유해·위험한 기계·기구·설비 등에 안전인증표시를 한 자
⑤ 작업환경측정 결과에 따라 근로자의 건강을 보호하기 위하여 해당 시설·설비의 설치·개선 또는 건강진단의 실시 등의 조치를 하지 아니한 자

정 답

②

기 출 2

산업안전보건법령상 공정안전보고서에 관한 설명으로 옳지 않은 것은?

① 공정안전보고서를 작성하여야 하는 사업장의 사업주는 산업안전보건위원회가 설치되어 있지 아니한 경우 근로자대표의 의견을 들어 작성하여야 한다.
② 공정안전보고서에는 공정안전자료, 공정위험성 평가서, 안전운전계획, 비상조치계획이 포함되어야 한다.
③ 사업주가 공정안전보고서를 제출한 경우에는 해당 유해·위험설비에 관하여 유해·위험방지계획서를 제출한 것으로 본다.
④ 「액화석유가스의 안전관리 및 사업법」에 따른 액화석유가스의 충전·저장시설은 공정안전보고서를 작성하여 제출하여야 하는 대상이 아니다.
⑤ 공정안전보고서 이행 상태의 평가는 공정안전보고서의 확인 후 1년이 경과한 날부터 4년 이내에 하여야 한다.

정 답

⑤

기 출 3

산업안전보건법령상 유해·위험설비에 해당하는 것은?

① 원자력 설비
② 군사시설
③ 차량 등의 운송설비
④ 「도시가스사업법」에 따른 가스공급시설
⑤ 화약 및 불꽃제품 제조업 사업장의 보유설비

정 답

⑤

기 출 4

산업안전보건법령상 공정안전보고서에 관한 설명으로 옳지 않은 것은?

① 원유 정제처리업의 보유설비가 있는 사업장의 사업주는 공정안전보고서를 작성하여야 한다.
② 사업주가 공정안전보고서를 작성할 때, 산업안전보건위원회가 설치되어 있지 아니한 사업장의 경우에는 근로자대표의 의견을 들어야 한다.
③ 공정안전보고서에는 비상조치계획이 포함되어야 하고, 그 세부 내용에는 주민홍보계획을 포함해야 한다.
④ 원자력 설비는 공정안전보고서의 제출 대상인 유해하거나 위험한 설비에 해당한다.
⑤ 공정안전보고서 이행상태평가의 방법 등 이행상태평가에 필요한 세부적인 사항은 고용노동부장관이 정한다.

정 답

④

제47조(안전보건진단) ① 고용노동부장관은 추락·붕괴, 화재·폭발, 유해하거나 위험한 물질의 누출 등 산업재해 발생의 위험이 현저히 높은 사업장의 사업주에게 제48조에 따라 지정받은 기관(이하 "안전보건진단기관"이라 한다)이 실시하는 안전보건진단을 받을 것을 명할 수 있다.

제49조(안전보건개선계획의 수립 · 시행 명령) ① 고용노동부장관은 다음 각 호의 어느 하나에 해당하는 사업장으로서 산업재해 예방을 위하여 종합적인 개선조치를 할 필요가 있다고 인정되는 사업장의 사업주에게 고용노동부령으로 정하는 바에 따라 그 사업장, 시설, 그 밖의 사항에 관한 안전 및 보건에 관한 개선계획(이하 "안전보건개선계획"이라 한다)을 수립하여 시행할 것을 명할 수 있다. 이 경우 대통령령으로 정하는 사업장의 사업주에게는 제47조에 따라 안전보건진단을 받아 안전보건개선계획을 수립하여 시행할 것을 명할 수 있다.

1. 산업재해율이 같은 업종의 규모별 평균 산업재해율보다 높은 사업장
2. 사업주가 필요한 안전조치 또는 보건조치를 이행하지 아니하여 중대재해가 발생한 사업장
3. 대통령령으로 정하는 수 이상의 직업성 질병자가 발생한 사업장
4. 제106조에 따른 유해인자의 노출기준을 초과한 사업장

② 사업주는 안전보건개선계획을 수립할 때에는 산업안전보건위원회의 심의를 거쳐야 한다. 다만, 산업안전보건위원회가 설치되어 있지 아니한 사업장의 경우에는 근로자대표의 의견을 들어야 한다.

영 제46조(안전보건진단의 종류 및 내용) ① 법 제47조제1항에 따른 안전보건진단(이하 "안전보건진단"이라 한다)의 종류 및 내용은 별표 14와 같다.

② 고용노동부장관은 법 제47조제1항에 따라 안전보건진단 명령을 할 경우 기계·화공·전기·건설 등 분야별로 한정하여 진단을 받을 것을 명할 수 있다.

③ 안전보건진단 결과보고서에는 산업재해 또는 사고의 발생원인, 작업조건·작업방법에 대한 평가 등의 사항이 포함되어야 한다.

영 제49조(안전보건진단을 받아 안전보건개선계획을 수립할 대상) 법 제49조제1항 각 호 외의 부분 후단에서 "대통령령으로 정하는 사업장"이란 다음 각 호의 사업장을 말한다.

1. 산업재해율이 같은 업종 평균 산업재해율의 2배 이상인 사업장
2. 법 제49조 제1항 제2호에 해당하는 사업장 → 사업주가 필요한 안전조치 또는 보건조치를 이행하지 아니하여 중대재해가 발생한 사업장
3. **직업성 질병자가 연간 2명 이상(상시근로자 1천명 이상 사업장의 경우 3명 이상) 발생한 사업장**
4. 그 밖에 작업환경 불량, 화재·폭발 또는 누출 사고 등으로 사업장 주변까지 피해

가 확산된 사업장으로서 고용노동부령으로 정하는 사업장

영 제50조(안전보건개선계획 수립 대상) 법 제49조제1항 제3호에서 "대통령령으로 정하는 수 이상의 직업성 질병자가 발생한 사업장"이란 직업성 질병자가 연간 2명 이상 발생한 사업장을 말한다.

시행규칙 제61조(안전보건개선계획의 제출 등) ① 법 제50조제1항에 따라 안전보건개선계획서를 제출해야 하는 사업주는 법 제49조제1항에 따른 안전보건개선계획서 수립·시행 명령을 받은 날부터 (　)일 이내에 관할 지방고용노동관서의 장에게 해당 계획서를 제출(전자문서로 제출하는 것을 포함한다)해야 한다.

② 제1항에 따른 안전보건개선계획서에는 시설, 안전보건관리체제, 안전보건교육, 산업재해 예방 및 작업환경의 개선을 위하여 필요한 사항이 포함되어야 한다.

시행규칙 제62조(안전보건개선계획서의 검토 등) ① 지방고용노동관서의 장이 제61조에 따른 안전보건개선계획서를 접수한 경우에는 접수일부터 (　)일 이내에 심사하여 사업주에게 그 결과를 알려야 한다.

② 법 제50조제2항에 따라 지방고용노동관서의 장은 안전보건개선계획서에 제61조제2항에서 정한 사항이 적정하게 포함되어 있는지 검토해야 한다. 이 경우 지방고용노동관서의 장은 안전보건개선계획서의 적정 여부 확인을 공단 또는 (　)에게 요청할 수 있다.

정 답

60일, 15일, 지도사

기 출 1

산업안전보건법령상 안전보건개선계획 등에 관한 설명으로 옳지 않은 것은?

① 사업주는 안전보건개선계획을 수립할 때에는 산업안전보건위원회가 설치되어 있지 아니한 사업장의 경우에는 근로자대표의 의견을 들어야 한다.

② 사업주와 근로자는 안전보건개선계획을 준수하여야 한다.

③ 안전보건개선계획의 수립·시행명령을 받은 사업주는 고용노동부장관이 정하는 바에 따라 안전보건개선계획서를 작성하여 그 명령을 받은 날부터 60일 이내에 관한 지방고용노동관서의 장에게 제출하여야 한다.

④ 직업병에 걸린 사람이 연간 1명 발생한 사업장은 안전·보건진단을 받아 안전보건개선계획을 수립·제출하도록 지방고용노동관서의 장이 명할 수 있는 사업장에 해당한다.

⑤ 안전보건개선계획서에는 시설, 안전·보건관리체제, 안전·보건교육, 산업재해 예방 및 작업환경의 개선을 위하여 필요한 사항이 포함되어야 한다.

정 답

④

기 출 2

산업안전보건법령상 고용노동부장관이 필요하다고 인정할 때에 해당 사업주에게 안전 · 보건진단을 받아 안전보건개선계획을 수립 · 제출할 것을 명할 수 있는 사업장이 아닌 것은?

① 사업주가 안전보건조치의무를 이행하였으나, 2개월의 요양이 필요한 부상자가 동시에 8명이 발생한 재해발생사업장

② 산업재해율이 같은 업종 평균 산업재해율의 2.5배인 사업장

③ 상시근로자가 1,000명이고 직업병에 걸린 사람이 연간 3명이 발생한 사업장

④ 상시근로자가 1,500명이고 직업병에 걸린 사람이 연간 4명이 발생한 사업장

⑤ 작업환경 불량, 화재·폭발 또는 누출 사고 등으로 사업장 주변까지 피해가 확산된 사업장으로서 고용노동부령으로 정하는 사업장

정 답

①

막판 28 산업재해의 발생 및 보고, 기록

제57조(산업재해 발생 은폐 금지 및 보고 등) ① 사업주는 산업재해가 발생하였을 때에는 그 발생 사실을 은폐해서는 아니 된다.

② 사업주는 고용노동부령으로 정하는 바에 따라 산업재해의 발생원인 등을 기록하여 보존하여야 한다.

③ 사업주는 고용노동부령으로 정하는 산업재해에 대해서는 그 발생 개요·원인 및 보고 시기, 재발방지 계획 등을 고용노동부령으로 정하는 바에 따라 고용노동부장관에게 보고하여야 한다.

시행규칙 제72조(산업재해 기록 등) 사업주는 산업재해가 발생한 때에는 법 제57조제2항에 따라 다음 각 호의 사항을 기록·보존해야 한다. 다만, 제73조제1항에 따른 산업재해조사표의 사본을 보존하거나 제73조제5항에 따른 요양신청서의 사본에 재해 재발방지 계획을 첨부하여 보존한 경우에는 그렇지 않다. ★

1. 사업장의 개요 및 근로자의 인적사항
2. 재해 발생의 일시 및 장소
3. 재해 발생의 원인 및 ( )
4. 재해 재발방지 계획

시행규칙 제73조(산업재해 발생 보고 등) ① 사업주는 산업재해로 사망자가 발생하거나 3일 이상의 휴업이 필요한 부상을 입거나 질병에 걸린 사람이 발생한 경우에는 법 제57조제3항에 따라 해당 산업재해가 발생한 날부터 ( )개월 이내에 별지 제30호서식의 산업재해조사표를 작성하여 관할 지방고용노동관서의 장에게 제출(전자문서로 제출하는 것을 포함한다)해야 한다.

③ 사업주는 제1항에 따른 ( )에 근로자대표의 ( )을 받아야 하며, 그 기재 내용에 대하여 근로자대표의 이견이 있는 경우에는 그 내용을 첨부해야 한다. 다만, 근로자대표가 없는 경우에는 재해자 본인의 확인을 받아 산업재해조사표를 제출할 수 있다.

정 답

과정, 1개월, 산업재해조사표, 확인

기 출 1

산업안전보건법령상 산업재해 발생 보고에 관한 설명이다. (   ) 안에 들어갈 내용을 순서대로 올바르게 나열한 것은?

> **시행규칙 제73조(산업재해 발생 보고 등)** ① 사업주는 산업재해로 사망자가 발생하거나 (ㄱ) 일 이상의 휴업이 필요한 부상을 입거나 질병에 걸린 사람이 발생한 경우에는 해당 산업재해가 발생한 날부터 (ㄴ)개월 이내에 별지 제30호서식의 (ㄷ)를 작성하여 관할 지방고용노동관서의 장에게 제출(전자문서로 제출하는 것을 포함한다)해야 한다.

	ㄱ	ㄴ	ㄷ
①	2일	1	신업재해조사표
②	2일	2	통합산업재해현황조사표
③	3일	1	산업재해조사표
④	3일	2	통합산업재해현황조사표
⑤	7일	3	산업재해조사표

정 답

③

기 출 2

산업안전보건법령상 산업재해 발생 기록 및 보고 등에 관한 설명으로 옳은 것은?

① 사업주는 산업재해로 3일 이상의 휴업이 필요한 부상자가 발생한 경우에는 해당 산업재해가 발생한 날부터 3개월 이내에 산업재해조사표를 작성하여 관할 지방고용노동관서의 장에게 제출하여야 한다.

② 사업주는 산업재해 발생기록에 관한 서류를 2년간 보존하여야 한다.

③ 건설업의 경우 사업주는 산업재해조사표에 근로자대표의 동의를 받아야 하며, 그 기재 내용에 대하여 근로자대표의 이견이 있는 경우에는 그 내용을 첨부하여야 한다.

④ 사업주는 4일 이상의 요양을 요하는 부상자가 발생한 산업재해에 대하여는 그 발생 개요·원인 및 신고 시기, 재발방지계획 등을 고용노동부장관에게 신고하여야 한다.

⑤ 사업주는 중대재해가 발생한 사실을 알게 된 경우에는 지체 없이 발생개요 및 피해상황 등을 관할 지방고용노동관서의 장에게 전화·팩스 또는 그 밖에 적절한 방법으로 보고하여야 한다.

정 답

⑤

막판 29 도급 시 산업재해 예방

제5장 도급 시 산업재해 예방

제1절 도급의 제한

제58조(유해한 작업의 도급금지) ① 사업주는 근로자의 안전 및 보건에 유해하거나 위험한 작업으로서 다음 각 호의 어느 하나에 해당하는 작업을 도급하여 자신의 사업장에서 수급인의 근로자가 그 작업을 하도록 해서는 아니 된다.

1. 도금작업
2. 수은, 납 또는 카드뮴을 제련, 주입, 가공 및 가열하는 작업
3. 제118조제1항에 따른 허가대상물질을 제조하거나 사용하는 작업

② 사업주는 제1항에도 불구하고 다음 각 호의 어느 하나에 해당하는 경우에는 제1항 각 호에 따른 작업을 도급하여 자신의 사업장에서 수급인의 근로자가 그 작업을 하도록 할 수 있다.

1. 일시·간헐적으로 하는 작업을 도급하는 경우
2. 수급인이 보유한 기술이 전문적이고 사업주(수급인에게 도급을 한 도급인으로서의 사업주를 말한다)의 사업 운영에 필수 불가결한 경우로서 **고용노동부장관의 승인**을 받은 경우

③ 사업주는 제2항제2호에 따라 고용노동부장관의 승인을 받으려는 경우에는 고용노동부령으로 정하는 바에 따라 고용노동부장관이 실시하는 안전 및 보건에 관한 평가를 받아야 한다.

④ 제2항제2호에 따른 승인의 유효기간은 3년의 범위에서 정한다.

⑤ 고용노동부장관은 제4항에 따른 유효기간이 만료되는 경우에 사업주가 유효기간의 연장을 신청하면 승인의 유효기간이 만료되는 날의 다음 날부터 3년의 범위에서 고용노동부령으로 정하는 바에 따라 그 기간의 연장을 승인할 수 있다. 이 경우 사업주는 제3항에 따른 안전 및 보건에 관한 평가를 받아야 한다.

⑥ 사업주는 제2항제2호 또는 제5항에 따라 승인을 받은 사항 중 고용노동부령으로 정하는 사항을 변경하려는 경우에는 고용노동부령으로 정하는 바에 따라 변경에 대한 승인을 받아야 한다. → **안전보건평가(×)**

⑦ 고용노동부장관은 제2항제2호, 제5항 또는 제6항에 따라 승인, 연장승인 또는 변경승인을 받은 자가 제8항에 따른 기준에 미달하게 된 경우에는 승인, 연장승인 또는 변경승인을 취소하여야 한다.

⑧ 제2항 제2호, 제5항 또는 제6항에 따른 승인, 연장승인 또는 변경승인의 기준·절차 및 방법, 그 밖에 필요한 사항은 고용노동부령으로 정한다.

제59조(도급의 승인) ① 사업주는 자신의 사업장에서 안전 및 보건에 유해하거나 위험한 작업 중 급성 독성, 피부 부식성 등이 있는 물질의 취급 등 대통령령으로 정하는 작

업을 도급하려는 경우에는 고용노동부장관의 승인을 받아야 한다. 이 경우 사업주는 고용노동부령으로 정하는 바에 따라 안전 및 보건에 관한 평가를 받아야 한다.

② 제1항에 따른 승인에 관하여는 제58조 제4항부터 제8항까지의 규정을 준용한다.

제60조(도급의 승인 시 하도급 금지) 제58조제2항 제2호에 따른 승인, 같은 조 제5항 또는 제6항(제59조제2항에 따라 준용되는 경우를 포함한다)에 따른 연장승인 또는 변경승인 및 제59조제1항에 따른 승인을 받은 작업을 도급받은 수급인은 그 작업을 하도급할 수 없다.

제61조(적격 수급인 선정 의무) 사업주는 산업재해 예방을 위한 조치를 할 수 있는 능력을 갖춘 사업주에게 도급하여야 한다.

제161조(도급금지 등 의무위반에 따른 과징금 부과) ① 고용노동부장관은 사업주가 다음 각 호의 어느 하나에 해당하는 경우에는 10억원 이하의 과징금을 부과·징수할 수 있다.

1. 제58조제1항을 위반하여 도급한 경우
2. 제58조 제2항 제2호 또는 제59조제1항을 위반하여 승인을 받지 아니하고 도급한 경우
3. 제60조를 위반하여 승인을 받아 도급받은 작업을 재하도급한 경우

② 고용노동부장관은 제1항에 따른 과징금을 부과하는 경우에는 다음 각 호의 사항을 고려하여야 한다.

1. 도급 금액, 기간 및 횟수 등
2. 관계수급인 근로자의 산업재해 예방에 필요한 조치 이행을 위한 노력의 정도
3. 산업재해 발생 여부

③ 고용노동부장관은 제1항에 따른 과징금을 내야 할 자가 납부기한까지 내지 아니하면 납부기한의 다음 날부터 과징금을 납부한 날의 전날까지의 기간에 대하여 내지 아니한 과징금의 연 100분의 6의 범위에서 대통령령으로 정하는 가산금을 징수한다. 이 경우 가산금을 징수하는 기간은 60개월을 초과할 수 없다.

④ 고용노동부장관은 제1항에 따른 과징금을 내야 할 자가 납부기한까지 내지 아니하면 기간을 정하여 독촉을 하고, 그 기간 내에 제1항에 따른 과징금 및 제3항에 따른 가산금을 내지 아니하면 국세 체납처분의 예에 따라 징수한다.

⑤ 제1항 및 제3항에 따른 과징금 및 가산금의 징수와 제4항에 따른 체납처분 절차, 그 밖에 필요한 사항은 대통령령으로 정한다.

영 제51조(도급승인 대상 작업) 법 제59조제1항 전단에서 "급성 독성, 피부 부식성 등이 있는 물질의 취급 등 대통령령으로 정하는 작업"이란 다음 각 호의 어느 하나에 해당하는 작업을 말한다.

1. 중량비율 1퍼센트 이상의 황산, 불화수소, 질산 또는 염화수소를 취급하는 설비를 개조·분해·해체·철거하는 작업 또는 해당 설비의 내부에서 이루어지는 작업. 다만, 도급인이 해당 화학물질을 모두 제거한 후 증명자료를 첨부하여 고용노동부장관에게 신고한 경우는 제외한다.

2. 그 밖에 「산업재해보상보험법」 제8조제1항에 따른 산업재해보상보험및예방심의위원회(이하 "산업재해보상보험및예방심의위원회"라 한다)의 심의를 거쳐 고용노동부장관이 정하는 작업

시행규칙 제1절 도급의 제한

시행규칙 제74조(안전 및 보건에 관한 평가의 내용 등) ① 사업주는 법 제58조제2항 제2호에 따른 승인 및 같은 조 제5항에 따른 연장승인을 받으려는 경우 법 제165조제2항, 영 제116조제2항에 따라 고용노동부장관이 고시하는 기관을 통하여 안전 및 보건에 관한 평가를 받아야 한다.

② 제1항의 안전 및 보건에 관한 평가에 대한 내용은 별표 12와 같다.

시행규칙 제75조(도급승인 등의 절차 · 방법 및 기준 등) ① 법 제58조제2항제2호에 따른 승인, 같은 조 제5항 또는 제6항에 따른 연장승인 또는 변경승인을 받으려는 자는 별지 제31호서식의 도급승인 신청서, 별지 제32호서식의 연장신청서 및 별지 제33호서식의 변경신청서에 다음 각 호의 서류를 첨부하여 관할 지방고용노동관서의 장에게 제출해야 한다. ★

1. 도급대상 작업의 공정 관련 서류 일체(**기계 · 설비의 종류 및 운전조건, 유해 · 위험물질의 종류 · 사용량, 유해 · 위험요인의 발생 실태 및 종사 근로자 수** 등에 관한 사항이 포함되어야 한다) → **[암기법 : 종/종/실/수]**
2. 도급작업 안전보건관리계획서(안전작업절차, 도급 시 안전·보건관리 및 도급작업에 대한 안전·보건시설 등에 관한 사항이 포함되어야 한다)
3. 제74조에 따른 안전 및 보건에 관한 평가 결과(법 제58조제6항에 따른 변경승인은 해당되지 않는다)

③ 지방고용노동관서의 장은 필요한 경우 법 제58조제2항제2호에 따른 승인, 같은 조 제5항 또는 제6항에 따른 연장승인 또는 변경승인을 신청한 사업장이 제2항에 따른 도급승인 기준을 준수하고 있는지 공단으로 하여금 확인하게 할 수 있다.

④ 제1항에 따라 도급승인 신청을 받은 지방고용노동관서의 장은 제2항에 따른 도급승인 기준을 충족한 경우 신청서가 접수된 날부터 (　　)일 이내에 별지 제34호서식에 따른 승인서를 신청인에게 발급해야 한다.

시행규칙 제76조(도급승인 변경 사항) 법 제58조제6항에서 "고용노동부령으로 정하는 사항"이란 다음 각 호의 어느 하나에 해당하는 사항을 말한다. ★

1. 도급공정
2. 도급공정 사용 최대 유해화학 물질량
3. 도급기간(3년 미만으로 승인 받은 자가 승인일부터 3년 내에서 연장하는 경우만 해당한다)

시행규칙 제77조(도급승인의 취소) 고용노동부장관은 법 제58조제2항 제2호에 따른 승인, 같은 조 제5항 또는 제6항에 따른 연장승인 또는 변경승인을 받은 자가 다음 각 호의 어느 하나에 해당하는 경우에는 승인을 취소해야 한다.

1. 제75조제2항의 도급승인 기준에 미달하게 된 때
2. 거짓이나 그 밖의 부정한 방법으로 승인, 연장승인, 변경승인을 받은 경우
3. 법 제58조제5항 및 제6항에 따른 연장승인 및 변경승인을 받지 않고 사업을 계속 한 경우

정 답

14일

기 출 1

산업안전보건법령상 유해하거나 위험한 작업의 도급에 대한 승인을 받기 위해 제출하는 도급승인신청서에 첨부하는 도급대상 작업의 공정도에 포함되어야 할 것을 모두 고른 것은?

ㄱ. 기계·설비의 종류 및 운전조건
ㄴ. 도급사유
ㄷ. 유해·위험물질의 종류 및 사용량
ㄹ. 유해·위험요인의 발생실태 및 종사 근로자 수 등에 관한 사항

① ㄱ, ㄴ
② ㄱ, ㄷ
③ ㄴ, ㄹ
④ ㄱ, ㄷ, ㄹ
⑤ ㄴ, ㄷ, ㄹ

정 답

④

기 출 2

산업안전보건법령상 도급의 승인 등에 관한 설명으로 옳은 것을 모두 고른 것은?

ㄱ. 고용노동부장관은 사업주가 유해한 작업의 도급금지 의무위반에 해당하는 경우에는 10억 원 이하의 과징금을 부과·징수할 수 있다. ㄴ. 도급승인 신청을 받은 지방고용노동관서의 장은 도급승인 기준을 충족한 경우 신청서가 접수된 날부터 30일 이내에 승인서를 신청인에게 발급해야 한다. ㄷ. 도급에 대한 변경승인을 받으려는 자는 안전 및 보건에 관한 평가결과의 서류를 첨부하여 관할 지방고용노동관서의 장에게 제출해야 한다.

① ㄱ
② ㄴ
③ ㄷ
④ ㄱ, ㄷ
⑤ ㄴ, ㄷ

정 답

①

예 상

산업안전보건법령상 도급승인 대상 작업에 관한 조문이다. 다음 (　) 안에 들어갈 내용으로 옳은 것은?

영 제51조(도급승인 대상 작업) "급성 독성, 피부 부식성 등이 있는 물질의 취급 등 대통령령으로 정하는 작업"이란 다음 각 호의 어느 하나에 해당하는 작업을 말한다. 1. 중량비율 (ㄱ)퍼센트 이상의 황산, 불화수소, (ㄴ) 또는 염화수소를 취급하는 설비를 개조·분해·해체·철거하는 작업 또는 해당 설비의 내부에서 이루어지는 작업. 다만, 도급인이 해당 화학물질을 모두 제거한 후 증명자료를 첨부하여 고용노동부장관에게 신고한 경우는 제외한다.

	ㄱ	ㄴ
①	1	질산
②	1	아세트산
③	2	질산
④	3	아세트산
⑤	5	질산

정 답

①

영 제56조(안전보건조정자의 선임 등) ① 법 제68조제1항에 따른 안전보건조정자(이하 "안전보건조정자"라 한다)를 두어야 하는 건설공사는 각 건설공사의 금액의 합이 50억원 이상인 경우를 말한다.

② 제1항에 따라 안전보건조정자를 두어야 하는 건설공사발주자는 제1호 또는 제4호부터 제7호까지에 해당하는 사람 중에서 안전보건조정자를 선임하거나 제2호 또는 제3호에 해당하는 사람 중에서 안전보건조정자를 시정해야 한다.

1. 법 제143조 제1항에 따른 산업안전지도사 자격을 가진 사람 → **등록(×)**
2. 「건설기술 진흥법」 제2조제6호에 따른 발주청이 발주하는 건설공사인 경우 발주청이 같은 법 제49조제1항에 따라 선임한 공사감독자
3. 다음 각 목의 어느 하나에 해당하는 사람으로서 해당 건설공사 중 주된 공사의 책임감리자
   가. 「건축법」 제25조에 따라 지정된 공사감리자
   나. 「건설기술 진흥법」 제2조제5호에 따른 감리업무를 수행하는 사람
   다. 「주택법」 제43조에 따라 지정된 감리자
   라. 「전력기술관리법」 제12조의2에 따라 배치된 감리원
   마. 「정보통신공사업법」 제8조제2항에 따라 해당 건설공사에 대하여 감리업무를 수행하는 사람
4. 「건설산업기본법」 제8조에 따른 종합공사에 해당하는 건설현장에서 안전보건관리책임자로서 3년 이상 재직한 사람
5. 「국가기술자격법」에 따른 건설안전기술사
6. 「국가기술자격법」에 따른 건설안전기사 자격을 취득한 후 건설안전 분야에서 5년 이상의 실무경력이 있는 사람
7. 「국가기술자격법」에 따른 건설안전산업기사 자격을 취득한 후 건설안전 분야에서 7년 이상의 실무경력이 있는 사람

③ 제1항에 따라 안전보건조정자를 두어야 하는 건설공사발주자는 분리하여 발주되는 공사의 착공일 전날까지 제2항에 따라 안전보건조정자를 선임하거나 지정하여 각각의 공사 도급인에게 그 사실을 알려야 한다.

영 제57조(안전보건조정자의 업무) ① 안전보건조정자의 업무는 다음 각 호와 같다. ★

1. 법 제68조제1항에 따라 같은 장소에서 이루어지는 각각의 공사 간에 혼재된 작업의 파악
2. 제1호에 따른 혼재된 작업으로 인한 산업재해 발생의 위험성 파악
3. 제1호에 따른 혼재된 작업으로 인한 산업재해를 예방하기 위한 작업의 시기·내용

및 안전보건 조치 등의 조정
4. 각각의 공사 도급인의 안전보건관리책임자 간 작업 내용에 관한 정보 공유 여부의 확인

〈비교〉 시행규칙 제130조(검사원의 자격) 법 제98조 제1항(자율안전검사)

1. 「국가기술자격법」에 따른 기계·전기·전자·화공 또는 산업안전 분야에서 기사 이상의 자격을 취득한 후 해당 분야의 실무경력이 3년 이상인 사람
2. 「국가기술자격법」에 따른 기계·전기·전자·화공 또는 산업안전 분야에서 산업기사 이상의 자격을 취득한 후 해당 분야의 실무경력이 5년 이상인 사람
3. 「국가기술자격법」에 따른 기계·전기·전자·화공 또는 산업안전 분야에서 기능사 이상의 자격을 취득한 후 해당 분야의 실무경력이 7년 이상인 사람
6. 「초·중등교육법」 제2조제3호에 따른 고등학교·고등기술학교에서 기계·전기 또는 전자·화공 관련 학과를 졸업한 후 해당 분야의 실무경력이 7년 이상인 사람
7. 법 제98조제1항에 따른 자율검사프로그램(이하 "자율검사프로그램"이라 한다)에 따라 안전에 관한 성능검사 교육을 이수한 후 해당 분야의 실무경력이 1년 이상인 사람

기 출

산업안전보건법령상 안전보건조정자의 업무로 옳은 것을 모두 고른 것은?

ㄱ. 같은 장소에서 이루어지는 각각의 공사 간에 혼재된 작업의 파악
ㄴ. 혼재된 작업으로 인한 산업재해 발생의 위험성 파악
ㄷ. 혼재된 작업으로 인한 능률 개선을 위한 작업의 시기·내용 및 안전보건 조치 등의 조정
ㄹ. 각각의 공사 도급인의 안전·보건관리자 간 교육 내용에 관한 정보 공유 여부의 확인

① ㄱ, ㄴ
② ㄴ, ㄷ
③ ㄷ, ㄹ
④ ㄱ, ㄴ, ㄹ
⑤ ㄱ, ㄴ, ㄷ, ㄹ

정 답

①

예 상

산업안전보건법령상 안전보건조정자가 될 수 없는 자는?

① 「산업안전보건법」제143조 제1항에 따른 산업안전지도사 자격을 가진 사람
② 「건설산업기본법」 제8조에 따른 종합공사에 해당하는 건설현장에서 안전보건관리책임자로서 3년 이상 재직한 사람
③ 「국가기술자격법」에 따른 건설안전기술사
④ 「국가기술자격법」에 따른 산업안전기사 자격을 취득한 후 산업안전 분야에서 5년 이상의 실무경력이 있는 사람
⑤ 「국가기술자격법」에 따른 건설안전산업기사 자격을 취득한 후 건설안전 분야에서 7년 이상의 실무경력이 있는 사람

정 답

④

설계변경의 요청

제71조(설계변경의 요청) ① 건설공사도급인은 해당 건설공사 중에 **대통령령**으로 정하는 가설구조물의 붕괴 등으로 산업재해가 발생할 위험이 있다고 판단되면 건축·토목 분야의 전문가 등 대통령령으로 정하는 전문가의 의견을 들어 건설공사발주자에게 해당 건설공사의 설계변경을 요청할 수 있다. 다만, 건설공사발주자가 설계를 포함하여 발주한 경우는 그러하지 아니하다.

영 제58조(설계변경 요청 대상 및 전문가의 범위) ① 법 제71조제1항 본문에서 "대통령령으로 정하는 가설구조물"이란 다음 각 호의 어느 하나에 해당하는 것을 말한다. 〈개정 2021.11.19.〉 → **[암기법 : 31비/5동/2지/력]** ★

1. 높이 31미터 이상인 비계
2. 작업발판 일체형 거푸집 또는 높이 5미터 이상인 거푸집 동바리[타설(打設)된 콘크리트가 일정 강도에 이르기까지 하중 등을 지지하기 위하여 설치하는 부재(部材)]
3. 터널의 지보공(支保工: 무너지지 않도록 지지하는 구조물) 또는 높이 2미터 이상인 흙막이 지보공
4. 동력을 이용하여 움직이는 가설구조물

예 상

건설공사도급인은 해당 건설공사 중에 대통령령으로 정하는 가설구조물의 붕괴 등으로 산업재해가 발생할 위험이 있다고 판단되면 건축 · 토목 분야의 전문가 등 대통령령으로 정하는 전문가의 의견을 들어 건설공사발주자에게 해당 건설공사의 설계변경을 요청할 수 있다. 설계변경 요청 대상에 해당하는 것이 아닌 것은?

① 높이 31미터 이상인 비계
② 작업발판 일체형 거푸집
③ 높이 5미터 이상인 거푸집 동바리
④ 높이 2미터 이상인 흙막이 지보공
⑤ 인력을 이용하여 움직이는 가설구조물

정 답

⑤

제6장 유해 · 위험 기계 등에 대한 조치

시행규칙 제98조(방호조치) ① 법 제80조제1항에 따라 영 제70조 및 영 별표 20의 기계·기구에 설치해야 할 방호장치는 다음 각 호와 같다. ★

1. 영 별표 20 제1호에 따른 예초기 : 날접촉 예방장치
2. 영 별표 20 제2호에 따른 원심기 : 회전체 접촉 예방장치
3. 영 별표 20 제3호에 따른 공기압축기 : (   )
4. 영 별표 20 제4호에 따른 금속절단기 : 날접촉 예방장치
5. 영 별표 20 제5호에 따른 지게차 : 헤드 가드, 백레스트(backrest), 전조등, 후미등, 안전벨트
6. 영 별표 20 제6호에 따른 포장기계 : 구동부 방호 연동장치

② 법 제80조제2항에서 "고용노동부령으로 정하는 방호조치"란 다음 각 호의 방호조치를 말한다. ★

1. 작동 부분의 돌기부분은 묻힘형으로 하거나 덮개를 부착할 것
2. 동력전달부분 및 속도조절부분에는 덮개를 부착하거나 방호망을 설치할 것
3. 회전기계의 물림점(롤러나 톱니바퀴 등 반대방향의 두 회전체에 물려 들어가는 위험점)에는 덮개 또는 울을 설치할 것

③ 제1항 및 제2항에 따른 방호조치에 필요한 사항은 고용노동부장관이 정하여 고시한다.

■ **산업안전보건법 시행령 [별표 20]**

유해 · 위험 방지를 위한 방호조치가 필요한 기계 · 기구(제70조 관련)

1. 예초기
2. 원심기
3. 공기압축기
4. 금속절단기
5. 지게차
6. 포장기계(진공포장기, 래핑기로 한정한다)

→ **[암기법 : 예원공금지포(진공포장래핑)]**

영 제71조(대여자 등이 안전조치 등을 해야 하는 기계 · 기구 등) 법 제81조에서 "대통령령으로 정하는 기계·기구·설비 및 건축물 등"이란 별표 21에 따른 기계·기구·설비

및 건축물 등을 말한다.

■ **산업안전보건법 시행령 [별표 21] 〈개정 2021. 1. 5.〉**

대여자 등이 안전조치 등을 해야 하는 기계·기구·설비 및 건축물 등(제71조 관련)

[암기법 : 사이타/도모로스/파워드래그어스/고펌지리/버킷페이퍼//천항트렌치/클롤]

1. 사무실 및 공장용 건축물
2. 이동식 크레인
3. 타워크레인
4. 불도저
5. 모터 그레이더
6. 로더
7. 스크레이퍼
8. 스크레이퍼 도저
9. 파워 셔블
10. 드래그라인
11. 클램셸
12. 버킷굴착기
13. 트렌치
14. 항타기
15. 항발기
16. 어스드릴
17. 천공기
18. 어스오거
19. 페이퍼드레인머신
20. 리프트
21. 지게차
22. 롤러기
23. 콘크리트 펌프
24. 고소작업대
25. 그 밖에 산업재해보상보험및예방심의위원회 심의를 거쳐 고용노동부장관이 정하여 고시하는 기계, 기구, 설비 및 건축물 등

시행규칙 제100조(기계 등 대여자의 조치) 법 제81조에 따라 영 제71조 및 영 별표 21의 기계·기구·설비 및 건축물 등(이하 "기계등"이라 한다)을 타인에게 대여하는 자가 해야 할 유해·위험 방지조치는 다음 각 호와 같다. ★

1. 해당 기계등을 미리 점검하고 이상을 발견한 경우에는 즉시 보수하거나 그 밖

에 필요한 정비를 할 것

2. **해당 기계 등을 대여받은 자에게 다음 각 목의 사항을 적은 서면을 발급할 것**

가. 해당 기계 등의 성능 및 방호조치의 내용

나. 해당 기계 등의 특성 및 사용 시의 주의사항

다. 해당 기계 등의 수리·보수 및 점검 내역과 주요 부품의 제조일

라. 해당 기계 등의 정밀진단 및 수리 후 안전점검 내역, 주요 안전부품의 교환 이력 및 제조일

시행규칙 제101조(기계 등을 대여 받는 자의 조치) ① 법 제81조에 따라 기계등을 대여 받는 자는 그가 사용하는 근로자가 아닌 사람에게 해당 기계등을 조작하도록 하는 경우에는 다음 각 호의 조치를 해야 한다. 다만, 해당 기계등을 구입할 목적으로 기종(機種)의 선정 등을 위하여 일시적으로 대여받는 경우에는 그렇지 않다.

1. 해당 기계 등을 조작하는 사람이 관계 법령에서 정하는 자격이나 기능을 가진 사람인지 ( )할 것

2. **해당 기계 등을 조작하는 사람에게 다음 각 목의 사항을 주지시킬 것**

가. 작업의 내용

나. 지휘( )

다. 연락·신호 등의 방법

라. 운행경로, 제한속도, 그 밖에 해당 기계등의 운행에 관한 사항

마. 그 밖에 해당 기계등의 조작에 따른 산업재해를 방지하기 위하여 필요한 사항

② 타워크레인을 대여 받은 자는 다음 각 호의 조치를 해야 한다.

1. 타워크레인을 사용하는 작업 중에 타워크레인 장비 간 또는 타워크레인과 인접 구조물 간 충돌위험이 있으면 충돌방지장치를 설치하는 등 충돌방지를 위하여 필요한 조치를 할 것

2. 타워크레인 설치·해체 작업이 이루어지는 동안 작업과정 전반(全般)을 영상으로 기록하여 대여기간 동안 보관할 것

③ 해당 기계 등을 대여하는 자가 제100조제2호 각 목의 사항을 적은 서면을 발급하지 않는 경우 해당 기계 등을 대여 받은 자는 해당 사항에 대한 정보 제공을 요구할 수 있다.

④ 기계 등을 대여받은 자가 기계 등을 대여한 자에게 해당 기계 등을 반환하는 경우에는 해당 기계 등의 수리·보수 및 점검 내역과 부품교체 사항 등이 있는 경우 해당 사항에 대한 정보를 제공해야 한다.

제2절 안전인증

영 제74조(안전인증대상기계등) ① 법 제84조제1항에서 "대통령령으로 정하는 것"이란 다음 각 호의 어느 하나에 해당하는 것을 말한다.

1. 다음 각 목의 어느 하나에 해당하는 기계 또는 설비 → **[암기법 : 크리곤/전프압사/고롤]**
   가. 프레스
   나. 전단기 및 절곡기(折曲機)
   다. 크레인
   라. 리프트
   마. 압력용기
   바. 롤러기
   사. 사출성형기(射出成形機)
   아. 고소(高所) 작업대
   자. 곤돌라
2. 다음 각 목의 어느 하나에 해당하는 방호장치 → **[암기법 : 전프/양보/압안파/절방활선/방폭/가/산]**
   가. 프레스 및 전단기 방호장치
   나. 양중기용(揚重機用) 과부하 방지장치
   다. 보일러 압력방출용 안전밸브
   라. 압력용기 압력방출용 안전밸브
   마. 압력용기 압력방출용 파열판
   바. 절연용 방호구 및 활선작업용(活線作業用) 기구
   사. 방폭구조(防爆構造) 전기기계·기구 및 부품
   아. 추락·낙하 및 붕괴 등의 위험 방지 및 보호에 필요한 가설기자재로서 고용노동부장관이 정하여 고시하는 것
   자. 충돌·협착 등의 위험 방지에 필요한 산업용 로봇 방호장치로서 고용노동부장관이 정하여 고시하는 것
3. 다음 각 목의 어느 하나에 해당하는 보호구 → **[암기법 : 안전(4)/보안(2)/방(2)/보호복/송기/귀/전]**
   가. 추락 및 감전 위험방지용 안전모
   나. 안전화
   다. 안전장갑
   라. 방진마스크
   마. 방독마스크
   바. 송기(送氣)마스크
   사. 전동식 호흡보호구
   아. 보호복
   자. 안전대
   차. 차광(遮光) 및 비산물(飛散物) 위험방지용 보안경

카. 용접용 보안면

타. 방음용 귀마개 또는 귀덮개

② 안전인증대상기계등의 세부적인 종류, 규격 및 형식은 고용노동부장관이 정하여 고시한다.

시행규칙 제107조(안전인증대상기계등) 법 제84조제1항에서 "고용노동부령으로 정하는 안전인증대상기계등"이란 다음 각 호의 기계 및 설비를 말한다.

1. **설치 · 이전하는 경우 안전인증을 받아야 하는 기계 ★**

가. 크레인

나. 리프트

다. 곤돌라

2. **주요 구조 부분을 변경하는 경우 안전인증을 받아야 하는 기계 및 설비 ★**

가. 프레스

나. 전단기 및 절곡기(折曲機)

다. 크레인

라. 리프트

마. 압력용기

바. 롤러기

사. 사출성형기(射出成形機)

아. 고소(高所)작업대

자. 곤돌라

제84조(안전인증) ② 고용노동부장관은 다음 각 호의 어느 하나에 해당하는 경우에는 고용노동부령으로 정하는 바에 따라 제1항에 따른 **안전인증의 전부 또는 일부를 면제할 수 있다.**

1. 연구·개발을 목적으로 제조·수입하거나 수출을 목적으로 제조하는 경우
2. 고용노동부장관이 정하여 고시하는 외국의 안전인증기관에서 인증을 받은 경우
3. 다른 법령에 따라 안전성에 관한 검사나 인증을 받은 경우로서 고용노동부령으로 정하는 경우

시행규칙 제109조(안전인증의 면제) ① 법 제84조제1항에 따른 안전인증대상기계등(이하 "안전인증대상기계등" 이라 한다)이 다음 각 호의 어느 하나에 해당하는 경우에는 법 제84조제1항에 따른 **안전인증을 전부 면제한다.**

1. 연구·개발을 목적으로 제조·수입하거나 수출을 목적으로 제조하는 경우
2. 「건설기계관리법」 제13조제1항제1호부터 제3호까지에 따른 검사를 받은 경우 또는 같은 법 제18조에 따른 형식승인을 받거나 같은 조에 따른 형식신고를 한 경우
3. 「고압가스 안전관리법」 제17조제1항에 따른 검사를 받은 경우

4. 「광산안전법」 제9조에 따른 검사 중 광업시설의 설치공사 또는 변경공사가 완료되었을 때에 받는 검사를 받은 경우
5. 「방위사업법」 제28조제1항에 따른 품질보증을 받은 경우
6. 「선박안전법」 제7조에 따른 검사를 받은 경우
7. 「에너지이용 합리화법」 제39조제1항 및 제2항에 따른 검사를 받은 경우
8. 「원자력안전법」 제16조제1항에 따른 검사를 받은 경우
9. 「위험물안전관리법」 제8조제1항 또는 제20조제2항에 따른 검사를 받은 경우
10. 「전기사업법」 제63조에 따른 검사를 받은 경우
11. 「항만법」 제26조제1항제1호·제2호 및 제4호에 따른 검사를 받은 경우
12. 「화재예방, 소방시설 설치·유지 및 안전관리에 관한 법률」 제36조제1항에 따른 형식승인을 받은 경우

② 안전인증대상기계등이 다음 각 호의 어느 하나에 해당하는 인증 또는 시험을 받았거나 그 일부 항목이 법 제83조제1항에 따른 안전인증기준(이하 "안전인증기준"이라 한다)과 같은 수준 이상인 것으로 인정되는 경우에는 **해당 인증 또는 시험이나 그 일부 항목에 '한정'하여** 법 제84조제1항에 따른 안전인증을 **면제한다**. ★
1. 고용노동부장관이 정하여 고시하는 외국의 안전인증기관에서 인증을 받은 경우
2. 국제전기기술위원회(IEC)의 국제방폭전기기계·기구 상호인정제도(IECEx Scheme)에 따라 인증을 받은 경우
3. 「국가표준기본법」에 따른 시험·검사기관에서 실시하는 시험을 받은 경우
4. 「산업표준화법」 제15조에 따른 인증을 받은 경우
5. 「전기용품 및 생활용품 안전관리법」 제5조에 따른 안전인증을 받은 경우

③ 안전인증대상기계등이 아닌 유해·위험기계등을 제조하거나 수입하는 자가 그 유해·위험기계등의 안전에 관한 성능 등을 평가받으려면 고용노동부장관에게 안전인증을 신청할 수 있다. 이 경우 고용노동부장관은 안전인증기준에 따라 안전인증을 할 수 있다. ★
④ 고용노동부장관은 제1항 및 제3항에 따른 안전인증(이하 "안전인증"이라 한다)을 받은 자가 안전인증기준을 지키고 있는지를 3년 이하의 범위에서 고용노동부령으로 정하는 주기마다 확인하여야 한다. 다만, 제2항에 따라 안전인증의 일부를 면제받은 경우에는 고용노동부령으로 정하는 바에 따라 확인의 전부 또는 일부를 생략할 수 있다.

시행규칙 제111조(확인의 방법 및 주기 등) ① 안전인증기관은 법 제84조제4항에 따라 안전인증을 받은 자에 대하여 다음 각 호의 사항을 확인해야 한다.
1. 안전인증서에 적힌 제조 사업장에서 해당 유해·위험기계등을 생산하고 있는지 여부
2. 안전인증을 받은 유해·위험기계등이 안전인증기준에 적합한지 여부(심사의 종류

및 방법은 제110조제1항제4호를 준용한다)

3. 제조자가 안전인증을 받을 당시의 기술능력·생산체계를 지속적으로 유지하고 있는지 여부
4. 유해·위험기계등이 서면심사 내용과 같은 수준 이상의 재료 및 부품을 사용하고 있는지 여부

② 법 제84조제4항에 따라 안전인증기관은 안전인증을 받은 자가 안전인증기준을 지키고 있는지를 **2년에 1회 이상 확인**해야 한다. 다만, 다음 각 호의 **모두에 해당하는 경우**에는 3년에 1회 이상 확인할 수 있다. ★

1. 최근 (   )년 동안 법 제86조제1항에 따라 안전인증이 취소되거나 안전인증표시의 사용금지 또는 시정명령을 받은 사실이 없는 경우
2. 최근 (   )회의 확인 결과 기술능력 및 생산체계가 고용노동부장관이 정하는 기준 이상인 경우

⑤ 제1항에 따라 안전인증을 받은 자는 안전인증을 받은 안전인증대상기계등에 대하여 고용노동부령으로 정하는 바에 따라 제품명·모델명·제조수량·판매수량 및 판매처 현황 등의 사항을 기록하여 보존하여야 한다. ★

시행규칙 제110조(안전인증 심사의 종류 및 방법) ① 유해·위험기계등이 안전인증기준에 적합한지를 확인하기 위하여 안전인증기관이 하는 심사는 다음 각 호와 같다. ★

→ [암기법 : 예/서/기생/제품(개별/형식별)]

1. 예비심사 : 기계 및 방호장치·보호구가 유해·위험기계등 인지를 확인하는 심사(법 제84조제3항에 따라 안전인증을 신청한 경우만 해당한다)
2. 서면심사 : 유해·위험기계등의 종류별 또는 형식별로 설계도면 등 유해·위험기계등의 제품기술과 관련된 **문서**가 안전인증기준에 적합한지에 대한 심사
3. 기술능력 및 생산체계 심사: 유해·위험기계등의 **안전성능**을 지속적으로 유지·보증하기 위하여 사업장에서 갖추어야 할 기술능력과 생산체계가 안전인증기준에 적합한지에 대한 심사. 다만, 다음 각 목의 어느 하나에 해당하는 경우에는 기술능력 및 생산체계 심사를 생략한다.
   가. 영 제74조제1항제2호 및 제3호에 따른 방호장치 및 보호구를 고용노동부장관이 정하여 고시하는 수량 이하로 수입하는 경우
   나. 제4호가목의 개별 제품심사를 하는 경우
   다. 안전인증(제4호나목의 형식별 제품심사를 하여 안전인증을 받은 경우로 한정한다)을 받은 후 같은 공정에서 제조되는 같은 종류의 안전인증대상기계등에 대하여 안전인증을 하는 경우
4. 제품심사 : **유해·위험기계등이 서면심사 내용과 일치하는지와 유해·위험기계등의 안전에 관한 성능이 안전인증기준에 적합한지에 대한 심사**. 다만, 다음 각

목의 심사는 유해·위험기계등별로 고용노동부장관이 정하여 고시하는 기준에 따라 어느 하나만을 받는다.

가. 개별 제품심사 : 서면심사 결과가 안전인증기준에 적합할 경우에 유해·위험기계등 모두에 대하여 하는 심사(안전인증을 받으려는 자가 서면심사와 개별 제품심사를 동시에 할 것을 요청하는 경우 병행할 수 있다)

나. 형식별 제품심사 : 서면심사와 기술능력 및 생산체계 심사 결과가 안전인증기준에 적합할 경우에 유해·위험기계등의 형식별로 표본을 추출하여 하는 심사(안전인증을 받으려는 자가 서면심사, 기술능력 및 생산체계 심사와 형식별 제품심사를 동시에 할 것을 요청하는 경우 병행할 수 있다)

② 제1항에 따른 유해·위험기계등의 종류별 또는 형식별 심사의 절차 및 방법은 고용노동부장관이 정하여 고시한다.

③ 안전인증기관은 제108조제1항에 따라 안전인증 신청서를 제출받으면 다음 각 호의 구분에 따른 심사 종류별 기간 내에 심사해야 한다. 다만, 제품심사의 경우 처리기간 내에 심사를 끝낼 수 없는 부득이한 사유가 있을 때에는 15일의 범위에서 심사기간을 연장할 수 있다. ★

1. 예비심사 : 7일
2. 서면심사: 15일(외국에서 제조한 경우는 30일)
3. 기술능력 및 생산체계 심사: 30일(외국에서 제조한 경우는 45일)
4. 제품심사
   가. 개별 제품심사: 15일
   나. 형식별 제품심사: 30일(영 제74조제1항제2호사목의 방호장치와 같은 항 제3호가목부터 아목까지의 보호구는 60일)
   → [방폭구조(防爆構造) 전기기계·기구 및 부품은 60일/보호구 60일. 그러나 이 중 차광(遮光) 및 비산물(飛散物) 위험방지용 보안경, 용접용 보안면, 방음용 귀마개 또는 귀덮개는 30일]

제86조(안전인증의 취소 등) ① 고용노동부장관은 안전인증을 받은 자가 다음 각 호의 어느 하나에 해당하면 안전인증을 취소하거나 6개월 이내의 기간을 정하여 안전인증표시의 사용을 금지하거나 안전인증기준에 맞게 시정하도록 명할 수 있다. **다만, 제1호의 경우에는 안전인증을 취소하여야 한다.**

1. 거짓이나 그 밖의 부정한 방법으로 안전인증을 받은 경우
2. 안전인증을 받은 유해·위험기계등의 안전에 관한 성능 등이 안전인증기준에 맞지 아니하게 된 경우
3. 정당한 사유 없이 제84조제4항에 따른 확인을 거부, 방해 또는 기피하는 경우

② 고용노동부장관은 제1항에 따라 안전인증을 취소한 경우에는 고용노동부령으로 정하는 바에 따라 그 사실을 관보 등에 공고하여야 한다.

③ 제1항에 따라 안전인증이 취소된 자는 안전인증이 취소된 날부터 (**)년** 이내에는 취소된 유해·위험기계등에 대하여 안전인증을 신청할 수 없다. ★

제3절 자율안전확인의 신고

제89조(자율안전확인의 신고) ① 안전인증대상기계등이 아닌 유해·위험기계등으로서 대통령령으로 정하는 것(이하 "자율안전확인대상기계등"이라 한다)을 제조하거나 수입하는 자는 자율안전확인대상기계등의 안전에 관한 성능이 고용노동부장관이 정하여 고시하는 안전기준(이하 "자율안전기준"이라 한다)에 맞는지 확인(이하 "자율안전확인"이라 한다)하여 고용노동부장관에게 신고(신고한 사항을 변경하는 경우를 포함한다)하여야 한다. 다만, 다음 각 호의 어느 하나에 해당하는 경우에는 **신고를 면제할 수 있다.**

1. 연구·개발을 목적으로 제조·수입하거나 수출을 목적으로 제조하는 경우
2. 제84조제3항에 따른 안전인증을 받은 경우(제86조제1항에 따라 안전인증이 취소되거나 안전인증표시의 사용 금지 명령을 받은 경우는 제외한다)
3. 다른 법령에 따라 안전성에 관한 검사나 인증을 받은 경우로서 고용노동부령으로 정하는 경우

영 제77조(자율안전확인대상기계등) ① 법 제89조제1항 각 호 외의 부분 본문에서 "대통령령으로 정하는 것"이란 다음 각 호의 어느 하나에 해당하는 것을 말한다.

1. 다음 각 목의 어느 하나에 해당하는 기계 또는 설비 → **[암기법 : 공고자식/컨산인연/파혼]**
   가. 연삭기(研削機) 또는 연마기. 이 경우 휴대형은 제외한다.
   나. 산업용 로봇
   다. 혼합기
   라. 파쇄기 또는 분쇄기
   마. 식품가공용 기계(파쇄·절단·혼합·제면기만 해당한다)
   바. 컨베이어
   사. 자동차정비용 리프트
   아. 공작기계(선반, 드릴기, 평삭·형삭기, 밀링만 해당한다)
   자. 고정형 목재가공용 기계(둥근톱, 대패, 루타기, 띠톱, 모떼기 기계만 해당한다)
   차. 인쇄기
2. 다음 각 목의 어느 하나에 해당하는 방호장치 → **[암기법 : 목동아가/교가/연롤]**
   가. 아세틸렌 용접장치용 또는 가스집합 용접장치용 안전기
   나. 교류 아크용접기용 자동전격방지기
   다. 롤러기 급정지장치
   라. 연삭기 덮개
   마. 목재 가공용 둥근톱 반발 예방장치와 날 접촉 예방장치

바. 동력식 수동대패용 칼날 접촉 방지장치

사. 추락·낙하 및 붕괴 등의 위험 방지 및 보호에 필요한 가설기자재(제74조제1항제2호아목의 가설기자재는 제외한다)로서 고용노동부장관이 정하여 고시하는 것

3. 다음 각 목의 어느 하나에 해당하는 보호구 → **[암기법 : 모자안경보안면]**

가. 안전모(제74조제1항제3호가목의 안전모는 제외한다)

나. 보안경(제74조제1항제3호차목의 보안경은 제외한다)

다. 보안면(제74조제1항제3호카목의 보안면은 제외한다)

② 자율안전확인대상기계등의 세부적인 종류, 규격 및 형식은 고용노동부장관이 정하여 고시한다.

시행규칙 제119조(신고의 면제) 법 제89조제1항제3호에서 "고용노동부령으로 정하는 경우"란 다음 각 호의 어느 하나에 해당하는 경우를 말한다. ★

1. 「농업기계화촉진법」 제9조에 따른 검정을 받은 경우
2. 「산업표준화법」 제15조에 따른 인증을 받은 경우
3. 「전기용품 및 생활용품 안전관리법」 제5조 및 제8조에 따른 안전인증 및 안전검사를 받은 경우
4. 국제전기기술위원회의 국제방폭전기기계·기구 상호인정제도에 따라 인증을 받은 경우

시행규칙 제122조(자율안전확인 표시의 사용 금지 공고내용 등) ① 지방고용노동관서의 장은 법 제91조제1항에 따라 자율안전확인표시의 사용을 금지한 경우에는 이를 고용노동부장관에게 보고해야 한다.

② 고용노동부장관은 법 제91조제3항에 따라 **자율안전확인표시 사용을 금지한 날부터 30일 이내에 다음 각 호의 사항을 관보나 인터넷 등에 공고해야 한다.**

1. 자율안전확인대상기계등의 명칭 및 형식번호
2. 자율안전확인번호
3. 제조자(수입자)
4. 사업장 소재지
5. 사용금지 기간 및 사용금지 사유

제4절 안전검사

제93조(안전검사) ① 유해하거나 위험한 기계·기구·설비로서 대통령령으로 정하는 것(이하 "안전검사대상기계등"이라 한다)을 사용하는 사업주(근로자를 사용하지 아니하고 사업을 하는 자를 포함한다. 이하 이 조, 제94조, 제95조 및 제98조에서 같다)는 안전검사대상기계등의 안전에 관한 성능이 고용노동부장관이 정하여 고시하는 검사기준에 맞는지에 대하여 고용노동부장관이 실시하는 검사(이하 "안전검사"라 한다)를 받아야 한다. 이 경우 안전검사대상기계등을 사용하는 사업주와 소유자가 다른 경우에는 안

전검사대상기계등의 소유자가 안전검사를 받아야 한다.

② 제1항에도 불구하고 안전검사대상기계등이 다른 법령에 따라 안전성에 관한 검사나 인증을 받은 경우로서 고용노동부령으로 정하는 경우에는 안전검사를 면제할 수 있다.

③ 안전검사의 신청, 검사 주기 및 검사합격 표시방법, 그 밖에 필요한 사항은 고용노동부령으로 정한다. 이 경우 검사 주기는 안전검사대상기계등의 종류, 사용연한(使用年限) 및 위험성을 고려하여 정한다.

영 제78조(안전검사대상기계등) ① 법 제93조제1항 전단에서 "대통령령으로 정하는 것"이란 다음 각 호의 어느 하나에 해당하는 것을 말한다. → **[암기법 : 크리곤/전프압사/고롤/컨산원국/(제외)국사롤크/(해당)원고]**

1. 프레스
2. 전단기
3. 크레인(정격 하중이 2톤 미만인 것은 제외한다)
4. 리프트
5. 압력용기
6. 곤돌라
7. 국소 배기장치(이동식은 제외한다)
8. 원심기(산업용만 해당한다)
9. 롤러기(밀폐형 구조는 제외한다)
10. 사출성형기[형 체결력(型 締結力) 294킬로뉴턴(KN) 미만은 제외한다]
11. 고소작업대(「자동차관리법」 제3조제3호 또는 제4호에 따른 화물자동차 또는 특수자동차에 탑재한 고소작업대로 한정한다)
12. 컨베이어
13. 산업용 로봇

② 법 제93조제1항에 따른 안전검사대상기계등의 세부적인 종류, 규격 및 형식은 고용노동부장관이 정하여 고시한다.

시행규칙 제4절 안전검사

시행규칙 제124조(안전검사의 신청 등) ① 법 제93조제1항에 따라 안전검사를 받아야 하는 자는 별지 제50호서식의 안전검사 신청서를 제126조에 따른 검사 주기 만료일 ( )일 전에 영 제116조제2항에 따라 안전검사 업무를 위탁받은 기관(이하 "안전검사기관"이라 한다)에 제출(전자문서로 제출하는 것을 포함한다)해야 한다.

② 제1항에 따른 안전검사 신청을 받은 안전검사기관은 검사 주기 만료일 전후 각각 ( )일 이내에 해당 기계·기구 및 설비별로 안전검사를 해야 한다. 이 경우 해당 검사기간 이내에 검사에 합격한 경우에는 검사 주기 만료일에 안전검사를 받은

것으로 본다.

시행규칙 제125조(안전검사의 면제) 법 제93조제2항에서 "고용노동부령으로 정하는 경우"란 다음 각 호의 어느 하나에 해당하는 경우를 말한다.

1. 「건설기계관리법」 제13조제1항제1호·제2호 및 제4호에 따른 검사를 받은 경우(안전검사 주기에 해당하는 시기의 검사로 한정한다)
2. 「고압가스 안전관리법」 제17조제2항에 따른 검사를 받은 경우
3. 「광산안전법」 제9조에 따른 검사 중 광업시설의 설치·변경공사 완료 후 일정한 기간이 지날 때마다 받는 검사를 받은 경우
4. 「선박안전법」 제8조부터 제12조까지의 규정에 따른 검사를 받은 경우
5. 「에너지이용 합리화법」 제39조제4항에 따른 검사를 받은 경우
6. 「원자력안전법」 제22조제1항에 따른 검사를 받은 경우
7. 「위험물안전관리법」 제18조에 따른 정기점검 또는 정기검사를 받은 경우
8. 「전기사업법」 제65조에 따른 검사를 받은 경우
9. 「항만법」 제26조제1항제3호에 따른 검사를 받은 경우
10. 「화재예방, 소방시설 설치·유지 및 안전관리에 관한 법률」 제25조제1항에 따른 자체점검 등을 받은 경우
11. 「화학물질관리법」 제24조제3항 본문에 따른 정기검사를 받은 경우

시행규칙 제126조(안전검사의 주기와 합격표시 및 표시방법) ① 법 제93조제3항에 따른 안전검사대상기계등의 안전검사 주기는 다음 각 호와 같다. ★

1. 크레인(이동식 크레인은 제외한다), 리프트(이삿짐운반용 리프트는 제외한다) 및 곤돌라 : 사업장에 설치가 끝난 날부터 3년 이내에 최초 안전검사를 실시하되, 그 이후부터 2년마다(건설현장에서 사용하는 것은 최초로 설치한 날부터 6개월마다)
2. 이동식 크레인, 이삿짐운반용 리프트 및 고소작업대: 「자동차관리법」 제8조에 따른 신규등록 이후 3년 이내에 최초 안전검사를 실시하되, 그 이후부터 2년마다
3. 프레스, 전단기, 압력용기, 국소 배기장치, 원심기, 롤러기, 사출성형기, 컨베이어 및 산업용 로봇: 사업장에 설치가 끝난 날부터 3년 이내에 최초 안전검사를 실시하되, 그 이후부터 2년마다(공정안전보고서를 제출하여 확인을 받은 압력용기는 4년마다)

② 법 제93조제3항에 따른 안전검사의 합격표시 및 표시방법은 별표 16과 같다.

시행규칙 제130조(검사원의 자격) 법 제98조 제1항(자율안전검사) 제1호 및 제2호에서 "고용노동부령으로 정하는 안전에 관한 성능검사와 관련된 자격 및 경험을 가진 사람" 및 "고용노동부령으로 정하는 바에 따라 안전에 관한 성능검사 교육을 이수하고 해당 분야의 실무경험이 있는 사람"(이하 "검사원"이라 한다)이란 다음 각 호의 어느 하나에 해당하는 사람을 말한다. ★

1. 「국가기술자격법」에 따른 기계·전기·전자·화공 또는 산업안전 분야에서 기사 이상의 자격을 취득한 후 해당 분야의 실무경력이 3년 이상인 사람
2. 「국가기술자격법」에 따른 기계·전기·전자·화공 또는 산업안전 분야에서 산업기사 이상의 자격을 취득한 후 해당 분야의 실무경력이 5년 이상인 사람
3. 「국가기술자격법」에 따른 기계·전기·전자·화공 또는 산업안전 분야에서 기능사 이상의 자격을 취득한 후 해당 분야의 실무경력이 7년 이상인 사람
4. 「고등교육법」 제2조에 따른 학교 중 수업연한이 4년인 학교(같은 법 및 다른 법령에 따라 이와 같은 수준 이상의 학력이 인정되는 학교를 포함한다)에서 기계·전기·전자·화공 또는 산업안전 분야의 관련 학과를 졸업한 후 해당 분야의 실무경력이 3년 이상인 사람
5. 「고등교육법」에 따른 학교 중 제4호에 따른 학교 외의 학교(같은 법 및 다른 법령에 따라 이와 같은 수준 이상의 학력이 인정되는 학교를 포함한다)에서 기계·전기·전자·화공 또는 산업안전 분야의 관련 학과를 졸업한 후 해당 분야의 실무경력이 5년 이상인 사람
6. 「초·중등교육법」 제2조제3호에 따른 고등학교·고등기술학교에서 기계·전기 또는 전자·화공 관련 학과를 졸업한 후 해당 분야의 실무경력이 7년 이상인 사람
7. 법 제98조제1항에 따른 자율검사프로그램(이하 "자율검사프로그램"이라 한다)에 따라 안전에 관한 성능검사 교육을 이수한 후 해당 분야의 실무경력이 (   )년 이상인 사람

정 답

압력방출장치, 확인, 지휘계통, 3년, 2회, 1년, 30일, 30일, 1년

■ 산업안전보건법 시행규칙 [별표 15]

안전인증대상기계등이 아닌 유해·위험기계등의 안전인증의 표시 및 표시방법

(제114조제2항 관련)

1. 표시

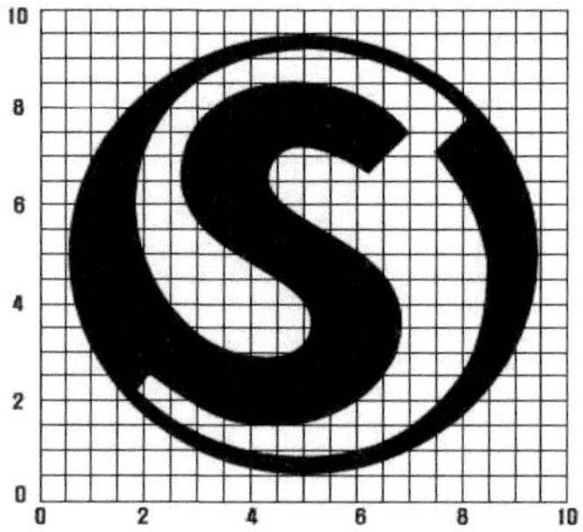

■ 산업안전보건법 시행규칙 [별표 14]

안전인증 및 자율안전확인의 표시 및 표시방법

(제114조제1항 및 제121조 관련)

1. 표시

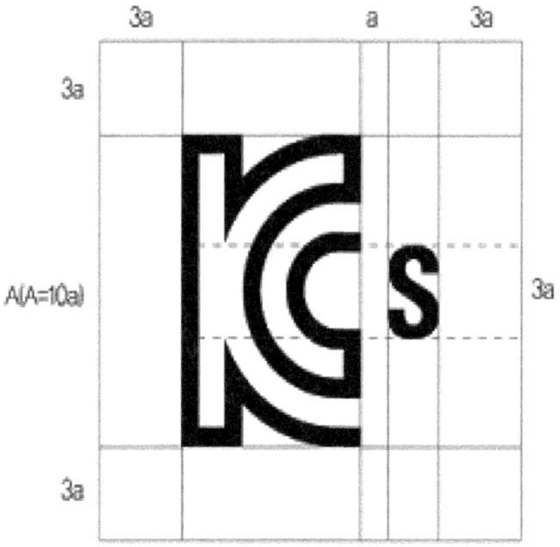

안전인증 면제	자율안전확인신고의 면제
외국/국산전기방폭	**농산전기방폭**
시행규칙 109조(안전인증의 면제) ② 안전인증대상기계등이 다음 각 호의 어느 하나에 해당하는 인증 또는 시험을 받았거나 그 일부 항목이 법 제83조제1항에 따른 안전인증기준(이하 "안전인증기준"이라 한다)과 같은 수준 이상인 것으로 인정되는 경우에는 **해당 인증**	**시행규칙 제119조(신고의 면제)** 법 제89조제1항제3호에서 "고용노동부령으로 정하는 경우"란 다음 각 호의 어느 하나에 해당하는 경우를 말한다. 1. 「농업기계화촉진법」 제9조에 따른 검정을 받은 경우

또는 시험이나 그 일부 항목에 '한정'하여 법 제84조제1항에 따른 안전인증을 면제한다. ★ 1. 고용노동부장관이 정하여 고시하는 외국의 안전인증기관에서 인증을 받은 경우 2. 국제전기기술위원회(IEC)의 국제방폭전기기계·기구 상호인정제도(IECEx Scheme)에 따라 인증을 받은 경우 3. 「국가표준기본법」에 따른 시험·검사기관에서 실시하는 시험을 받은 경우 4. 「산업표준화법」 제15조에 따른 인증을 받은 경우 5. 「전기용품 및 생활용품 안전관리법」 제5조에 따른 안전인증을 받은 경우	2. 「산업표준화법」 제15조에 따른 인증을 받은 경우 3. 「전기용품 및 생활용품 안전관리법」 제5조 및 제8조에 따른 안전인증 및 안전검사를 받은 경우 4. 국제전기기술위원회의 국제방폭전기기계·기구 상호인정제도에 따라 인증을 받은 경우

기 출 1

산업안전보건법령상 안전인증에 관한 설명으로 옳은 것은?

① 연구·개발을 목적으로 안전인증대상기계·기구 등을 제조하는 경우에도 안전인증을 받아야 한다.
② 고용노동부장관은 안전인증을 받은 자가 안전인증기준을 지키고 있는지를 5년을 주기로 확인하여야 한다.
③ 곤돌라를 설치·이전하는 경우뿐만 아니라 그 주요 구조 부분을 변경하는 경우에도 안전인증을 받아야 한다.
④ 서면심사와 기술능력 및 생산체계 심사 결과가 안전인증기준에 적합할 경우에 유해·위험한 기계·기구·설비 등의 표본을 추출하여 하는 심사를 개별 제품심사라고 한다.
⑤ 예비심사의 경우 안전인증 신청서를 제출받은 안전인증기관은 7일 이내에 심사하여야 하며 부득이한 사유가 있을 때에는 15일의 범위에서 심사기간을 연장할 수 있다.

정 답

③

기 출 2

산업안전보건법령상 안전인증 대상 기계기구 등에 해당하지 않는 것은?

① 산업용 로봇
② 크레인
③ 프레스
④ 압력용기
⑤ 곤돌라

정 답

①

기 출 3

산업안전보건법령상 자율안전확인대상 기계 · 기구 등에 해당하는 것을 모두 고른 것은?

ㄱ. 휴대용 연마기	ㄴ. 인쇄기
ㄷ. 컨베이어	ㄹ. 식품가공용기계 중 제면기
ㅁ. 공작기계 중 평삭·형삭기	

① ㄱ, ㄴ
② ㄴ, ㄷ
③ ㄱ, ㄷ, ㅁ
④ ㄷ, ㄹ, ㅁ
⑤ ㄴ, ㄷ, ㄹ, ㅁ

정 답

⑤

기 출 4

산업안전보건법령상 안전검사에 관한 설명으로 옳지 않은 것은?

① 프레스, 전단기, 이동식 국소배기장치 등 유해·위험기계 등을 사용하는 사업주는 유해·위험기계 등의 안전에 관한 성능이 검사기준에 맞는지에 대하여 안전검사를 받아야 한다.
② 안전검사를 받아야 할 유해·위험기계 등을 사용하는 사업주와 소유자가 다른 경우에는 해당 유해·위험기계 등을 사용하는 사업주가 아닌 소유자가 안전검사를 받아야 한다.
③ 안전검사 대상인 크레인, 리프트 및 곤돌라의 검사주기는 사업장에 설치가 끝난 날부터 3년 이내에 최초 안전검사를 실시하되, 그 이후부터는 2년마다 실시하여야 한다.
④ 위 ③항의 안전검사 대상 기계·기구를 건설현장에 사용하는 경우에는 최초로 설치한 날부터 6개월마다 안전검사를 실시하여야 힌다.
⑤ 안전검사 대상인 프레스, 전단기의 검사주기는 사업장에 설치가 끝난 날부터 3년 이내에 최초 안전검사를 실시하되, 그 이후부터는 2년마다 실시하여야 한다.

정 답

①

기 출 5

산업안전보건법령상 자율안전확인의 신고를 면제할 수 있는 경우가 아닌 것은?

① 「산업안전보건법」에 따라 안전인증을 받은 경우로서 안전인증표시의 사용금지명령을 받은 경우가 아닌 경우
② 「농업기계화촉진법」에 따른 검정을 받은 경우
③ 「산업표준화법」에 따른 인증을 받은 경우
④ 「전기용품 및 생활용품 안전관리법」에 따른 안전인증 및 안전검사를 받은 경우
⑤ 고용노동부장관이 정하여 고시하는 외국의 안전인증기관에서 인증을 받은 경우

정 답

⑤

기 출 6

산업안전보건법령상 자율안전확인의 신고 및 자율안전확인대상 기계 · 기구 등에 관한 설명으로 옳지 않은 것은?

① 휴대용 연마기는 자율안전확인대상 기계·기구 등에 해당하지 않는다.
② 연구·개발을 목적으로 산업용 로봇을 제조하는 경우에는 신고를 면제할 수 있다.
③ 파쇄·절단·혼합·제면기가 아닌 식품가공용기계는 자율안전확인대상 기계·기구 등에 해당하지 않는다.
④ 자동차정비용 리프트에 대하여 안전인증을 받은 경우에는 그 안전인증이 취소되거나 안전인증표시의 사용 금지 명령을 받은 경우라도 신고를 면제할 수 있다.
⑤ 인쇄기에 대하여 고용노동부령으로 정하는 다른 법령에서 안전성에 관한 검사나 인증을 받은 경우에는 신고를 면제할 수 있다.

정 답

④

기 출 7

산업안전보건법령상 자율검사프로그램에 따른 안전검사를 할 수 있는 검사원의 자격을 갖추지 못한 사람은?

① 「국가기술자격법」에 따른 기계·전기·전자·화공 또는 산업안전 분야에서 기사 이상의 자격을 취득한 후 해당 분야의 실무경력이 4년인 사람
② 「국가기술자격법」에 따른 기계·전기·전자·화공 또는 산업안전 분야에서 산업기사 이상의 자격을 취득한 후 해당 분야의 실무경력이 6년인 사람
③ 「초·중등교육법」에 따른 고등학교·고등기술학교에서 기계·전기 또는 전자·화공 관련 학과를 졸업한 후 해당 분야의 실무경력이 6년인 사람
④ 「고등교육법」에 따른 학교 중 수업연한이 4년인 학교에서 기계·전기·전자·화공 또는 산업안전 분야의 관련 학과를 졸업한 후 해당 분야의 실무경력이 4년인 사람
⑤ 「국가기술자격법」에 따른 기계·전기·전자·화공 또는 산업안전 분야에서 기능사 이상의 자격을 취득한 후 해당 분야의 실무경력이 8년인 사람

정 답

③

기출 8

산업안전보건법령상 기계 등 대여자의 유해위험 방지 조치로서 타인에게 기계 등을 대여하는 자가 해당 기계 등을 대여 받은 자에게 서면으로 발급해야 할 사항을 모두 고른 것은?

ㄱ. 해당 기계 등의 성능 및 방호조치의 내용
ㄴ. 해당 기계 등의 특성 및 사용 시의 주의사항
ㄷ. 해당 기계 등의 수리·보수 및 점검 내역과 주요 부품의 제조일
ㄹ. 해당 기계 등의 정밀진단 및 수리 후 안전점검 내역, 주요 안전부품의 교환이력 및 제조일

① ㄱ, ㄹ
② ㄴ, ㄷ
③ ㄷ, ㄹ
④ ㄱ, ㄴ, ㄷ
⑤ ㄱ, ㄴ, ㄷ, ㄹ

정 답

⑤

기출 9

산업안전보건법령상 유해하거나 위험한 기계·기구·설비로서 안전검사대상 기계 등에 해당하는 것은?

① 정격하중 1톤인 크레인
② 이동식 국소배기장치
③ 밀폐형 구조의 롤러기
④ 가정용 원심기
⑤ 산업용 로봇

정 답

⑤

기 출 10

산업안전보건법령상 불도저를 대여 받는 자가 그가 사용하는 근로자가 아닌 사람에게 불도저를 조작하도록 하는 경우 그 사람에게 주지시켜야 할 사항으로 명시되지 않은 것은?

① 작업의 내용
② 자격증 확인
③ 지휘계통
④ 연락·신호 등의 방법
⑤ 제한속도

정 답

②

기 출 11

산업안전보건법령상 안전검사에 관한 설명으로 옳지 않은 것은?

① 유해·위험기계 등을 사용하는 사업주와 소유자가 다른 경우에는 유해·위험기계 등을 사용하는 소유자가 안전검사를 받아야 한다.
② 이삿짐운반용 리프트의 최초 안전검사는 「자동차관리법」에 따른 신규등록 이후 3년 이내에 실시하여야 한다.
③ 안전검사 신청을 받은 안전검사기관은 30일 이내에 해당 기계·기구 및 설비별로 안전검사를 하여야 한다.
④ 안전검사에 합격한 유해·위험기계 등을 사용하는 사업주는 그 유해·위험기계 등이 안전검사에 합격한 것임을 나타내는 표시를 하여야 한다.
⑤ 안전검사를 받아야 하는 자가 자율검사프로그램을 정하고 고용노동부장관의 인정을 받아 그에 따라 유해·위험기계 등의 안전에 관한 성능검사를 하면 안전검사를 받은 것으로 보며, 이 경우 자율검사프로그램의 유효기간은 3년으로 한다.

정 답

⑤

기 출 12

산업안전보건법령상 안전인증에 관한 설명으로 옳은 것은?

① 연구·개발을 목적으로 안전인증대상 기계·기구 등을 제조하는 경우에도 안전인증을 받아야 한다.
② 고용노동부장관은 안전인증을 받은 자가 안전인증기준을 지키고 있는지를 2년을 주기로 확인하여야 한다.
③ 프레스를 설치·이전하는 경우뿐만 아니라 그 주요 구조부분을 변경하는 경우에도 안전인증을 받아야 한다.
④ 서면심사와 기술능력 및 생산체계 심사 결과가 안전인증기준에 적합할 경우에 유해·위험한 기계·기구·설비 등의 표본을 추출하여 하는 심사를 개별 제품심사라고 한다.
⑤ 예비심사의 경우 안전인증 신청서를 제출받은 안전인증기관은 7일 이내에 심사하여야 하며 부득이한 사유가 있을 때에는 15일의 범위에서 심사기간을 연장할 수 있다.

정 답

②

기 출 13

산업안전보건법령상 자율안전확인의 신고에 관한 설명으로 옳지 않은 것은?

① 「산업표준화법」제15조에 따른 인증을 받은 경우에는 자율안전확인의 신고를 면제할 수 있다.
② 롤러기 급정지장치는 자율안전확인대상기계등에 해당한다.
③ 자율안전확인의 표시는 「국가표준기본법 시행령」 제15조의7 제1항에 따른 표시기준 및 방법에 따른다.
④ 자율안전확인 표시의 사용 금지 공고내용에 사업장 소재지가 포함되어야 한다.
⑤ 고용노동부장관은 자율안전확인표시의 사용을 금지한 날부터 20일 이내에 그 사실을 관보 등에 공고하여야 한다.

정 답

⑤

예 상 1

산업안전보건법령상 기계 등을 대여 받는 자는 그가 사용하는 근로자가 아닌 사람에게 해당 기계 등을 조작하도록 하는 경우, 해당 기계 등을 조작하는 사람에게 주지시켜야 하는 것을 모두 고른 것은?

ㄱ. 해당 기계 등을 조작하는 사람이 관계 법령에서 정하는 자격이나 기능을 가진 사람인지 확인할 것
ㄴ. 작업의 내용
ㄷ. 지휘계통
ㄹ. 연락·신호등의 방법
ㅁ. 운행경로, 제한속도, 그 밖에 해당 기계 등의 운행에 관한 사항

① ㄱ
② ㄷ, ㄹ
③ ㄱ, ㄴ, ㄷ, ㄹ
④ ㄴ, ㄷ, ㄹ, ㅁ
⑤ ㄱ, ㄴ, ㄷ, ㄹ, ㅁ

정 답

④

예 상 2

산업안전보건법령상 안전인증대상기계 등이 인증 또는 시험을 받았거나 그 일부 항목이 안전인증기준과 같은 수준 이상인 것으로 인정되는 경우에는 해당 인증 또는 시험이나 그 일부 항목에 한정하여 안전인증을 면제한다. 이러한 안전인증 면제에 해당하는 것이 아닌 것은?

① 「국가표준기본법」에 따른 시험·검사기관에서 실시하는 시험을 받은 경우
② 「농업기계화촉진법」에 따른 검정을 받은 경우
③ 「산업표준화법」에 따른 인증을 받은 경우
④ 「전기용품 및 생활용품 안전관리법」에 따른 안전인증을 받은 경우
⑤ 국제전기기술위원회(IEC)의 국제방폭전기기계·기구 상호인정제도(IECEx Scheme)에 따라 인증을 받은 경우

정 답

②

제7장 유해 · 위험물질에 대한 조치

제108조(신규화학물질의 유해성 · 위험성 조사) ① 대통령령으로 정하는 화학물질 외의 화학물질(이하 "신규화학물질"이라 한다)을 제조하거나 수입하려는 자(이하 "신규화학물질제조자등"이라 한다)는 신규화학물질에 의한 근로자의 건강장해를 예방하기 위하여 고용노동부령으로 정하는 바에 따라 그 신규화학물질의 유해성·위험성을 조사하고 그 조사보고서를 고용노동부장관에게 제출하여야 한다. **다만, 다음 각 호의 어느 하나에 해당하는 경우에는 그러하지 아니하다.** ★

1. 일반 소비자의 생활용으로 제공하기 위하여 신규화학물질을 수입하는 경우로서 고용노동부령으로 정하는 경우
2. 신규화학물질의 수입량이 소량이거나 그 밖에 위해의 정도가 적다고 인정되는 경우로서 고용노동부령으로 정하는 경우

제110조(물질안전보건자료의 작성 및 제출) ① 화학물질 또는 이를 포함한 혼합물로서 제104조에 따른 분류기준에 해당하는 것(대통령령으로 정하는 것은 제외한다. 이하 "물질안전보건자료대상물질"이라 한다)을 제조하거나 수입하려는 자는 다음 각 호의 사항을 적은 자료(이하 "물질안전보건자료"라 한다)를 고용노동부령으로 정하는 바에 따라 작성하여 고용노동부장관에게 제출하여야 한다. 이 경우 고용노동부장관은 고용노동부령으로 물질안전보건자료의 기재 사항이나 작성 방법을 정할 때 「화학물질관리법」 및 「화학물질의 등록 및 평가 등에 관한 법률」과 관련된 사항에 대해서는 환경부장관과 협의하여야 한다. → **[암기법 : 제/명(함)/건강물/취급/물리화학/독/대/응]**

1. 제품명
2. 물질안전보건자료대상물질을 구성하는 화학물질 중 제104조에 따른 분류기준에 해당하는 화학물질의 명칭 및 함유량
3. 안전 및 보건상의 취급 주의 사항
4. 건강 및 환경에 대한 유해성, 물리적 위험성
5. 물리·화학적 특성 등 고용노동부령으로 정하는 사항

② 법 제110조제1항제5호에서 "물리·화학적 특성 등 고용노동부령으로 정하는 사항"이란 다음 각 호의 사항을 말한다. ★

1. 물리·화학적 특성
2. 독성에 관한 정보
3. 폭발·화재 시의 대처방법
4. 응급조치 요령
5. 그 밖에 고용노동부장관이 정하는 사항

제112조(물질안전보건자료의 일부 비공개 승인 등) ① 제110조제1항에도 불구하고 영업비밀과 관련되어 같은 항 제2호에 따른 화학물질의 명칭 및 함유량을 물질안전보건자료에 적지 아니하려는 자는 고용노동부령으로 정하는 바에 따라 고용노동부장관에게 신청하여 승인을 받아 해당 화학물질의 명칭 및 함유량을 대체할 수 있는 명칭 및 함유량(이하 "대체자료"라 한다)으로 적을 수 있다. 다만, 근로자에게 중대한 건강장해를 초래할 우려가 있는 화학물질로서 「산업재해보상보험법」 제8조제1항에 따른 산업재해보상보험및예방심의위원회의 심의를 거쳐 고용노동부장관이 고시하는 것은 그러하지 아니하다.

② 고용노동부장관은 제1항 본문에 따른 승인 신청을 받은 경우 고용노동부령으로 정하는 바에 따라 화학물질의 명칭 및 함유량의 대체 필요성, 대체자료의 적합성 및 물질안전보건자료의 적정성 등을 검토하여 승인 여부를 결정하고 신청인에게 그 결과를 통보하여야 한다.

③ 고용노동부장관은 제2항에 따른 승인에 관한 기준을 「산업재해보상보험법」 제8조제1항에 따른 산업재해보상보험및예방심의위원회의 심의를 거쳐 정한다.

④ **제1항에 따른 승인의 유효기간은 승인을 받은 날부터 5년으로 한다.**

⑤ 고용노동부장관은 제4항에 따른 유효기간이 만료되는 경우에도 계속하여 대체자료로 적으려는 자가 그 유효기간의 연장승인을 신청하면 유효기간이 만료되는 다음 날부터 5년 단위로 그 기간을 계속하여 연장승인할 수 있다.

⑥ 삭제 〈2023. 8. 8.〉

⑦ 삭제 〈2023. 8. 8.〉

⑧ 고용노동부장관은 다음 각 호의 어느 하나에 해당하는 경우에는 제1항, 제5항 또는 제112조의2제2항에 따른 승인 또는 연장승인을 취소할 수 있다. 다만, 제1호의 경우에는 그 승인 또는 연장승인을 취소하여야 한다. 〈개정 2023. 8. 8.〉

1. 거짓이나 그 밖의 부정한 방법으로 제1항, 제5항 또는 제112조의2제2항에 따른 승인 또는 연장승인을 받은 경우
2. 제1항, 제5항 또는 제112조의2제2항에 따른 승인 또는 연장승인을 받은 화학물질이 제1항 단서에 따른 화학물질에 해당하게 된 경우

⑨ 제5항에 따른 연장승인과 제8항에 따른 승인 또는 연장승인의 취소 절차 및 방법, 그 밖에 필요한 사항은 고용노동부령으로 정한다.

⑩ 다음 각 호의 어느 하나에 해당하는 자는 근로자의 안전 및 보건을 유지하거나 직업성 질환 발생 원인을 규명하기 위하여 근로자에게 중대한 건강장해가 발생하는 등 고용노동부령으로 정하는 경우에는 물질안전보건자료대상물질을 제조하거나 수입한 자에게 제1항에 따라 대체자료로 적힌 화학물질의 명칭 및 함유량 정보를 제공할 것을 요구할 수 있다. 이 경우 정보 제공을 요구받은 자는 고용노동부장관이 정하여 고시하는 바에 따라 정보를 제공하여야 한다.

1. 근로자를 진료하는 「의료법」 제2조에 따른 의사

2. 보건관리자 및 보건관리전문기관
3. 산업보건의
4. 근로자대표
5. 제165조제2항제38호에 따라 제141조제1항에 따른 역학조사(疫學調査) 실시 업무를 위탁받은 기관
6. 「산업재해보상보험법」 제38조에 따른 업무상질병판정위원회

제112조의2(물질안전보건자료 일부 비공개 승인 등에 대한 이의신청 특례) ① 제112조제1항 또는 제5항에 따른 승인 또는 연장승인 결과에 이의가 있는 신청인은 그 결과 통보를 받은 날부터 30일 이내에 고용노동부령으로 정하는 바에 따라 고용노동부장관에게 이의신청을 할 수 있다.

② 고용노동부장관은 제1항에 따른 이의신청을 받은 날부터 14일(「행정기본법」 제36조제2항 단서에 따라 결과 통지기간을 연장한 경우에는 그 연장한 기간을 말한다) 이내에 고용노동부령으로 정하는 바에 따라 승인 또는 연장승인 여부를 결정하고 그 결과를 신청인에게 통지하여야 한다.

③ 고용노동부장관은 제2항에 따른 승인 또는 연장승인 여부를 결정하기 위하여 필요한 경우 외부 전문가의 의견을 들을 수 있다. 이 경우 외부 전문가의 의견을 듣는 데 걸리는 기간은 제2항에 따른 결과 통지기간에 산입(算入)하지 아니한다.

[본조신설 2023. 8. 8.]

제115조(물질안전보건자료대상물질 용기 등의 경고표시) ① 물질안전보건자료대상물질을 양도하거나 제공하는 자는 고용노동부령으로 정하는 방법에 따라 이를 담은 용기 및 포장에 **경고표시를 하여야 한다.** 다만, 용기 및 포장에 담는 방법 외의 방법으로 물질안전보건자료대상물질을 양도하거나 제공하는 경우에는 고용노동부장관이 정하여 고시한 바에 따라 **경고표시 기재 항목을 적은 자료를 제공**하여야 한다. **→ [단서조항 : 탱크로리, 파이프라인 등]**

② 사업주는 사업장에서 사용하는 물질안전보건자료대상물질을 담은 용기에 고용노동부령으로 정하는 방법에 따라 경고표시를 하여야 한다. 다만, 용기에 이미 경고표시가 되어 있는 등 고용노동부령으로 정하는 경우에는 그러하지 아니하다.

제116조(물질안전보건자료와 관련된 자료의 제공) 고용노동부장관은 근로자의 안전 및 보건 유지를 위하여 필요하면 물질안전보건자료와 관련된 자료를 근로자 및 사업주에게 제공할 수 있다.

제117조(유해 · 위험물질의 제조 등 금지) ① 누구든지 다음 각 호의 어느 하나에 해당하는 물질로서 대통령령으로 정하는 물질(이하 "제조등금지물질"이라 한다)을 제조·수입·양도·제공 또는 사용해서는 아니 된다.

1. 직업성 암을 유발하는 것으로 확인되어 근로자의 건강에 특히 해롭다고 인정되는 물질

2. 제105조제1항에 따라 유해성·위험성이 평가된 유해인자나 제109조에 따라 유해성·위험성이 조사된 화학물질 중 근로자에게 중대한 건강장해를 일으킬 우려가 있는 물질

② 제1항에도 불구하고 시험·연구 또는 검사 목적의 경우로서 다음 각 호의 어느 하나에 해당하는 경우에는 제조등금지물질을 제조·수입·양도·제공 또는 사용할 수 있다.

1. 제조·수입 또는 사용을 위하여 고용노동부령으로 정하는 요건을 갖추어 고용노동부장관의 승인을 받은 경우
2. 「화학물질관리법」 제18조제1항 단서에 따른 금지물질의 판매 허가를 받은 자가 같은 항 단서에 따라 판매 허가를 받은 자나 제1호에 따라 사용 승인을 받은 자에게 제조등금지물질을 양도 또는 제공하는 경우

③ 고용노동부장관은 제2항제1호에 따른 승인을 받은 자가 같은 호에 따른 승인요건에 적합하지 아니하게 된 경우에는 승인을 취소하여야 한다.

④ 제2항제1호에 따른 승인 절차, 승인 취소 절차, 그 밖에 필요한 사항은 고용노동부령으로 정한다.

제118조(유해·위험물질의 제조 등 허가) ① 제117조제1항 각 호의 어느 하나에 해당하는 물질로서 대체물질이 개발되지 아니한 물질 등 대통령령으로 정하는 물질(이하 "허가대상물질"이라 한다)을 제조하거나 사용하려는 자는 고용노동부장관의 허가를 받아야 한다. 허가받은 사항을 변경할 때에도 또한 같다.

② 허가대상물질의 제조·사용설비, 작업방법, 그 밖의 허가기준은 고용노동부령으로 정한다.

③ 제1항에 따라 허가를 받은 자(이하 "허가대상물질제조·사용자"라 한다)는 그 제조·사용설비를 제2항에 따른 허가기준에 적합하도록 유지하여야 하며, 그 기준에 적합한 작업방법으로 허가대상물질을 제조·사용하여야 한다.

④ 고용노동부장관은 허가대상물질제조·사용자의 제조·사용설비 또는 작업방법이 제2항에 따른 허가기준에 적합하지 아니하다고 인정될 때에는 그 기준에 적합하도록 제조·사용설비를 수리·개조 또는 이전하도록 하거나 그 기준에 적합한 작업방법으로 그 물질을 제조·사용하도록 명할 수 있다.

⑤ 고용노동부장관은 허가대상물질제조·사용자가 다음 각 호의 어느 하나에 해당하면 그 허가를 취소하거나 **6개월 이내의 기간을 정하여 영업을 정지**하게 할 수 있다. **다만, 제1호에 해당할 때에는 그 허가를 취소하여야 한다.**

1. 거짓이나 그 밖의 부정한 방법으로 허가를 받은 경우
2. 제2항에 따른 허가기준에 맞지 아니하게 된 경우
3. 제3항을 위반한 경우
4. 제4항에 따른 명령을 위반한 경우
5. 자체검사 결과 이상을 발견하고도 즉시 보수 및 필요한 조치를 하지 아니한 경우

⑥ 제1항에 따른 허가의 신청절차, 그 밖에 필요한 사항은 고용노동부령으로 정한다.

제2절 석면에 대한 조치

제119조(석면조사) ① 건축물이나 설비를 철거하거나 해체하려는 경우에 해당 건축물이나 설비의 소유주 또는 임차인 등(이하 "건축물·설비소유주등"이라 한다)은 다음 각 호의 사항을 고용노동부령으로 정하는 바에 따라 조사(이하 **"일반석면조사"**라 한다)한 후 그 결과를 기록하여 보존하여야 한다. ★

1. 해당 건축물이나 설비에 석면이 포함되어 있는지 여부
2. 해당 건축물이나 설비 중 석면이 포함된 자재의 종류, 위치 및 면적

② 제1항에 따른 건축물이나 설비 중 대통령령으로 정하는 규모 이상의 건축물·설비소유주등은 제120조에 따라 지정받은 기관(이하 **"석면조사기관"**이라 한다)에 다음 각 호의 사항을 조사(이하 "기관석면조사"라 한다)하도록 한 후 그 결과를 기록하여 보존하여야 한다. 다만, 석면함유 여부가 명백한 경우 등 대통령령으로 정하는 사유에 해당하여 고용노동부령으로 정하는 절차에 따라 확인을 받은 경우에는 기관석면조사를 생략할 수 있다.

1. **제1항 각호의 사항**
2. **해당 건축물이나 설비에 포함된 석면의 종류 및 함유량**

영 제7장 유해 · 위험물질에 대한 조치

영 제84조(유해인자 허용기준 이하 유지 대상 유해인자) 법 제107조 제1항 각 호 외의 부분 본문에서 "대통령령으로 정하는 유해인자"란 별표 26 각 호에 따른 유해인자를 말한다.

영 제85조(유해성 · 위험성 조사 제외 화학물질) 법 제108조 제1항 각 호 외의 부분 본문에서 "대통령령으로 정하는 화학물질"이란 다음 각 호의 어느 하나에 해당하는 화학물질을 말한다. **→ '신규화학물질'의 유해성 · 위험성 조사 제외 화학물질[원천군]**

1. **원소**
2. **천연으로 산출된 화학물질**
3. 「건강기능식품에 관한 법률」 제3조제1호에 따른 건강기능식품
4. 「군수품관리법」 제2조 및 「방위사업법」 제3조제2호에 따른 **군수품**[「군수품관리법」 제3조에 따른 통상품(痛常品)은 제외한다]
5. 「농약관리법」 제2조제1호 및 제3호에 따른 농약 및 원제
6. 「마약류 관리에 관한 법률」 제2조제1호에 따른 마약류
7. 「비료관리법」 제2조제1호에 따른 비료
8. 「사료관리법」 제2조제1호에 따른 사료
9. 「생활화학제품 및 살생물제의 안전관리에 관한 법률」 제3조제7호 및 제8호에 따른 살생물물질 및 살생물제품
10. 「식품위생법」 제2조제1호 및 제2호에 따른 식품 및 식품첨가물
11. 「약사법」 제2조제4호 및 제7호에 따른 의약품 및 의약외품(醫藥外品)

12. 「원자력안전법」 제2조제5호에 따른 방사성물질
13. 「위생용품 관리법」 제2조제1호에 따른 위생용품
14. 「의료기기법」 제2조제1항에 따른 의료기기
15. 「총포·도검·화약류 등의 안전관리에 관한 법률」 제2조제3항에 따른 화약류
16. 「화장품법」 제2조제1호에 따른 화장품과 화장품에 사용하는 원료
17. 법 제108조제3항에 따라 고용노동부장관이 명칭, 유해성·위험성, 근로자의 건강장해 예방을 위한 조치 사항 및 연간 제조량·수입량을 공표한 물질로서 공표된 연간 제조량·수입량 이하로 제조하거나 수입한 물질
18. 고용노동부장관이 환경부장관과 협의하여 고시하는 화학물질 목록에 기록되어 있는 물질

영 제86조(물질안전보건자료의 작성 · 제출 제외 대상 화학물질 등) 법 제110조제1항 각 호 외의 부분 전단에서 "대통령령으로 정하는 것"이란 다음 각 호의 어느 하나에 해당하는 것을 말한다. → **[암기법 : 생활주변/첨단바이오/폐기물]**

1. 「건강기능식품에 관한 법률」 제3조제1호에 따른 건강기능식품
2. 「농약관리법」 제2조제1호에 따른 농약
3. 「마약류 관리에 관한 법률」 제2조제2호 및 제3호에 따른 마약 및 향정신성의약품
4. 「비료관리법」 제2조제1호에 따른 비료
5. 「사료관리법」 제2조제1호에 따른 사료
6. 「생활주변방사선 안전관리법」 제2조제2호에 따른 원료물질
7. 「생활화학제품 및 살생물제의 안전관리에 관한 법률」 제3조제4호 및 제8호에 따른 안전확인대상생활화학제품 및 살생물제품 중 일반소비자의 생활용으로 제공되는 제품
8. 「식품위생법」 제2조제1호 및 제2호에 따른 식품 및 식품첨가물
9. 「약사법」 제2조제4호 및 제7호에 따른 의약품 및 의약외품
10. 「원자력안전법」 제2조제5호에 따른 방사성물질
11. 「위생용품 관리법」 제2조제1호에 따른 위생용품
12. 「의료기기법」 제2조제1항에 따른 의료기기

12의2. 「첨단재생의료 및 첨단바이오의약품 안전 및 지원에 관한 법률」 제2조제5호에 따른 첨단바이오의약품

13. 「총포·도검·화약류 등의 안전관리에 관한 법률」 제2조제3항에 따른 화약류
14. 「폐기물관리법」 제2조제1호에 따른 폐기물
15. 「화장품법」 제2조제1호에 따른 화장품
16. 제1호부터 제15호까지의 규정 외의 화학물질 또는 혼합물로서 일반소비자의 생활용으로 제공되는 것(일반소비자의 생활용으로 제공되는 화학물질 또는 혼합물이 사업장 내에서 취급되는 경우를 포함한다)

17. 고용노동부장관이 정하여 고시하는 연구·개발용 화학물질 또는 화학제품. 이 경우 법 제110조제1항부터 제3항까지의 규정에 따른 자료의 제출만 제외된다.
18. 그 밖에 고용노동부장관이 독성·폭발성 등으로 인한 위해의 정도가 적다고 인정하여 고시하는 화학물질

영 제87조(제조 등이 금지되는 유해물질) 법 제117조제1항 각 호 외의 부분에서 "대통령령으로 정하는 물질"이란 다음 각 호의 물질을 말한다. → **[암기법 : β /4/P/백연벤젠/황린/석면]**

1. β-나프틸아민[91-59-8]과 그 염(β-Naphthylamine and its salts)
2. 4-니트로디페닐[92-93-3]과 그 염(4-Nitrodiphenyl and its salts)
3. 백연[1319-46-6]을 포함한 페인트(포함된 중량의 비율이 2퍼센트 이하인 것은 제외한다)
4. 벤젠[71-43-2]을 포함하는 고무풀(포함된 중량의 비율이 5퍼센트 이하인 것은 제외한다)
5. 석면(Asbestos; 1332-21-4 등)
6. 폴리클로리네이티드 터페닐(Polychlorinated terphenyls; 61788-33-8 등)
7. 황린(黃燐)[12185-10-3] 성냥(Yellow phosphorus match)
8. 제1호, 제2호, 제5호 또는 제6호에 해당하는 물질을 포함한 혼합물(포함된 중량의 비율이 1퍼센트 이하인 것은 제외한다)
9. 「화학물질관리법」 제2조제5호에 따른 금지물질(같은 법 제3조제1항제1호부터 제12호까지의 규정에 해당하는 화학물질은 제외한다)
10. 그 밖에 보건상 해로운 물질로서 산업재해보상보험및예방심의위원회의 심의를 거쳐 고용노동부장관이 정하는 유해물질

영 제88조(허가 대상 유해물질) 법 제118조제1항 전단에서 "대체물질이 개발되지 아니한 물질 등 대통령령으로 정하는 물질"이란 다음 각 호의 물질을 말한다. → **[암기법 : α 디아디클/베트비염/콜크O황]**

1. α-나프틸아민[134-32-7] 및 그 염(α-Naphthylamine and its salts)
2. 디아니시딘[119-90-4] 및 그 염(Dianisidine and its salts)
3. 디클로로벤지딘[91-94-1] 및 그 염(Dichlorobenzidine and its salts)
4. 베릴륨(Beryllium; 7440-41-7)
5. 벤조트리클로라이드(Benzotrichloride; 98-07-7)
6. 비소[7440-38-2] 및 그 무기화합물(Arsenic and its inorganic compounds)
7. 염화비닐(Vinyl chloride; 75-01-4)
8. 콜타르피치[65996-93-2] 휘발물(Coal tar pitch volatiles)
9. 크롬광 가공(열을 가하여 소성 처리하는 경우만 해당한다)(Chromite ore processing)

10. 크롬산 아연(Zinc chromates; 13530-65-9 등)
11. o-톨리딘[119-93-7] 및 그 염(o-Tolidine and its salts)
12. 황화니켈류(Nickel sulfides; 12035-72-2, 16812-54-7)
13. 제1호부터 제4호까지 또는 제6호부터 제12호까지의 어느 하나에 해당하는 물질을 포함한 혼합물(포함된 중량의 비율이 1퍼센트 이하인 것은 제외한다)
14. 제5호의 물질을 포함한 혼합물(포함된 중량의 비율이 0.5퍼센트 이하인 것은 제외한다)
15. 그 밖에 보건상 해로운 물질로서 산업재해보상보험및예방심의위원회의 심의를 거쳐 고용노동부장관이 정하는 유해물질

영 제89조(기관석면조사 대상) ① 법 제119조제2항 각 호 외의 부분 본문에서 "대통령령으로 정하는 규모 이상"란 다음 각 호의 어느 하나에 해당하는 경우를 말한다.

1. 건축물(제2호에 따른 주택은 제외한다. 이하 이 호에서 같다)의 연면적 합계가 50제곱미터 이상이면서, 그 건축물의 철거·해체하려는 부분의 면적 합계가 50제곱미터 이상인 경우
2. 주택(「건축법 시행령」 제2조제12호에 따른 부속건축물을 포함한다. 이하 이 호에서 같다)의 연면적 합계가 200제곱미터 이상이면서, 그 주택의 철거·해체하려는 부분의 면적 합계가 200제곱미터 이상인 경우
3. 설비의 철거·해체하려는 부분에 다음 각 목의 어느 하나에 해당하는 자재(물질을 포함한다. 이하 같다)를 사용한 면적의 합이 15제곱미터 이상 또는 그 부피의 합이 1세제곱미터 이상인 경우
   가. 단열재
   나. 보온재
   다. 분무재
   라. 내화피복재(耐火被覆材)
   마. 개스킷(Gasket: 누설방지재)
   바. 패킹재(Packing material: 틈박이재)
   사. 실링재(Sealing material: 액상 메움재)
   아. 그 밖에 가목부터 사목까지의 자재와 유사한 용도로 사용되는 자재로서 고용노동부장관이 정하여 고시하는 자재
4. 파이프 길이의 합이 비의 철거·해체 부분에 사용된 자재가 설계도서, 자재 이력 등 관련 자료를 통해 석면을 포함하고 있지 않음이 명백하다고 인정되는 경우

② 법 제119조제2항 각 호 외의 부분 단서에서 "석면함유 여부가 명백한 경우 등 대통령령으로 정하는 사유"란 다음 각 호의 어느 하나에 해당하는 경우를 말한다.

1. 건축물이나 설비의 철거·해체 부분에 사용된 자재가 설계도서, 자재 이력 등 관련 자료를 통해 석면을 포함하고 있지 않음이 명백하다고 인정되는 경우

2. 건축물이나 설비의 철거·해체 부분에 석면이 중량비율 1퍼센트가 넘게 포함된 자재를 사용하였음이 명백하다고 인정되는 경우

영 제94조(석면해체 · 제거업자를 통한 석면해체 · 제거 대상) ① 법 제122조제1항 본문에서 "대통령령으로 정하는 함유량과 면적 이상의 석면이 포함되어 있는 경우"란 다음 각 호의 어느 하나에 해당하는 경우를 말한다.

1. 철거·해체하려는 벽체재료, 바닥재, 천장재 및 지붕재 등의 자재에 석면이 중량비율 1퍼센트가 넘게 포함되어 있고 그 자재의 면적의 합이 50제곱미터 이상인 경우
2. 석면이 중량비율 1퍼센트가 넘게 포함된 분무재 또는 내화피복재를 사용한 경우
3. 석면이 중량비율 1퍼센트가 넘게 포함된 제89조 제1항 제3호 각 목의 어느 하나(다목 및 라목은 제외한다)에 해당하는 자재의 면적의 합이 15제곱미터 이상 또는 그 부피의 합이 1세제곱미터 이상인 경우
4. 파이프에 사용된 보온재에서 석면이 중량비율 1퍼센트가 넘게 포함되어 있고 그 보온재 길이의 합이 80미터 이상인 경우

② 법 제122조제1항 단서에서 "석면해체·제거업자와 동등한 능력을 갖추고 있는 경우 등 대통령령으로 정하는 사유에 해당할 경우"란 석면해체·제거작업을 스스로 하려는 자가 제92조 및 별표 28에 따른 인력·시설 및 장비를 갖추고 고용노동부령으로 정하는 바에 따라 이를 증명하는 경우를 말한다.

시행규칙 제147조(신규화학물질의 유해성 · 위험성 조사보고서의 제출) ① 법 제108조제1항에 따라 신규화학물질을 제조하거나 수입하려는 자(이하 "신규화학물질제조자등"이라 한다)는 제조하거나 수입하려는 날 30일(**연간 제조하거나 수입하려는 양이 100킬로그램 이상 1톤 미만인 경우에는 14일**) 전까지 별지 제57호서식의 신규화학물질 유해성·위험성 조사보고서(이하 "유해성·위험성 조사보고서"라 한다)에 별표 20에 따른 서류를 첨부하여 고용노동부장관에게 제출해야 한다. 다만, 그 신규화학물질을 「화학물질의 등록 및 평가 등에 관한 법률」 제10조에 따라 환경부장관에게 등록한 경우에는 고용노동부장관에게 유해성·위험성 조사보고서를 제출한 것으로 본다. ★

시행규칙 제148조(일반소비자 생활용 신규화학물질의 유해성 · 위험성 조사 제외) ① 법 제108조제1항 제1호에서 "고용노동부령으로 정하는 경우"란 다음 각 호의 어느 하나에 해당하는 경우로서 **고용노동부장관의 확인을 받은 경우**를 말한다. ★

1. 해당 신규화학물질이 완성된 제품으로서 국내에서 가공하지 않는 경우
2. 해당 신규화학물질의 포장 또는 용기를 국내에서 변경하지 않거나 국내에서 포장하거나 용기에 담지 않는 경우
3. 해당 신규화학물질이 직접 소비자에게 제공되고 국내의 사업장에서 사용되지 않는 경우

② 제1항에 따른 확인을 받으려는 자는 최초로 신규화학물질을 수입하려는 날 7일 전까지 별지 제60호서식의 신청서에 제1항 각 호의 어느 하나에 해당하는 사실을 증명하는 서류를 첨부하여 고용노동부장관에게 제출해야 한다.

시행규칙 제149조(소량 신규화학물질의 유해성 · 위험성 조사 제외) ① 법 제108조제1항 제2호에 따른 신규화학물질의 수입량이 소량이어서 유해성·위험성 조사보고서를 제출하지 않는 경우란 신규화학물질의 연간 수입량이 **100킬로그램 미만**인 경우로서 **고용노동부장관의 확인**을 받은 경우를 말한다.

시행규칙 제150조(그 밖의 신규화학물질의 유해성 · 위험성 조사 제외) ① 법 제108조제1항 제2호에서 "위해의 정도가 적다고 인정되는 경우로서 고용노동부령으로 정하는 경우"란 다음 각 호의 어느 하나에 해당하는 경우로서 **고용노동부장관의 확인**을 받은 경우를 말한다.

1. 제조하거나 수입하려는 신규화학물질이 시험·연구를 위하여 사용되는 경우
2. **신규화학물질을 전량 수출하기 위하여 연간 10톤 이하**로 제조하거나 수입하는 경우
3. 신규화학물질이 아닌 화학물질로만 구성된 고분자화합물로서 고용노동부장관이 정하여 고시하는 경우

② 제1항에 따른 확인의 신청에 관하여는 제148조제2항을 준용한다.

시행규칙 제155조(화학물질의 유해성 · 위험성 조사결과 등의 제출) ① 법 제109조제1항에 따라 화학물질의 유해성·위험성 조사결과의 제출을 명령받은 자는 별지 제61호서식의 화학물질의 유해성·위험성 조사결과서에 다음 각 호의 서류 및 자료를 첨부하여 명령을 받은 날부터 **45일 이내**에 고용노동부장관에게 제출해야 한다. 다만, 고용노동부장관은 독성시험 성적에 관한 서류의 경우 해당 화학물질의 시험에 상당한 시일이 걸리는 등 기한 내에 제출할 수 없는 부득이한 사유가 있을 때에는 30일의 범위에서 제출기한을 연장할 수 있다.

1. 해당 화학물질의 안전·보건에 관한 자료
2. 해당 화학물질의 독성시험 성적서
3. 해당 화학물질의 제조 또는 사용·취급방법을 기록한 서류 및 제조 또는 사용 공정도(工程圖)
4. 그 밖에 해당 화학물질의 유해성·유험성과 관련된 서류 및 자료

② 법 제109조제1항에 따라 법 제105조제1항에 따른 유해성·위험성 평가에 필요한 자료의 제출 명령을 받은 사람은 명령을 받은 날부터 45일 이내에 해당 자료를 고용노동부장관에게 제출해야 한다.

시행규칙 제156조(물질안전보건자료의 작성방법 및 기재사항) ① 법 제110조제1항에 따른 물질안전보건자료대상물질(이하 "물질안전보건자료대상물질"이라 한다)을 제조·수입하려는 자가 물질안전보건자료를 작성하는 경우에는 그 물질안전보건자료의 신뢰성이 확보될 수 있도록 인용된 자료의 출처를 함께 적어야 한다.

② 법 제110조제1항제5호에서 "물리·화학적 특성 등 고용노동부령으로 정하는 사항"이란 다음 각 호의 사항을 말한다. ★

1. 물리·화학적 특성
2. 독성에 관한 정보
3. 폭발·화재 시의 대처방법
4. 응급조치 요령
5. 그 밖에 고용노동부장관이 정하는 사항

③ 그 밖에 물질안전보건자료의 세부 작성방법, 용어 등 필요한 사항은 고용노동부장관이 정하여 고시한다.

시행규칙 제157조(물질안전보건자료 등의 제출방법 및 시기) ① 법 제110조제1항에 따른 물질안전보건자료 및 같은 조 제2항 본문에 따른 화학물질의 명칭 및 함유량에 관한 자료(같은 항 제2호에 따라 물질안전보건자료에 적힌 화학물질 외에는 법 제104조에 따른 분류기준에 해당하는 화학물질이 없음을 확인하는 경우에는 별지 제62호서식의 화학물질 확인서류를 말한다)는 물질안전보건자료대상물질을 **제조하거나 수입하기 전에** 공단에 제출해야 한다.

시행규칙 제163조(이의신청의 절차 및 비공개 승인 심사 등) ① 법 제112조의2제1항에 따라 이의신청을 하려는 신청인은 물질안전보건자료시스템을 통하여 별지 제65호서식에 따른 이의신청서를 공단에 제출해야 한다. 〈개정 2023. 9. 27.〉

② 공단은 제1항에 따른 이의신청이 있는 경우 법 제112조의2제2항에 따른 기간 이내에 제162조제5항에서 정한 승인기준에 따라 승인 여부를 다시 결정하여 그 결과를 별지 제66호서식에 따라 신청인에게 통보해야 한다. 〈개정 2023. 9. 27.〉

③ 제2항에 따른 승인 결과를 통보받은 신청인은 고용노동부장관이 정하여 고시하는 바에 따라 물질안전보건자료에 그 결과를 반영해야 한다.

시행규칙 제168조(물질안전보건자료대상물질의 관리 요령 게시) ① 법 제114조제2항에 따른 작업공정별 관리 요령에 포함되어야 할 사항은 다음 각 호와 같다. ★

1. 제품명
2. 건강 및 환경에 대한 유해성, 물리적 위험성
3. 안전 및 보건상의 취급주의 사항
4. 적절한 보호구
5. 응급조치 요령 및 사고 시 대처방법

② 작업공정별 관리 요령을 작성할 때에는 법 제114조제1항에 따른 물질안전보건자료에 적힌 내용을 참고해야 한다.

③ 작업공정별 관리 요령은 유해성·위험성이 유사한 물질안전보건자료대상물질의 그룹별로 작성하여 게시할 수 있다.

시행규칙 제169조(물질안전보건자료에 관한 교육의 시기·내용·방법 등) ① 법 제114조제3항에 따라 사업주는 다음 각 호의 어느 하나에 해당하는 경우에는 작업장에서 취급하는 물질안전보건자료대상물질의 물질안전보건자료에서 별표 5에 해당되는 내용을 근로자에게 교육해야 한다. 이 경우 교육받은 근로자에 대해서는 해당 교육 시간만큼 법 제29조에 따른 안전·보건교육을 실시한 것으로 본다. ★

1. 물질안전보건자료대상물질을 제조·사용·운반 또는 저장하는 작업에 근로자를 배치하게 된 경우
2. 새로운 물질안전보건자료대상물질이 도입된 경우
3. 유해성·위험성 정보가 변경된 경우

② 사업주는 제1항에 따른 교육을 하는 경우에 유해성·위험성이 유사한 물질안전보건자료대상물질을 **그룹별**로 분류하여 교육할 수 있다.

③ 사업주는 제1항에 따른 교육을 실시하였을 때에는 교육시간 및 내용 등을 기록하여 보존해야 한다.

시행규칙 제170조(경고표시 방법 및 기재항목) ① 물질안전보건자료대상물질을 양도하거나 제공하는 자 또는 이를 사업장에서 취급하는 사업주가 법 제115조제1항 및 제2항에 따른 경고표시를 하는 경우에는 물질안전보건자료대상물질 단위로 경고표지를 작성하여 물질안전보건자료대상물질을 담은 용기 및 포장에 붙이거나 인쇄하는 등 유해·위험정보가 명확히 나타나도록 해야 한다. 다만, 다음 각 호의 어느 하나에 해당하는 표시를 한 경우에는 경고표시를 한 것으로 본다. ★

1. 「고압가스 안전관리법」 제11조의2에 따른 용기 등의 표시
2. 「위험물 선박운송 및 저장규칙」 제6조제1항 및 제26조제1항에 따른 표시(같은 규칙 제26조제1항에 따라 해양수산부장관이 고시하는 수입물품에 대한 표시는 최초의 사용사업장으로 반입되기 전까지만 해당한다)
3. 「위험물안전관리법」 제20조제1항에 따른 위험물의 운반용기에 관한 표시
4. 「항공안전법 시행규칙」 제209조제6항에 따라 국토교통부장관이 고시하는 포장물의 표기(수입물품에 대한 표기는 최초의 사용사업장으로 반입되기 전까지만 해당한다)
5. 「화학물질관리법」 제16조에 따른 유해화학물질에 관한 표시

② 제1항 각 호 외의 부분 본문에 따른 경고표지에는 다음 각 호의 사항이 모두 포함되어야 한다.

1. 명칭 : 제품명
2. 그림문자 : 화학물질의 분류에 따라 유해·위험의 내용을 나타내는 그림
3. 신호어 : 유해·위험의 심각성 정도에 따라 표시하는 "위험" 또는 "경고" 문구
4. 유해·위험 문구 : 화학물질의 분류에 따라 유해·위험을 알리는 문구
5. 예방조치 문구 : 화학물질에 노출되거나 부적절한 저장·취급 등으로 발생하는 유해·위험을 방지하기 위하여 알리는 주요 유의사항
6. 공급자 정보 : 물질안전보건자료대상물질의 제조자 또는 공급자의 이름 및 전화번호 등

제2절 석면에 대한 조치

시행규칙 제175조(석면조사의 생략 등 확인 절차) ① 법 제119조제2항 각 호 외의 부분 단서에 따라 건축물이나 설비의 소유주 또는 임차인 등(이하 이 조에서 "건축물·설비소유주등"이라 한다)이 영 제89조제2항 각 호에 따른 석면조사의 생략 대상 건축물이나 설비에 대하여 확인을 받으려는 경우에는 별지 제74호서식의 석면조사의 생략 등 확인신청서에 다음 각 호의 구분에 따른 서류를 첨부하여 관할 지방고용노동관서의 장에게 제출해야 한다. 이 경우 제2호에 따른 건축물대장 사본을 제출한 경우에는 제3항에 따른 확인 통지가 된 것으로 본다. 〈개정 2023. 9. 27.〉

1. 건축물이나 설비에 석면이 함유되어 있지 않은 경우: 이를 증명할 수 있는 설계도서 사본, 건축자재의 목록·사진·성분분석표, 건축물 안팎의 사진 등의 서류. 이 경우 성분분석표는 건축자재 생산회사가 발급한 것으로 한다.
2. 건축물이 2017년 7월 1일 이후 「건축법」 제21조에 따른 착공신고를 한 신축 건축물인 경우: 건축물대장 사본
3. 건축물이나 설비에 석면이 1퍼센트(무게 퍼센트) 초과하여 함유되어 있는 경우 : 공사계약서 사본(자체공사인 경우에는 공사계획서)

② 법 제119조제3항에 따라 건축물·설비소유주등이 「석면안전관리법」에 따른 석면조사를 실시한 경우에는 별지 제74호서식의 석면조사의 생략 등 확인신청서에 「석면안전관리법」에 따른 석면조사를 하였음을 표시하고 그 석면조사 결과서를 첨부하여 관할 지방고용노동관서의 장에게 제출해야 한다. 다만, 「석면안전관리법 시행규칙」 제26조에 따라 건축물석면조사 결과를 관계 행정기관의 장에게 제출한 경우에는 석면조사의 생략 등 확인신청서를 제출하지 않을 수 있다.

③ 지방고용노동관서의 장은 제1항 및 제2항에 따른 신청서가 제출되면 이를 확인한 후 접수된 날부터 20일 이내에 그 결과를 해당 신청인에게 통지해야 한다.

④ 지방고용노동관서의 장은 제3항에 따른 신청서의 내용을 확인하기 위하여 기술적인 사항에 대하여 공단에 검토를 요청할 수 있다.

시행규칙 제181조(석면해체 · 제거작업 신고 절차 등) ① 석면해체·제거업자는 법 제122조제3항에 따라 석면해체·제거작업 시작 7일 전까지 별지 제77호서식의 석면해체·제거작업 신고서에 다음 각 호의 서류를 첨부하여 해당 석면해체·제거작업 장소의 소재지를 관할하는 지방고용노동관서의 장에게 제출해야 한다. 이 경우 법 제122조제1항 단서에 따라 석면해체·제거작업을 스스로 하려는 자는 영 제94조제2항에서 정한 등록에 필요한 인력, 시설 및 장비를 갖추고 있음을 증명하는 서류를 함께 제출해야 한다.

1. 공사계약서 사본
2. 석면 해체·제거 작업계획서(석면 흩날림 방지 및 폐기물 처리방법을 포함한다)
3. 석면조사결과서

② 석면해체·제거업자는 제1항에 따라 제출한 석면해체·제거작업 신고서의 내용이 변경된[신고한 석면함유자재(물질)의 종류가 감소하거나 석면함유자재(물질)의 종류별 석면해체·제거작업 면적이 축소된 경우는 제외한다] 경우에는 지체 없이 별지 제78호서식의 석면해체·제거작업 변경 신고서를 석면해체·제거작업 장소의 소재지를 관할하는 지방고용노동관서의 장에게 제출해야 한다. 〈개정 2023. 9. 27.〉

시행규칙 제182조(석면해체 · 제거작업 완료 후의 석면농도기준) 법 제124조제1항에서 "고용노동부령으로 정하는 기준"이란 1 세제곱센티미터당 0.01개를 말한다. ★

시행규칙 제185조(석면농도의 측정방법) ① 법 제124조 제2항에 따른 석면농도의 측정방법은 다음 각 호와 같다. ★

1. 석면해체·제거작업장 내의 작업이 완료된 상태를 확인한 후 공기가 건조한 상태에서 측정할 것
2. 작업장 내에 침전된 분진을 흩날린 후 측정할 것
3. 시료채취기를 작업이 이루어진 장소에 고정하여 공기 중 입자상 물질을 채취하는 지역시료채취방법으로 측정할 것 → **개인시료채취(×)**

② 제1항에 따른 측정방법의 구체적인 사항, 그 밖의 시료채취 수, 분석방법 등에 관하여 필요한 사항은 고용노동부장관이 정하여 고시한다.

기관석면조사 대상	석면해체 · 제거업자를 통한 해체 · 제거 대상
1. 건축물(주택 제외) : 50제곱미터 이상 2. 주택: 200제곱미터 이상 3. 자재: 15제곱미터, 1세제곱미터 이상 4. 파이프(보온재) : 80미터 이상	1. 바닥재, 벽체재료, 천장재, 지붕재: 50제곱미터 2. 내화피복재, 분무재 → **면적 기준 없음.** 3. 단열재, 보온재, 개스킷, 패킹재, 실링재 : 15제곱미터, 1세제곱미터 이상 4. 파이프(보온재 : 80미터 이상

■ 산업안전보건법 시행규칙 [별표 18]

유해인자의 유해성 · 위험성 분류기준(제141조 관련)

1. 화학물질의 분류기준

가. 물리적 위험성 분류기준

1) 폭발성 물질 : 자체의 화학반응에 따라 주위환경에 손상을 줄 수 있는 정도의 온도·압력 및 속도를 가진 가스를 발생시키는 고체·액체 또는 혼합물

2) 인화성 가스 : 20℃, 표준압력(101.3㎪)에서 공기와 혼합하여 인화되는 범위에 있는 가스와 54℃ 이하 공기 중에서 자연발화하는 가스를 말한다.(혼합물을 포함한다)

3) 인화성 액체 : 표준압력(101.3㎪)에서 인화점이 93℃ 이하인 액체

4) 인화성 고체 : 쉽게 연소되거나 마찰에 의하여 화재를 일으키거나 촉진할 수 있는 물질

5) 에어로졸 : 재충전이 불가능한 금속·유리 또는 플라스틱 용기에 압축가스·액화가스 또는 용해가스를 충전하고 내용물을 가스에 현탁시킨 고체나 액상입자로, 액상 또는 가스상에서 폼·페이스트·분말상으로 배출되는 분사장치를 갖춘 것

6) 물반응성 물질 : 물과 상호작용을 하여 자연발화되거나 인화성 가스를 발생시키는 고체·액체 또는 혼합물

7) 산화성 가스 : 일반적으로 산소를 공급함으로써 공기보다 다른 물질의 연소를 더 잘 일으키거나 촉진하는 가스

8) 산화성 액체 : 그 자체로는 연소하지 않더라도, 일반적으로 산소를 발생시켜 다른 물질을 연소시키거나 연소를 촉진하는 액체

9) 산화성 고체 : 그 자체로는 연소하지 않더라도 일반적으로 산소를 발생시켜 다른 물질을 연소시키거나 연소를 촉진하는 고체

10) 고압가스 : 20℃, 200킬로파스칼(kpa) 이상의 압력 하에서 용기에 충전되어 있는 가스 또는 냉동액화가스 형태로 용기에 충전되어 있는 가스(압축가스, 액화가스, 냉동액화가스, 용해가스로 구분한다)

11) 자기반응성 물질 : 열적(熱的)인 면에서 불안정하여 산소가 공급되지 않아도 강렬하게 발열·분해하기 쉬운 액체·고체 또는 혼합물

12) 자연발화성 액체 : 적은 양으로도 공기와 접촉하여 5분 안에 발화할 수 있는 액체

13) 자연발화성 고체 : 적은 양으로도 공기와 접촉하여 5분 안에 발화할 수 있는 고체

14) 자기발열성 물질 : 주위의 에너지 공급 없이 공기와 반응하여 스스로 발열하는 물질(자기발화성 물질은 제외한다)

15) 유기과산화물 : 2가의 -○-○-구조를 가지고 **1개 또는 2개**의 수소 원자가 유기라디칼에 의하여 치환된 과산화수소의 유도체를 포함한 액체 또는 고체 유기물질

16) 금속 부식성 물질: 화학적인 작용으로 금속에 손상 또는 부식을 일으키는 물질

나. 건강 및 환경 유해성 분류기준

1) 급성 독성 물질 : 입 또는 피부를 통하여 1회 투여 또는 24시간 이내에 여러 차례로 나누어 투여하거나 호흡기를 통하여 4시간 동안 흡입하는 경우 유해한 영향을 일으키는 물질

2) 피부 부식성 또는 자극성 물질: 접촉 시 피부조직을 파괴하거나 자극을 일으키는 물질(피부 부식성 물질 및 피부 자극성 물질로 구분한다)

3) 심한 눈 손상성 또는 자극성 물질: 접촉 시 눈 조직의 손상 또는 시력의 저하 등을 일으키는 물질(눈 손상성 물질 및 눈 자극성 물질로 구분한다)

4) 호흡기 과민성 물질 : 호흡기를 통하여 흡입되는 경우 기도에 과민반응을 일으키는 물질

5) 피부 과민성 물질 : 피부에 접촉되는 경우 피부 알레르기 반응을 일으키는 물질

6) 발암성 물질 : 암을 일으키거나 그 발생을 증가시키는 물질

7) 생식세포 변이원성 물질 : 자손에게 유전될 수 있는 사람의 생식세포에 돌연변이를 일으킬 수 있는 물질

8) 생식독성 물질 : 생식기능, 생식능력 또는 태아의 발생·발육에 유해한 영향을 주는 물질

9) 특정 표적장기 독성 물질(1회 노출) : 1회 노출로 특정 표적장기 또는 전신에 독성을 일으키는 물질

10) 특정 표적장기 독성 물질(반복 노출) : 반복적인 노출로 특정 표적장기 또는 전신에 독성을 일으키는 물질

11) 흡인 유해성 물질 : 액체 또는 고체 화학물질이 입이나 코를 통하여 직접적으로 또는 구토로 인하여 간접적으로, 기관 및 더 깊은 호흡기관으로 유입되어 화학적 폐렴, 다양한 폐 손상이나 사망과 같은 심각한 급성 영향을 일으키는 물질

12) 수생 환경 유해성 물질 : 단기간 또는 장기간의 노출로 수생생물에 유해한 영향을 일으키는 물질

13) 오존층 유해성 물질 : 「오존층 보호를 위한 특정물질의 제조규제 등에 관한 법률」 제2조제1호에 따른 특정물질

2. 물리적 인자의 분류기준

가. 소음 : 소음성난청을 유발할 수 있는 **85데시벨(A)** 이상의 시끄러운 소리

나. 진동 : 착암기, 손망치 등의 공구를 사용함으로써 발생되는 백랍병·레이노 현상·

말초순환장애 등의 국소 진동 및 차량 등을 이용함으로써 발생되는 관절통·디스크·소화장애 등의 전신 진동

다. 방사선 : 직접·간접으로 공기 또는 세포를 전리하는 능력을 가진 알파선·베타선·감마선·엑스선·중성자선 등의 전자선

라. 이상기압 : 게이지 압력이 제곱센티미터당 1킬로그램 초과 또는 미만인 기압

마. 이상기온 : 고열·한랭·다습으로 인하여 열사병·동상·피부질환 등을 일으킬 수 있는 기온

3. 생물학적 인자의 분류기준

가. 혈액매개 감염인자 : 인간면역결핍바이러스, B형·C형간염바이러스, 매독바이러스 등 혈액을 매개로 다른 사람에게 전염되어 질병을 유발하는 인자

나. 공기매개 감염인자 : 결핵·수두·홍역 등 공기 또는 비말감염 등을 매개로 호흡기를 통하여 전염되는 인자

다. 곤충 및 동물매개 감염인자 : 쯔쯔가무시증, 렙토스피라증, 유행성출혈열 등 동물의 배설물 등에 의하여 전염되는 인자 및 탄저병, 브루셀라병 등 가축 또는 야생동물로부터 사람에게 감염되는 인자

※ 비고

제1호에 따른 화학물질의 분류기준 중 가목에 따른 물리적 위험성 분류기준별 세부 구분기준과 나목에 따른 건강 및 환경 유해성 분류기준의 단일물질 분류기준별 세부 구분기준 및 혼합물질의 분류기준은 고용노동부장관이 정하여 고시한다.

■ 산업안전보건법 시행규칙 [별표 19]

<u>유해인자별 노출 농도의 허용기준</u>(제145조제1항 관련)

유해인자		허용기준			
		시간가중평균값(TWA)		단시간 노출값(STEL)	
		ppm	mg/㎥	ppm	mg/㎥
1. 6가 크롬 화합물	불용성		0.01		
	수용성		0.05		
2. 납 및 그 무기화합물			0.05		
3. 니켈화합물(<u>불용성 무기화합물로 한정</u>한다			0.2		
4. 니켈카르보닐		0.001			
5. 디메틸포름아미드		10			
6. 디클로로메탄		50			
7. 1,2-디클로로프로판		10		110	
8. 망간 및 그 무기화합물			1		
9. 메탄올		200		250	
10. 메틸렌 비스(페닐 이소시아네이트)		0.005			
11. 베릴륨 및 그 화합물			0.002		0.01
12. 벤젠		0.5		2.5	
13. 1,3-부타디엔		2		10	
14. 2-브로모프로판		1			
15. 브롬화 메틸		1			
16. 산화에틸렌		1			
17. 석면(제조·사용하는 경우만 해당한다)(Asbestos)			0.1개/㎤		
18. 수은 및 그 무기화합물			0.025		
19. 스티렌		20		40	
20. 시클로헥사논		25		50	
21. 아닐린		2			
22. 아크릴로니트릴		2			
23. 암모니아		25		35	
24. 염소		0.5		1	
25. 염화비닐		1			

26. 이황화탄소	1			
27. 일산화탄소	30		200	
28. 카드뮴 및 그 화합물		0.01 (호흡성 분진인 경우 0.002)		
29. 코발트 및 그 무기화합물		0.02		
30. 콜타르피치 휘발물		0.2		
31. 톨루엔	50		150	
32. 톨루엔-2,4-디이소시아네이트	0.005		0.02	
33. 톨루엔-2,6-니이소시아네이트	0.005		0.02	
34. 트리클로로메탄	10			
35. 트리클로로에틸렌	10		25	
36. 포름알데히드	0.3			
37. n-헥산	50			
38. 황산		0.2		0.6

※비고

1. "시간가중평균값(TWA, Time-Weighted Average)"이란 1일 8시간 작업을 기준으로 한 평균노출농도로서 산출공식은 다음과 같다.

$$TWA\text{환산값} = \frac{C_1 \cdot T_1 + C_1 \cdot T_1 + \cdots\cdots + C_n \cdot T_n}{8}$$

주) C: 유해인자의 측정농도(단위: ppm, mg/㎥ 또는 개/㎤)
　　T: 유해인자의 발생시간(단위: 시간)

2. "단시간 노출값(STEL, Short-Term Exposure Limit)"이란 15분 간의 시간가중평균값으로서 노출 농도가 시간가중평균값을 초과하고 단시간 노출값 이하인 경우에는 ① 1회 노출 지속시간이 15분 미만이어야 하고, ② 이러한 상태가 1일 4회 이하로 발생해야 하며, ③ 각 회의 간격은 60분 이상이어야 한다.
3. "등"이란 해당 화학물질에 이성질체 등 동일 속성을 가지는 2개 이상의 화합물이 존재할 수 있는 경우를 말한다.

물질안전보건자료	MSDS 관리요령 게시	MSDS 교육내용
→ [암기법 : 제/명(함)/건강물/취급/물리화학/독/대/응] 1. 제품명 2. 물질안전보건자료대상물질을 구성하는 화학물질 중 제104조에 따른 분류기준에 해당하는 화학	**시행규칙 제168조(물질안전보건자료대상물질의 관리 요령 게시)** **→ [암기법 : 제/건강/취급/적/응]** ① 법 제114조제2항에 따른 작업공정별 관리 요령에 포함되어야 할 사항은 다음 각 호와 같다. ★	**→ [암기법 : 제/건강/취급/적/응/이해]** • 대상화학물질의 명칭(또는 제품명) • 물리적 위험성 및 건강 유해성 • 취급상의 주의사항 • 적절한 보호구

물질의 명칭 및 함유량 3. 안전 및 보건상의 취급 주의 사항 4. 건강 및 환경에 대한 유해성, 물리적 위험성 5. 물리·화학적 특성 6. 독성에 관한 정보 7. 폭발·화재 시의 대처방법 8. 응급조치 요령 9. 그 밖에 고용노동부장관이 정하는 사항	1. 제품명 2. 건강 및 환경에 대한 유해성, 물리적 위험성 3. 안전 및 보건상의 취급 주의 사항 4. 적절한 보호구 5. 응급조치 요령 및 사고시 대처방법 → **명칭 및 함유량, 독성 정보 (×)**	• 응급조치 요령 및 사고시 대처방법 • 물질안전보건자료 및 경고표지를 이해하는 방법

기 출 1

산업안전보건법령상 물질안전보건자료 및 경고표시에 관한 설명으로 옳은 것은?

① 대상화학물질을 양도하거나 제공하는 자는 물질안전보건자료 제공의무가 없다.

② 「약사법」에 따른 의약품은 물질안전보건자료의 작성 대상이다.

③ 탱크로리, 파이프라인에 의하여 대상화학물질을 양도하거나 제공하는 경우에는 경고표시 기재항목을 적은 자료를 제공할 필요가 없다.

④ 사업주는 새로운 대상화학물질이 도입된 경우 근로자에게 물질안전보건자료에 관한 교육을 매번 실시할 필요가 없다.

⑤ 사업주는 물질안전보건자료에 관한 교육을 할 때 유해성·위험성이 유사한 대상 화학물질을 그룹별로 분류하여 교육할 수 있다.

정 답

⑤

기 출 2

산업안전보건법령상 신규화학물질의 유해성 · 위험성 조사 대상에서 제외되는 것은?

① 방사성물질

② 노멀헥산

③ 포름알데히드

④ 카드뮴 및 그 화합물

⑤ 트리클로로에틸렌

정 답

① → [암기법 : 원천군]

기 출 3

산업안전보건법령상 제조 또는 사용허가를 받아야 하는 유해물질에 해당하는 것은?

① 황린성냥

② 벤조트리클로라이드

③ 백석면

④ 폴리클로리네이티드터페닐(PCT)

⑤ 4-니트로디페닐과 그염

정 답

②

기 출 4

산업안전보건법령상 건축물이나 설비를 철거하거나 해체하는 경우 기관석면 조사를 실시하여야 할 대상으로 옳은 것은?

① 주택의 연면적 합계가 200㎡ 이상이면서, 그 주택의 철거·해체하려는 부분의 면적 합계가 150㎡ 이상인 경우
② 건축물(주택 제외)의 연면적 합계가 50㎡ 이상이면서, 그 건축물의 철거해체하려는 부분의 면적 합계가 50㎡ 이상인 경우
③ 철거·해체하려는 부분에 실링(sealing)재를 사용한 부피의 합이 0.5m3 이상인 경우
④ 철거·해체하려는 부분에 단열재를 사용한 면적의 합이 10㎡ 이상인 경우
⑤ 파이프 길이의 합이 80m 이상이면서, 그 파이프의 철거해체하려는 부분의 보온재로 사용된 길이의 합이 60m 이상인 경우

정 답

②

영 제89조(기관석면조사 대상) ① 법 제119조제2항 각 호 외의 부분 본문에서 "대통령령으로 정하는 규모 이상"이란 다음 각 호의 어느 하나에 해당하는 경우를 말한다.

1. 건축물(제2호에 따른 주택은 제외한다. 이하 이 호에서 같다)의 연면적 합계가 50제곱미터 이상이면서, 그 건축물의 철거·해체하려는 부분의 면적 합계가 50제곱미터 이상인 경우
2. 주택(「건축법 시행령」 제2조제12호에 따른 부속건축물을 포함한다. 이하 이 호에서 같다)의 연면적 합계가 200제곱미터 이상이면서, 그 주택의 철거·해체하려는 부분의 면적 합계가 200제곱미터 이상인 경우
3. 설비의 철거·해체하려는 부분에 다음 각 목의 어느 하나에 해당하는 **자재**(물질을 포함한다. 이하 같다)를 사용한 면적의 합이 15제곱미터 이상 또는 그 부피의 합이 1세제곱미터 이상인 경우
   가. 단열재
   나. 보온재
   다. 분무재
   라. 내화피복재(耐火被覆材)
   마. 개스킷(Gasket: 누설방지재)
   바. 패킹재(Packing material: 틈박이재)
   사. 실링재(Sealing material: 액상 메움재)
   아. 그 밖에 가목부터 사목까지의 자재와 유사한 용도로 사용되는 자재로서 고용노동부장관이 정하여 고시하는 자재
4. 파이프 길이의 합이 80미터 이상이면서, 그 파이프의 철거·해체하려는 부분의 보온재로 사용된 길이의 합이 80미터 이상인 경우

기 출 5

산업안전보건법령상 화학물질의 유해성 · 위험성을 조사하고 그 조사보고서를 고용노동부장관에게 제출하여야 하는 것은?

① 방사성물질
② 천연으로 산출된 화학물질
③ 연간수입량이 1,000킬로그램 미만인 경우로서 고용노동부장관의 확인을 받은 신규화학물질
④ 전량 수출하기 위하여 연간 10톤 이하로 제조하거나 수입하는 경우로서 고용노동부장관의 확인을 받은 신규화학물질
⑤ 일반 소비자의 생활용으로 직접 소비자에게 제공되고 국내의 사업장에서 사용되지 않는 경우로서 고용노동부장관의 확인을 받은 신규화학물질

정 답

③

기 출 6

산업안전보건법령상 유해성 · 위험성 조사 제외 화학물질로 규정되어 있지 않은 것은? (단, 고용노동부장관이 공표하거나 고시하는 물질은 고려하지 않음)

① 「의료기기법」에 따른 의료기기
② 「약사법」에 따른 의약품 및 의약외품
③ 「건강기능식품에 관한 법률」에 따른 건강기능식품
④ 「첨단재생의료 및 첨단바이오의약품 안전 및 지원에 관한 법률」에 따른 첨단바이오의약품
⑤ 천연으로 산출된 화학물질

정 답

④

기출 7

산업안전보건법령상 유해성·위험성 조사 제외 화학물질에 해당하는 것을 모두 고른 것은?

ㄱ. 원소 ㄴ. 천연으로 산출되는 화학물질 ㄷ. 「총포·도검·화약류 등의 안전관리에 관한 법률」에 따른 화약류 ㄹ. 「생활화학제품 및 살생물제의 안전관리에 관한 법률」에 따른 살생물물질 및 살생물제품 ㅁ. 「폐기물관리법」에 따른 폐기물

① ㄴ
② ㄱ, ㅁ
③ ㄷ, ㄹ, ㅁ
④ ㄱ, ㄴ, ㄷ, ㄹ
⑤ ㄱ, ㄴ, ㄷ, ㄹ, ㅁ

정 답

④

기출 8

산업안전보건법령상 유해인자의 유해성·위험성 분류기준에 관한 설명으로 옳지 않은 것은?

① 인화성 액체는 표준압력(101.3kPa)에서 인화점이 93℃ 이하인 액체이다.
② 54℃ 이하 공기 중에서 자연발화하는 가스는 인화성 가스에 해당한다.
③ 20℃, 200 킬로파스칼(kPa) 이상의 압력 하에서 용기에 충전되어 있는 가스는 고압가스에 해당한다.
④ 유기과산화물은 2가의 -O-O-구조를 가지고 3개의 수소원자가 유기라디칼에 의하여 치환된 과산화수소의 유도체를 포함한 액체 유기물이다.
⑤ 자연발화성 액체는 적은 양으로도 공기와 접촉하여 5분 안에 발화할 수 있는 액체이다.

정 답

④

기출 9

산업안전보건법령상 유해성 · 위험성 조사 제외 화학물질에 해당하는 것을 모두 고른 것은? (단, 고용노동부장관이 공표하거나 고시하는 물질은 고려하지 않음)

ㄱ. 「농약관리법」 제2조제1호 및 제3호에 따른 농약 및 원제
ㄴ. 「마약류 관리에 관한 법률」 제2조제1호에 따른 마약류
ㄷ. 「사료관리법」 제2조제1호에 따른 사료
ㄹ. 「생활주변방사선 안전관리법」 제2조 제2호에 따른 원료물질

① ㄱ, ㄴ
② ㄷ, ㄹ
③ ㄱ, ㄴ, ㄷ
④ ㄴ, ㄷ, ㄹ
⑤ ㄱ, ㄴ, ㄷ, ㄹ

정 답

③

기출 10

산업안전보건법령상 유해인자의 유해성 · 위험성 분류기준에 관한 설명으로 옳은 것을 모두 고른 것은?

ㄱ. 소음은 소음성난청을 유발할 수 있는 90데시벨(A) 이상의 시끄러운 소리이다.
ㄴ. 물과 상호작용을 하여 인화성 가스를 발생시키는 고체·액체 또는 혼합물은 물반응성 물질에 해당한다.
ㄷ. 20℃, 표준압력(101.3kPa)에서 공기와 혼합하여 인화되는 범위에 있는 가스는 인화성 가스에 해당한다.
ㄹ. 이상기압은 게이지 압력이 제곱센티미터당 1킬로그램 초과 또는 미만인 기압이다.

① ㄱ, ㄴ
② ㄷ, ㄹ
③ ㄱ, ㄴ, ㄷ
④ ㄴ, ㄷ, ㄹ
⑤ ㄱ, ㄴ, ㄷ, ㄹ

정 답

④

기 출 11

산업안전보건법령상 고용노동부장관의 확인을 받은 경우로서 화학물질의 유해성·위험성 조사에서 제외되는 것을 모두 고른 것은?

ㄱ. 신규화학물질을 전량 수출하기 위하여 연간 100톤 이하로 제조하는 경우 ㄴ. 신규화학물질의 연간 수입량이 100킬로그램 미만인 경우 ㄷ. 해당 신규화학물질의 용기를 국내에서 변경하지 아니하는 경우 ㄹ. 해당 신규화학물질이 완성된 제품으로서 국내에서 가공하지 아니하는 경우

① ㄱ, ㄹ
② ㄴ, ㄷ
③ ㄱ, ㄴ, ㄷ
④ ㄴ, ㄷ, ㄹ
⑤ ㄱ, ㄴ, ㄷ, ㄹ

정 답

④

제8장 근로자 보건관리

제1절 근로환경의 개선

제125조(작업환경측정)

④ 사업주는 근로자대표(관계수급인의 근로자대표를 포함한다. 이하 이 조에서 같다)가 요구하면 작업환경측정 시 근로자대표를 참석시켜야 한다.

⑦ 사업주는 **산업안전보건위원회 또는 근로자대표가 요구하면** 작업환경측정 결과에 대한 설명회 등을 개최하여야 한다. 이 경우 제3항에 따라 작업환경측정을 위탁하여 실시한 경우에는 작업환경측정기관에 작업환경측정 결과에 대하여 설명하도록 할 수 있다. ★

제126조(작업환경측정기관) ① 작업환경측정기관이 되려는 자는 대통령령으로 정하는 인력·시설 및 장비 등의 요건을 갖추어 고용노동부장관의 지정을 받아야 한다.

② 고용노동부장관은 작업환경측정기관의 측정·분석 결과에 대한 정확성과 정밀도를 확보하기 위하여 작업환경측정기관의 측정·분석능력을 확인하고, 작업환경측정기관을 지도하거나 교육할 수 있다. 이 경우 측정·분석능력의 확인, 작업환경측정기관에 대한 교육의 방법·절차, 그 밖에 필요한 사항은 고용노동부장관이 정하여 고시한다.

③ 고용노동부장관은 작업환경측정의 수준을 향상시키기 위하여 **필요한 경우** 작업환경측정기관을 평가하고 그 결과(제2항에 따른 측정·분석능력의 확인 결과를 포함한다)를 공개할 수 있다. 이 경우 평가기준·방법 및 결과의 공개, 그 밖에 필요한 사항은 고용노동부령으로 정한다. → **매년(×)**

제127조(작업환경측정 신뢰성 평가) ① 고용노동부장관은 제125조제1항 및 제2항에 따른 작업환경측정 결과에 대하여 그 신뢰성을 평가할 수 있다.

제128조의2(휴게시설의 설치) ① 사업주는 근로자(관계수급인의 근로자를 포함한다. 이하 이 조에서 같다)가 신체적 피로와 정신적 스트레스를 해소할 수 있도록 휴식시간에 이용할 수 있는 휴게시설을 갖추어야 한다.

② 사업주 중 사업의 종류 및 사업장의 상시 근로자 수 등 대통령령으로 정하는 기준에 해당하는 사업장의 사업주는 제1항에 따라 휴게시설을 갖추는 경우 크기, 위치, 온도, 조명 등 고용노동부령으로 정하는 설치·관리기준을 준수하여야 한다. [본조신설 2021. 8. 17.]

영 제95조(작업환경측정기관의 지정 요건) 법 제126조제1항에 따라 작업환경측정기관으로 지정받을 수 있는 자는 다음 각 호의 어느 하나에 해당하는 자로서 작업환경측정기관의 유형별로 별표 29에 따른 인력·시설 및 장비를 갖추고 법 제126조제2항에 따라 고용노동부장관이 실시하는 작업환경측정기관의 측정·분석능력 확인에서

적합 판정을 받은 자로 한다. ★

1. 국가 또는 지방자치단체의 소속기관
2. 「의료법」에 따른 종합병원 또는 병원
3. 「고등교육법」 제2조 제1호부터 제6호까지의 규정에 따른 대학 또는 그 부속기관
4. 작업환경측정 업무를 하려는 법인
5. 작업환경측정 대상 사업장의 부속기관(해당 부속기관이 소속된 사업장 등 고용노동부령으로 정하는 범위로 한정하여 지정받으려는 경우로 한정한다)

영 제96조(작업환경측정기관의 지정 취소 등의 사유) 법 제126조제5항에 따라 준용되는 법 제21조 제4항 제5호에서 "대통령령으로 정하는 사유에 해당하는 경우"란 다음 각 호의 경우를 말한다.

1. 작업환경측정 관련 서류를 거짓으로 작성한 경우
2. 정당한 사유 없이 작업환경측정 업무를 거부한 경우
3. 위탁받은 작업환경측정 업무에 차질을 일으킨 경우
4. 법 제125조제8항에 따라 고용노동부령으로 정하는 작업환경측정 방법 등을 위반한 경우
5. 법 제126조제2항에 따라 고용노동부장관이 실시하는 작업환경측정기관의 측정·분석능력 확인을 **1년 이상 받지 않거나** 작업환경측정기관의 측정·분석능력 확인에서 부적합 판정을 받은 경우 ★
6. 작업환경측정 업무와 관련된 비치서류를 보존하지 않은 경우
7. 법에 따른 관계 공무원의 지도·감독을 거부·방해 또는 기피한 경우

영 제96조의2(휴게시설 설치 · 관리기준 준수 대상 사업장의 사업주) 법 제128조의2제2항에서 "사업의 종류 및 사업장의 상시 근로자 수 등 대통령령으로 정하는 기준에 해당하는 사업장"이란 다음 각 호의 어느 하나에 해당하는 사업장을 말한다.

1. 상시근로자(관계수급인의 근로자를 포함한다. 이하 제2호에서 같다) 20명 이상을 사용하는 사업장(건설업의 경우에는 관계수급인의 공사금액을 포함한 해당 공사의 총공사금액이 20억원 이상인 사업장으로 한정한다)
2. 다음 각 목의 어느 하나에 해당하는 직종(「통계법」 제22조제1항에 따라 통계청장이 고시하는 한국표준직업분류에 따른다)의 상시근로자가 2명 이상인 사업장으로서 상시근로자 10명 이상 20명 미만을 사용하는 사업장(건설업은 제외한다)
   가. 전화 상담원
   나. 돌봄 서비스 종사원
   다. 텔레마케터
   라. 배달원
   마. 청소원 및 환경미화원
   바. 아파트 경비원
   사. 건물 경비원

[본조신설 2022. 8. 16.]

시행규칙 제186조(작업환경측정 대상 작업장 등) ① 법 제125조제1항에서 "고용노동부령으로 정하는 작업장"이란 별표 21의 **작업환경측정 대상 유해인자에 노출되는 근로자가 있는 작업장**을 말한다. 다만, 다음 각 호의 어느 하나에 해당하는 경우에는 작업환경측정을 하지 않을 수 있다. **→ 유해인자가 있는 작업장(×)**

시행규칙 제187조(작업환경측정자의 자격) 법 제125조제1항에서 "고용노동부령으로 정하는 자격을 가진 자"란 그 사업장에 소속된 사람 중 산업위생관리산업기사 이상의 자격을 가진 사람을 말한다.

시행규칙 제188조(작업환경측정 결과의 보고) ① 사업주는 법 제125조제1항에 따라 작업환경측정을 한 경우에는 별지 제82호서식의 작업환경측정 결과보고서에 별지 제83호서식의 작업환경측정 결과표를 첨부하여 제189조제1항 제3호에 따른 시료채취방법으로 **시료채취(이하 이 조에서 "시료채취"라 한다)를 마친 날부터 30일 이내에 관할 지방고용노동관서의 장에게 제출해야 한다.** 다만, 시료분석 및 평가에 상당한 시간이 걸려 시료채취를 마친 날부터 30일 이내에 보고하는 것이 어려운 사업장의 사업주는 고용노동부장관이 정하여 고시하는 바에 따라 그 사실을 증명하여 관할 지방고용노동관서의 장에게 신고하면 30일의 범위에서 제출기간을 연장할 수 있다.

③ **사업주는 작업환경측정 결과 노출기준을 초과한 작업공정이 있는 경우**에는 법 제125조제6항에 따라 해당 시설·설비의 설치·개선 또는 건강진단의 실시 등 적절한 조치를 하고 **시료채취를 마친 날부터 60일 이내에 해당 작업공정의 개선을 증명할 수 있는 서류 또는 개선 계획을 관할 지방고용노동관서의 장에게 제출**해야 한다. ★

④ 제1항 및 제2항에 따른 작업환경측정 결과의 보고내용, 방식 및 절차에 관한 사항은 고용노동부장관이 정하여 고시한다.

시행규칙 제189조(작업환경측정방법) ① 사업주는 법 제125조제1항에 따른 작업환경측정을 할 때에는 다음 각 호의 사항을 지켜야 한다. ★

1. 작업환경측정을 하기 전에 예비조사를 할 것
2. 작업이 정상적으로 이루어져 작업시간과 유해인자에 대한 근로자의 노출 정도를 정확히 평가할 수 있을 때 실시할 것
3. 모든 측정은 개인 시료채취방법으로 하되, 개인 시료채취방법이 곤란한 경우에는 지역 시료채취방법으로 실시할 것. 이 경우 그 사유를 별지 제83호서식의 작업환경측정 결과표에 분명하게 밝혀야 한다.
4. 법 제125조제3항에 따라 작업환경측정기관에 위탁하여 실시하는 경우에는 해당 작업환경측정기관에 공정별 작업내용, 화학물질의 사용실태 및 물질안전보건자료 등 작업환경측정에 필요한 정보를 제공할 것

② 사업주는 근로자대표 또는 해당 작업공정을 수행하는 근로자가 요구하면 제1항

제1호에 따른 예비조사에 참석시켜야 한다.

③ 제1항에 따른 측정방법 외에 유해인자별 세부 측정방법 등에 관하여 필요한 사항은 고용노동부장관이 정한다.

시행규칙 제190조(작업환경측정 주기 및 횟수) ① 사업주는 작업장 또는 작업공정이 신규로 가동되거나 변경되는 등으로 제186조에 따른 작업환경측정 대상 작업장이 된 경우에는 그 날부터 30일 이내에 작업환경측정을 하고, 그 후 반기(半期)에 1회 이상 정기적으로 작업환경을 측정해야 한다. 다만, 작업환경측정 결과가 다음 각 호의 어느 하나에 해당하는 작업장 또는 작업공정은 해당 유해인자에 대하여 그 측정일부터 3개월에 1회 이상 작업환경측정을 해야 한다. ★★

1. 별표 21 제1호에 해당하는 화학적 인자(고용노동부장관이 정하여 고시하는 물질만 해당한다)의 측정치가 노출기준을 초과하는 경우
2. 별표 21 제1호에 해당하는 화학적 인자(고용노동부장관이 정하여 고시하는 물질은 제외한다)의 측정치가 노출기준을 2배 이상 초과하는 경우

② 제1항에도 불구하고 사업주는 최근 1년간 작업공정에서 공정 설비의 변경, 작업방법의 변경, 설비의 이전, 사용 화학물질의 변경 등으로 작업환경측정 결과에 영향을 주는 변화가 없는 경우로서 다음 각 호의 **어느 하나**에 해당하는 경우에는 해당 유해인자에 대한 작업환경측정을 연(年) 1회 이상 할 수 있다. 다만, 고용노동부장관이 정하여 고시하는 물질을 취급하는 작업공정은 그렇지 않다.

1. 작업공정 내 소음의 작업환경측정 결과가 최근 2회 연속 85데시벨(dB) 미만인 경우
2. 작업공정 내 소음 외의 다른 모든 인자의 작업환경측정 결과가 최근 2회 연속 노출기준 미만인 경우

시행규칙 제194조(작업환경측정 신뢰성평가의 대상 등) ① 공단은 다음 각 호의 어느 하나에 해당하는 경우에는 법 제127조제1항에 따른 작업환경측정 신뢰성평가(이하 "신뢰성평가"라 한다)를 할 수 있다.

1. 작업환경측정 결과가 노출기준 미만인데도 직업병 유소견자가 발생한 경우
2. 공정설비, 작업방법 또는 사용 화학물질의 변경 등 작업 조건의 변화가 없는데도 유해인자 노출수준이 현저히 달라진 경우
3. 제189조에 따른 작업환경측정방법을 위반하여 작업환경측정을 한 경우 등 신뢰성평가의 필요성이 인정되는 경우

■ 산업안전보건법 시행규칙 [별표 21의2] 〈신설 2022. 8. 18.〉

휴게시설 설치 · 관리기준(제194조의2 관련)

1. 크기

  가. 휴게시설의 최소 바닥면적은 6제곱미터로 한다. 다만, 둘 이상의 사업장의 근로자가 공동으로 같은 휴게시설(이하 이 표에서 "공동휴게시설"이라 한다)을 사용하게 하는 경우 공동휴게시설의 바닥면적은 6제곱미터에 사업장의 개수를 곱한 면적 이상으로 한다.

  나. 휴게시설의 바닥에서 천장까지의 높이는 2.1미터 이상으로 한다.

  다. 가목 본문에도 불구하고 근로자의 휴식 주기, 이용자 성별, 동시 사용인원 등을 고려하여 최소면적을 근로자대표와 협의하여 6제곱미터가 넘는 면적으로 정한 경우에는 근로자대표와 협의한 면적을 최소 바닥면적으로 한다.

  라. 가목 단서에도 불구하고 근로자의 휴식 주기, 이용자 성별, 동시 사용인원 등을 고려하여 공동휴게시설의 바닥면적을 근로자대표와 협의하여 정한 경우에는 근로자대표와 협의한 면적을 공동휴게시설의 최소 바닥면적으로 한다.

2. 위치 : 다음 각 목의 요건을 모두 갖춰야 한다.

  가. 근로자가 이용하기 편리하고 가까운 곳에 있어야 한다. 이 경우 공동휴게시설은 각 사업장에서 휴게시설까지의 왕복 이동에 걸리는 시간이 휴식시간의 20퍼센트를 넘지 않는 곳에 있어야 한다.

  나. 다음의 모든 장소에서 떨어진 곳에 있어야 한다.

    1) 화재·폭발 등의 위험이 있는 장소

    2) 유해물질을 취급하는 장소

    3) 인체에 해로운 분진 등을 발산하거나 소음에 노출되어 휴식을 취하기 어려운 장소

3. 온도

  적정한 온도(18℃ ~ 28℃)를 유지할 수 있는 냉난방 기능이 갖춰져 있어야 한다.

4. 습도

  적정한 습도(50% ~ 55%). 다만, 일시적으로 대기 중 상대습도가 현저히 높거나 낮아 적정한 습도를 유지하기 어렵다고 고용노동부장관이 인정하는 경우는 제외한다)를 유지할 수 있는 습도 조절 기능이 갖춰져 있어야 한다.

5. 조명

  적정한 밝기(100럭스 ~ 200럭스)를 유지할 수 있는 조명 조절 기능이 갖춰져 있어야 한다.

6. 창문 등을 통하여 환기가 가능해야 한다.

7. 의자 등 휴식에 필요한 비품이 갖춰져 있어야 한다.

8. 마실 수 있는 물이나 식수 설비가 갖춰져 있어야 한다.

9. 휴게시설임을 알 수 있는 표지가 휴게시설 외부에 부착돼 있어야 한다.

10. 휴게시설의 청소·관리 등을 하는 담당자가 지정돼 있어야 한다. 이 경우 공동휴게시설은 사업장마다 각각 담당자가 지정돼 있어야 한다.

11. 물품 보관 등 휴게시설 목적 외의 용도로 사용하지 않도록 한다.

※ 비고

다음 각 목에 해당하는 경우에는 다음 각 목의 구분에 따라 제1호부터 제6호까지의 규정에 따른 휴게시설 설치·관리기준의 일부를 적용하지 않는다.

가. 사업장 전용면적의 총 합이 300제곱미터 미만인 경우: 제1호 및 제2호의 기준 나. 작업장소가 일정하지 않거나 전기가 공급되지 않는 등 작업특성상 실내에 휴게시설을 갖추기 곤란한 경우로서 그늘막 등 간이 휴게시설을 설치한 경우: 제3호부터 제6호까지의 규정에 따른 기준 다. 건조 중인 선박 등에 휴게시설을 설치하는 경우 : 제4호의 기준

기 출 1

산업안전보건법령상 작업환경측정기관에 대하여 그 지정을 취소하거나 6개월 이내의 기간을 정하여 그 업무의 정지를 명할 수 있는 경우가 아닌 것은?

① 작업환경측정 관련 서류를 거짓으로 작성한 경우
② 정당한 사유 없이 작업환경측정 업무를 거부한 경우
③ 위탁받은 작업환경측정 업무에 차질을 일으킨 경우
④ 작업환경측정 업무와 관련된 비치서류를 보존하지 않은 경우
⑤ 고용노동부장관이 실시하는 작업환경측정기관의 측정·분석능력 확인을 6개월 동안 받지 않은 경우

정 답

⑤

기 출 2

산업안전보건법령상 작업환경측정 등에 관한 설명으로 옳지 않은 것은?

① 고용노동부장관은 작업환경측정의 수준을 향상시키기 위하여 매년 지정측정기관을 평가한 후 그 결과를 공표하여야 한다.
② 사업주는 작업환경측정의 결과를 해당 작업장 근로자에게 알려야 하며 그 결과에 따라 근로자의 건강을 보호하기 위하여 해당 시설·설비의 설치·개선 또는 건강진단의 실시 등 적절한 조치를 하여야 한다.
③ 사업주는 산업안전보건위원회 또는 근로자대표가 요구하면 작업환경측정 결과에 대한 설명회를 직접 개최하거나 작업환경측정을 한 기관으로 하여금 개최하도록 하여야 한다.
④ 고용노동부장관은 작업환경측정 결과의 정확성과 정밀성을 평가하기 위하여 필요하다고 인정하는 경우에는 신뢰성 평가를 할 수 있다.
⑤ 시설·장비의 성능은 고용노동부장관이 지정측정기관의 작업환경측정 수준을 평가하는 기준에 해당한다.

정 답

①

기 출 3

산업안전보건법령상 작업환경측정에 관한 설명으로 옳은 것을 모두 고른 것은?

ㄱ. 작업환경측정 대상인 작업장에서 작업환경측정을 할 수 있는 "고용노동부령으로 정하는 자격을 가진 자"란 그 사업장에 소속된 사람으로서 산업위생관리산업기사 이상의 자격을 가진 사람을 말한다.
ㄴ. 모든 측정은 지역시료채취방법으로 하되, 지역시료채취방법이 곤란한 경우에는 개인시료채취방법으로 실시하여야 한다.
ㄷ. 작업환경측정 결과 고용노동부장관이 정하여 고시하는 화학적 인자의 측정치가 노출기준을 초과하는 작업장 또는 작업공정은 해당 유해인자에 대하여 그 측정일부터 6개월에 1회 이상 작업환경측정을 하여야 한다.
ㄹ. 한국산업안전보건공단은 작업환경측정 결과가 노출기준 미만인데도 직업병 유소견자가 발생한 경우에는 작업환경측정 신뢰성평가를 할 수 있다.

① ㄱ　② ㄱ, ㄴ　③ ㄴ, ㄷ
④ ㄱ, ㄹ　⑤ ㄱ, ㄴ, ㄷ

정 답

④

> **시행규칙 제194조(작업환경측정 신뢰성평가의 대상 등)** ① 공단은 다음 각 호의 어느 하나에 해당하는 경우에는 법 제127조제1항에 따른 작업환경측정 신뢰성평가(이하 "신뢰성평가"라 한다)를 할 수 있다.
> 1. 작업환경측정 결과가 노출기준 미만인데도 직업병 유소견자가 발생한 경우
> 2. 공정설비, 작업방법 또는 사용 화학물질의 변경 등 작업 조건의 변화가 없는데도 유해인자 노출수준이 현저히 달라진 경우
> 3. 제189조에 따른 작업환경측정방법을 위반하여 작업환경측정을 한 경우 등 신뢰성평가의 필요성이 인정되는 경우

기 출 4

산업안전보건법령상 작업환경측정에 대한 설명으로 옳은 것은?

① 작업환경측정 대상 작업장은 작업환경측정 대상 유해인자가 존재하는 작업장을 말한다.
② 작업환경측정을 할 때에는 모든 측정은 반드시 개인시료채취방법으로 하여야 한다.
③ 작업장 또는 작업공정이 신규로 가동되거나 변경되어 작업환경측정 대상 작업장이 된 경우에는 지체 없이 작업환경측정을 하여야 한다.
④ 발암성물질인 화학적 인자의 측정치가 노출기준을 초과하는 경우 해당 사업장 전체에 대하여 그 측정일부터 3개월에 1회 이상 작업환경측정을 하여야 한다.
⑤ 사업주는 작업환경측정 결과 노출기준을 초과한 작업공정이 있는 경우 개선 등 적절한 조치를 하고 시료채취를 마친 날부터 60일 이내에 해당 작업공정의 개선을 증명할 수 있는 서류 또는 개선계획을 관할 지방고용노동관서의 장에게 제출하여야 한다.

정 답

⑤

> **시행규칙 제190조(작업환경측정 주기 및 횟수)** ① 사업주는 작업장 또는 작업공정이 신규로 가동되거나 변경되는 등으로 제186조에 따른 작업환경측정 대상 작업장이 된 경우에는 그 날부터 30일 이내에 작업환경측정을 하고, 그 후 반기(半期)에 1회 이상 정기적으로 작업환경을 측정해야 한다. 다만, 작업환경측정 결과가 다음 각 호의 어느 하나에 해당하는 **작업장 또는 작업공정**은 해당 유해인자에 대하여 그 측정일부터 3개월에 1회 이상 작업환경측정을 해야 한다. ★ → **사업장(×)**
> 1. 별표 21 제1호에 해당하는 **화학적 인자**(고용노동부장관이 정하여 고시하는 물질만 해당한다)의 측정치가 노출기준을 초과하는 경우
> 2. 별표 21 제1호에 해당하는 **화학적 인자**(고용노동부장관이 정하여 고시하는 물질은 제외한다)의 측정치가 노출기준을 2배 이상 초과하는 경우
>
> ② 제1항에도 불구하고 사업주는 최근 1년간 작업공정에서 공정 설비의 변경, 작업방법의 변경, 설비의 이전, 사용 화학물질의 변경 등으로 작업환경측정 결과에 영향을 주는 변화가 없는 경우로서 다음 각 호의 **어느 하나**에 해당하는 경우에는 해당 유해인자에 대한 작업환경측정을 연(年) 1회 이상 할 수 있다. 다만, 고용노동부장관이 정하여 고시하는 물질을 취급하는 작업공정은 그렇지 않다.
> 1. 작업공정 내 소음의 작업환경측정 결과가 최근 2회 연속 85데시벨(dB) 미만인 경우

2. 작업공정 내 소음 외의 다른 모든 인자의 작업환경측정 결과가 최근 2회 연속 노출기준 미만인 경우

기 출 5

산업안전보건법령상 작업환경측정기관에 관한 지정 요건을 갖추어 작업환경측정기관으로 지정받을 수 있는 자를 모두 고른 것은?

ㄱ. 국가 또는 지방자치단체의 소속기관
ㄴ. 「의료법」에 따른 종합병원 또는 병원
ㄷ. 「고등교육법」에 따른 대학 또는 그 부속기관
ㄹ. 작업환경측정 업무를 하려는 법인

① ㄱ, ㄴ
② ㄷ, ㄹ
③ ㄱ, ㄴ, ㄷ
④ ㄴ, ㄷ, ㄹ
⑤ ㄱ, ㄴ, ㄷ, ㄹ

정 답

⑤

영 제95조(작업환경측정기관의 지정 요건) 법 제126조제1항에 따라 작업환경측정기관으로 지정받을 수 있는 자는 다음 각 호의 어느 하나에 해당하는 자로서 작업환경측정기관의 유형별로 별표 29에 따른 인력·시설 및 장비를 갖추고 법 제126조제2항에 따라 고용노동부장관이 실시하는 작업환경측정기관의 측정·분석능력 확인에서 적합 판정을 받은 자로 한다. ★

1. 국가 또는 지방자치단체의 소속기관
2. 「의료법」에 따른 종합병원 또는 병원 → **의원이나 한의원(×)**
3. 「고등교육법」 제2조 제1호부터 제6호까지의 규정에 따른 대학 또는 그 부속기관
4. 작업환경측정 업무를 하려는 법인
5. 작업환경측정 대상 사업장의 부속기관(해당 부속기관이 소속된 사업장 등 고용노동부령으로 정하는 범위로 한정하여 지정받으려는 경우로 한정한다)

기 출 6

산업안전보건법령상 근로환경의 개선에 관한 설명으로 옳지 않은 것은?

① 도급인의 사업장에서 관계수급인 또는 관계수급인의 근로자가 작업을 하는 경우에는 도급인은 그 사업장에 소속된 사람 중 산업위생관리산업기사 이상의 자격을 가진 사람으로 하여금 작업환경측정을 하도록 하여야 한다.
② 사업주는 근로자대표가 요구하면 작업환경측정 시 근로자대표를 참석시켜야 한다.
③ 「의료법」에 따른 의원 또는 한의원은 작업환경측정기관으로 고용노동부장관의 승인을 받을 수 있다.
④ 한국산업안전보건공단은 작업환경측정 결과가 노출기준 미만인데도 직업병 유소견자가 발생한 경우에는 작업환경측정 신뢰성평가를 할 수 있다.
⑤ 사업주는 산업안전보건위원회 또는 근로자대표가 요구하면 작업환경측정 결과에 대한 설명회 등을 개최하여야 한다.

정 답

③

예 상 1

산업안전보건법령상 작업환경측정 주기 및 횟수에 관한 설명으로 옳지 않은 것은?

① 사업주는 작업장 또는 작업공정이 신규로 가동되거나 변경되어 작업환경측정 대상 작업장이 된 경우에는 그 날부터 30일 이내에 작업환경측정을 해야 한다.
② ①항의 작업환경측정을 한 후 반기(半期)에 1회 이상 정기적으로 작업환경을 측정해야 한다.
③ 고용노동부장관이 정하여 고시하는 물질의 작업환경측정 결과가 작업환경측정대상 화학적 인자의 측정치가 노출기준을 초과하는 경우에는 그 측정일부터 3개월에 1회 이상 작업환경측정을 해야 한다.
④ 고용노동부장관이 정하여 고시하는 물질이 아닌 경우 작업환경측정 결과가 작업환경측정대상 화학적 인자의 측정치가 노출기준을 2배 이상 초과하는 경우에는 그 측정일부터 6개월에 1회 이상 작업환경측정을 해야 한다.
⑤ 고용노동부장관이 정하여 고시하는 물질을 취급하는 작업공정이 아닌 경우 작업공정 내 소음의 측정결과가 최근 2회 연속 85데시벨 미만인 경우 해당 유해인자에 대하여 작업환경측정을 연(年) 1회 이상 할 수 있다.

정 답

④

예 상 2

산업안전보건법령상 휴게시설 설치기준 및 관리기준에 관한 설명으로 옳은 것은?

① 휴게시설의 크기는 최소 바닥면적을 9제곱미터로 한다.

② 휴게시설의 바닥에서 천장까지의 높이는 2.7미터 이상으로 한다.

③ 공동휴게시설은 각 사업장에서 휴게시설까지의 왕복 이동에 걸리는 시간이 휴식시간의 30%를 넘지 않는 곳에 있어야 한다.

④ 적정한 온도(18℃~28℃)를 유지할 수 있는 냉난방 기능이 갖춰져 있어야 한다.

⑤ 적정한 습도(70~75%)와 적정한 밝기(150럭스~300럭스)를 유지할 수 있는 조절 기능이 갖춰져 있어야 한다.

정 답

④

제2절 건강진단 및 건강관리

제129조(일반건강진단) ① 사업주는 상시 사용하는 근로자의 건강관리를 위하여 건강진단(이하 "일반건강진단"이라 한다)을 실시하여야 한다. 다만, 사업주가 고용노동부령으로 정하는 건강진단을 실시한 경우에는 그 건강진단을 받은 근로자에 대하여 일반건강진단을 실시한 것으로 **본다.**

② 사업주는 제135조 제1항에 따른 특수건강진단기관 또는 「건강검진기본법」 제3조제2호에 따른 건강검진기관(이하 "건강진단기관"이라 한다)에서 일반건강진단을 실시하여야 한다.

③ 일반건강진단의 주기·항목·방법 및 비용, 그 밖에 필요한 사항은 고용노동부령으로 정한다.

제130조(특수건강진단 등) ① 사업주는 다음 각 호의 어느 하나에 해당하는 근로자의 건강관리를 위하여 건강진단(이하 "특수건강진단"이라 한다)을 실시하여야 한다. 다만, 사업주가 고용노동부령으로 정하는 건강진단을 실시한 경우에는 그 건강진단을 받은 근로자에 대하여 해당 유해인자에 대한 특수건강진단을 실시한 것으로 본다.

1. 고용노동부령으로 정하는 유해인자에 노출되는 업무(이하 "특수건강진단대상업무"라 한다)에 종사하는 근로자
2. 제1호, 제3항 및 제131조에 따른 건강진단 실시 결과 직업병 소견이 있는 근로자로 판정받아 작업 전환을 하거나 작업 장소를 변경하여 해당 판정의 원인이 된 특수건강진단대상업무에 종사하지 아니하는 사람으로서 해당 유해인자에 대한 건강진단이 필요하다는 「의료법」 제2조에 따른 의사의 소견이 있는 근로자

② 사업주는 특수건강진단대상업무에 종사할 근로자의 배치 예정 업무에 대한 적합성 평가를 위하여 건강진단(이하 "배치전건강진단"이라 한다)을 실시하여야 한다. 다만, 고용노동부령으로 정하는 근로자에 대해서는 배치전건강진단을 실시하지 아니할 수 있다.

③ 사업주는 특수건강진단대상업무에 따른 유해인자로 인한 것이라고 **의심**되는 건강장해 증상을 보이거나 의학적 소견이 있는 근로자 중 보건관리자 등이 사업주에게 건강진단 실시를 건의하는 등 고용노동부령으로 정하는 근로자에 대하여 건강진단(이하 "**수시건강진단**"이라 한다)을 실시하여야 한다.

④ 사업주는 제135조제1항에 따른 특수건강진단기관에서 제1항부터 제3항까지의 규정에 따른 건강진단을 실시하여야 한다.

⑤ 제1항부터 제3항까지의 규정에 따른 건강진단의 시기·주기·항목·방법 및 비용, 그 밖에 필요한 사항은 고용노동부령으로 정한다.

제131조(임시건강진단 명령 등) ① 고용노동부장관은 같은 유해인자에 노출되는 근로자들

에게 **유사한 질병의 증상이 발생**한 경우 등 고용노동부령으로 정하는 경우에는 근로자의 건강을 보호하기 위하여 사업주에게 특정 근로자에 대한 건강진단(이하 "임시건강진단"이라 한다)의 실시나 작업전환, 그 밖에 필요한 조치를 명할 수 있다.

② 임시건강진단의 항목, 그 밖에 필요한 사항은 고용노동부령으로 정한다.

제132조(건강진단에 관한 사업주의 의무) ① 사업주는 제129조부터 제131조까지의 규정에 따른 건강진단을 실시하는 경우 근로자대표가 요구하면 근로자대표를 참석시켜야 한다.

② 사업주는 산업안전보건위원회 또는 근로자대표가 요구할 때에는 직접 또는 제129조부터 제131조까지의 규정에 따른 건강진단을 한 건강진단기관에 건강진단 결과에 대하여 설명하도록 하여야 한다. 다만, 개별 근로자의 건강진단 결과는 본인의 동의 없이 공개해서는 아니 된다.

③ 사업주는 제129조부터 제131조까지의 규정에 따른 건강진단의 결과를 근로자의 건강 보호 및 유지 외의 목적으로 사용해서는 아니 된다.

④ 사업주는 제129조부터 제131조까지의 규정 또는 다른 법령에 따른 건강진단의 결과 근로자의 건강을 유지하기 위하여 필요하다고 인정할 때에는 작업장소 변경, 작업전환, 근로시간 단축, **야간근로(오후 10시부터 다음 날 오전 6시까지 사이의 근로**를 말한다)의 제한, 작업환경측정 또는 시설 설비의 설치 개선 등 고용노동부령으로 정하는 바에 따라 적절한 조치를 하여야 한다.

⑤ 제4항에 따라 적절한 조치를 하여야 하는 사업주로서 고용노동부령으로 정하는 사업주는 그 조치 결과를 고용노동부령으로 정하는 바에 따라 고용노동부장관에게 제출하여야 한다.

제137조(건강관리카드) ① 고용노동부장관은 고용노동부령으로 정하는 건강장해가 발생할 우려가 있는 업무에 종사하였거나 종사하고 있는 사람 중 고용노동부령으로 정하는 요건을 갖춘 사람의 직업병 조기발견 및 지속적인 건강관리를 위하여 건강관리카드를 발급하여야 한다.

② 건강관리카드를 발급받은 사람이 「산업재해보상보험법」 제41조에 따라 요양급여를 신청하는 경우에는 건강관리카드를 제출함으로써 해당 재해에 관한 의학적 소견을 적은 서류의 제출을 대신할 수 있다.

③ 건강관리카드를 발급받은 사람은 그 건강관리카드를 타인에게 양도하거나 대여해서는 아니 된다.

④ 건강관리카드를 발급받은 사람 중 제1항에 따라 건강관리카드를 발급받은 업무에 종사하지 아니하는 사람은 고용노동부령으로 정하는 바에 따라 특수건강진단에 준하는 건강진단을 받을 수 있다.

⑤ 건강관리카드의 서식, 발급 절차, 그 밖에 필요한 사항은 고용노동부령으로 정한다.

제138조(질병자의 근로 금지·제한) ① 사업주는 감염병, 정신질환 또는 근로로 인하여 병세가 크게 악화될 우려가 있는 질병으로서 고용노동부령으로 정하는 질병에 걸린 사람에게는 「의료법」 제2조에 따른 의사의 진단에 따라 근로를 금지하거나 제한하여야

한다.

② 사업주는 제1항에 따라 근로가 금지되거나 제한된 근로자가 건강을 회복하였을 때에는 지체 없이 근로를 할 수 있도록 하여야 한다.

제139조(유해 · 위험작업에 대한 근로시간 제한 등) ① 사업주는 유해하거나 위험한 작업으로서 높은 기압에서 하는 작업 등 **대통령령으로 정하는 작업**에 종사하는 근로자에게는 1일 6시간, 1주 34시간을 초과하여 근로하게 해서는 아니 된다. ★

② 사업주는 대통령령으로 정하는 유해하거나 위험한 작업에 종사하는 근로자에게 필요한 안전조치 및 보건조치 외에 작업과 휴식의 적정한 배분 및 근로시간과 관련된 근로조건의 개선을 통하여 근로자의 건강 보호를 위한 조치를 하여야 한다.

제140조(자격 등에 의한 취업 제한 등) ① 사업주는 유해하거나 위험한 작업으로서 상당한 지식이나 숙련도가 요구되는 고용노동부령으로 정하는 작업의 경우 그 작업에 필요한 자격·면허·경험 또는 기능을 가진 근로자가 아닌 사람에게 그 작업을 하게 해서는 아니 된다.

② 고용노동부장관은 제1항에 따른 자격·면허의 취득 또는 근로자의 기능 습득을 위하여 교육기관을 지정할 수 있다.

③ 제1항에 따른 자격·면허·경험·기능, 제2항에 따른 교육기관의 지정 요건 및 지정절차, 그 밖에 필요한 사항은 고용노동부령으로 정한다.

④ 제2항에 따른 교육기관에 관하여는 제21조제4항 및 제5항을 준용한다. 이 경우 "안전관리전문기관 또는 보건관리전문기관"은 "제2항에 따른 교육기관"으로 본다.

제141조(역학조사) ① 고용노동부장관은 직업성 질환의 진단 및 예방, 발생 원인의 규명을 위하여 필요하다고 인정할 때에는 근로자의 질환과 작업장의 유해요인의 상관관계에 관한 역학조사(이하 "역학조사"라 한다)를 할 수 있다. 이 경우 사업주 또는 근로자대표, 그 밖에 고용노동부령으로 정하는 사람이 요구할 때 고용노동부령으로 정하는 바에 따라 역학조사에 참석하게 할 수 있다. ★

② 사업주 및 근로자는 고용노동부장관이 역학조사를 실시하는 경우 적극 협조하여야 하며, 정당한 사유 없이 역학조사를 거부·방해하거나 기피해서는 아니 된다.

③ 누구든지 제1항 후단에 따라 역학조사 참석이 허용된 사람의 역학조사 참석을 거부하거나 방해해서는 아니 된다.

④ 제1항 후단에 따라 역학조사에 참석하는 사람은 역학조사 참석과정에서 알게 된 비밀을 누설하거나 도용해서는 아니 된다.

⑤ 고용노동부장관은 역학조사를 위하여 필요하면 제129조부터 제131조까지의 규정에 따른 근로자의 건강진단 결과, 「국민건강보험법」에 따른 요양급여기록 및 건강검진 결과, 「고용보험법」에 따른 고용정보, 「암관리법」에 따른 질병정보 및 사망원인 정보 등을 관련 기관에 요청할 수 있다. 이 경우 자료의 제출을 요청받은 기관은 특별한 사유가 없으면 이에 따라야 한다.

⑥ 역학조사의 방법·대상·절차, 그 밖에 필요한 사항은 고용노동부령으로 정한다.

영 제99조(유해 · 위험작업에 대한 근로시간 제한 등) ① 법 제139조제1항에서 "높은 기압에서 하는 작업 등 대통령령으로 정하는 작업"이란 잠함(潛函) 또는 잠수 작업 등 **높은 기압에서 하는 작업**을 말한다. ★

② 제1항에 따른 작업에서 잠함·잠수 작업시간, 가압·감압방법 등 해당 근로자의 안전과 보건을 유지하기 위하여 필요한 사항은 고용노동부령으로 정한다.

③ 법 제139조제2항에서 "대통령령으로 정하는 유해하거나 위험한 작업"이란 다음 각 호의 어느 하나에 해당하는 작업을 말한다.

1. 갱(坑) 내에서 하는 작업
2. 다량의 고열물체를 취급하는 작업과 현저히 덥고 뜨거운 장소에서 하는 작업
3. 다량의 저온물체를 취급하는 작업과 현저히 춥고 차가운 장소에서 하는 작업
4. 라듐방사선이나 엑스선, 그 밖의 유해 방사선을 취급하는 작업
5. 유리·흙·돌·광물의 먼지가 심하게 날리는 장소에서 하는 작업
6. 강렬한 소음이 발생하는 장소에서 하는 작업
7. 착암기(바위에 구멍을 뚫는 기계) 등에 의하여 신체에 강렬한 진동을 주는 작업
8. 인력(人力)으로 중량물을 취급하는 작업 → **동력(×)**
9. 납·수은·크롬·망간·카드뮴 등의 중금속 또는 이황화탄소·유기용제, 그 밖에 고용노동부령으로 정하는 특정 화학물질의 먼지·증기 또는 가스가 많이 발생하는 장소에서 하는 작업

영 제100조(교육기관의 지정 취소 등의 사유) 법 제140조 제4항에 따라 준용되는 법 제21조 제4항 제5호에서 "대통령령으로 정하는 사유에 해당하는 경우"란 다음 각 호의 경우를 말한다.

1. 교육과 관련된 서류를 거짓으로 작성한 경우
2. 정당한 사유 없이 특정인에 대한 교육을 거부한 경우
3. 정당한 사유 없이 **1개월 이상의 휴업**으로 인하여 위탁받은 교육 업무의 수행에 차질을 일으킨 경우
4. 교육과 관련된 비치서류를 보존하지 않은 경우
5. 교육과 관련한 수수료 외의 금품을 받은 경우
6. 법에 따른 관계 공무원의 지도·감독을 거부·방해 또는 기피한 경우

시행규칙 제2절 건강진단 및 건강관리

시행규칙 제196조(일반건강진단 실시의 인정) 법 제129조 제1항 단서에서 "고용노동부령으로 정하는 건강진단"이란 다음 각 호 어느 하나에 해당하는 건강진단을 말한다. **→ [암기법 : 국선진학항공]★**

1. 「국민건강보험법」에 따른 건강검진
2. 「선원법」에 따른 건강진단
3. 「진폐의 예방과 진폐근로자의 보호 등에 관한 법률」에 따른 정기 건강진단

4. 「학교보건법」에 따른 건강검사
5. 「항공안전법」에 따른 신체검사
6. 그 밖에 제198조제1항에서 정한 법 제129조제1항에 따른 일반건강진단(이하 "일반건강진단"이라 한다)의 검사항목을 모두 포함하여 실시한 건강진단

시행규칙 제197조(일반건강진단의 주기 등) ① 사업주는 상시 사용하는 근로자 중 사무직에 종사하는 근로자(공장 또는 공사현장과 같은 구역에 있지 않은 사무실에서 서무·인사·경리·판매·설계 등의 사무업무에 종사하는 근로자를 말하며, **판매업무 등에 직접 종사하는 근로자는 제외**한다)에 대해서는 2년에 1회 이상, 그 밖의 근로자에 대해서는 1년에 1회 이상 일반건강진단을 실시해야 한다. ★

② 법 제129조에 따라 일반건강진단을 실시해야 할 사업주는 일반건강진단 실시 시기를 안전보건관리규정 또는 취업규칙에 규정하는 등 일반건강진단이 정기적으로 실시되도록 노력해야 한다.

시행규칙 제200조(특수건강진단 실시의 인정) 법 제130조제1항 단서에서 "고용노동부령으로 정하는 건강진단"이란 다음 각 호의 어느 하나에 해당하는 건강진단을 말한다.
1. 「원자력안전법」에 따른 건강진단(방사선만 해당한다)
2. 「진폐의 예방과 진폐근로자의 보호 등에 관한 법률」에 따른 정기 건강진단(광물성 분진만 해당한다)
3. 「진단용 방사선 발생장치의 안전관리에 관한 규칙」에 따른 건강진단(방사선만 해당한다)
4. 그 밖에 다른 법령에 따라 별표 24에서 정한 법 제130조제1항에 따른 특수건강진단(이하 "특수건강진단"이라 한다)의 검사항목을 모두 포함하여 실시한 건강진단(해당하는 유해인자만 해당한다)

시행규칙 제202조(특수건강진단의 실시 시기 및 주기 등) ① 사업주는 법 제130조제1항제1호에 해당하는 근로자에 대해서는 별표 23에서 특수건강진단 대상 유해인자별로 정한 시기 및 주기에 따라 특수건강진단을 실시해야 한다. ★

② 제1항에도 불구하고 법 제125조에 따른 사업장의 작업환경측정 결과 또는 특수건강진단 실시 결과에 따라 다음 각 호의 어느 하나에 해당하는 근로자에 대해서는 **다음 회에 한정**하여 **관련 유해인자별로 특수건강진단 주기를 2분의 1로 단축**해야 한다.
1. 작업환경을 측정한 결과 **노출기준** 이상인 작업공정에서 해당 유해인자에 노출되는 모든 근로자
2. 특수건강진단, 법 제130조제3항에 따른 수시건강진단(이하 "수시건강진단"이라 한다) 또는 법 제131조제1항에 따른 임시건강진단(이하 "임시건강진단"이라 한다)을 실시한 결과 **직업병 유소견자**가 발견된 작업공정에서 해당 유해인자에 노출되는 모든 근로자. 다만, 고용노동부장관이 정하는 바에 따라 특수건강진

단·수시건강진단 또는 임시건강진단을 실시한 의사로부터 특수건강진단 주기를 단축하는 것이 필요하지 않다는 소견을 받은 경우는 제외한다.

3. 특수건강진단 또는 임시건강진단을 실시한 결과 해당 유해인자에 대하여 특수건강진단 실시 주기를 단축해야 한다는 **의사**의 소견을 받은 근로자

③ 사업주는 법 제130조 제1항 제2호에 해당하는 근로자에 대해서는 직업병 유소견자 발생의 원인이 된 유해인자에 대하여 해당 근로자를 진단한 의사가 필요하다고 인정하는 시기에 특수건강진단을 실시해야 한다.

④ 법 제130조제1항에 따라 특수건강진단을 실시해야 할 사업주는 특수건강진단 실시 시기를 안전보건관리규정 또는 취업규칙에 규정하는 등 특수건강진단이 정기적으로 실시되도록 노력해야 한다.

시행규칙 제203조(배치전건강진단 실시의 면제) 법 제130조제2항 단서에서 "고용노동부령으로 정하는 근로자"란 다음 각 호의 어느 하나에 해당하는 근로자를 말한다.

1. 다른 사업장에서 해당 유해인자에 대하여 다음 각 목의 어느 하나에 해당하는 건강진단을 받고 **6개월이 지나지 않은 근로자**로서 건강진단 결과를 적은 서류(이하 "건강진단개인표"라 한다) 또는 그 사본을 제출한 근로자
   가. 법 제130조제2항에 따른 배치전건강진단(이하 "배치전건강진단"이라 한다)
   나. 배치전건강진단의 제1차 검사항목을 포함하는 특수건강진단, 수시건강진단 또는 임시건강진단
   다. 배치전건강진단의 제1차 검사항목 및 제2차 검사항목을 포함하는 건강진단
2. 해당 사업장에서 해당 유해인자에 대하여 제1호 각 목의 어느 하나에 해당하는 건강진단을 받고 6개월이 지나지 않은 근로자

시행규칙 제205조(수시건강진단 대상 근로자 등) ① 법 제130조제3항에서 "고용노동부령으로 정하는 근로자"란 특수건강진단대상업무로 인하여 해당 유해인자로 인한 것이라고 의심되는 직업성 천식, 직업성 피부염, 그 밖에 건강장해 증상을 보이거나 의학적 소견이 있는 근로자로서 다음 각 호의 어느 하나에 해당하는 근로자를 말한다. 다만, 사업주가 직전 특수건강진단을 실시한 특수건강진단기관의 의사로부터 수시건강진단이 필요하지 않다는 소견을 받은 경우는 제외한다. ★

1. 산업보건의, 보건관리자, 보건관리 업무를 위탁받은 기관이 필요하다고 판단하여 사업주에게 수시건강진단을 건의한 근로자
2. 해당 근로자나 근로자대표 또는 법 제23조에 따라 위촉된 명예산업안전감독관이 사업주에게 수시건강진단을 요청한 근로자

② 사업주는 제1항에 해당하는 근로자에 대해서는 지체 없이 수시건강진단을 실시해야 한다.

③ 제1항 및 제2항에서 정한 사항 외에 수시건강진단의 실시방법, 그 밖에 필요한 사항은 고용노동부장관이 정한다.

시행규칙 제207조(임시건강진단 명령 등) ① 법 제131조제1항에서 "고용노동부령으로

정하는 경우"란 특수건강진단 대상 유해인자 또는 그 밖의 유해인자에 의한 중독 여부, 질병에 걸렸는지 여부 또는 질병의 발생 원인 등을 확인하기 위하여 필요하다고 인정되는 경우로서 다음 각 호에 어느 하나에 해당하는 경우를 말한다.

1. 같은 부서에 근무하는 근로자 또는 같은 유해인자에 노출되는 근로자에게 유사한 질병의 자각·타각 증상이 발생한 경우
2. 직업병 유소견자가 발생하거나 여러 명이 발생할 우려가 있는 경우
3. 그 밖에 지방고용노동관서의 장이 필요하다고 판단하는 경우

시행규칙 제208조(건강진단비용) 일반건강진단, 특수건강진단, 배치전건강진단, 수시건강진단, 임시건강진단의 비용은 「국민건강보험법」에서 정한 기준에 따른다.

시행규칙 제209조(건강진단 결과의 보고 등) ① 건강진단기관이 법 제129조부터 제131조까지의 규정에 따른 건강진단을 실시하였을 때에는 그 결과를 고용노동부장관이 정하는 건강진단개인표에 기록하고, 건강진단을 실시한 날부터 **30일 이내에 근로자에게 송부해야 한다.**

시행규칙 제220조(질병자의 근로금지) ① 법 제138조제1항에 따라 사업주는 다음 각 호의 어느 하나에 해당하는 사람에 대해서는 근로를 금지해야 한다. ★

1. 전염될 우려가 있는 질병에 걸린 사람. 다만, 전염을 예방하기 위한 조치를 한 경우는 제외한다.
2. 조현병, 마비성 치매에 걸린 사람
3. 심장·신장·폐 등의 질환이 있는 사람으로서 근로에 의하여 병세가 악화될 우려가 있는 사람
4. 제1호부터 제3호까지의 규정에 준하는 질병으로서 고용노동부장관이 정하는 질병에 걸린 사람

② 사업주는 제1항에 따라 근로를 금지하거나 근로를 다시 시작하도록 하는 경우에는 미리 보건관리자(의사인 보건관리자만 해당한다), 산업보건의 또는 건강진단을 실시한 의사의 의견을 들어야 한다.

시행규칙 제221조(질병자 등의 근로 제한) ① 사업주는 법 제129조부터 제130조에 따른 건강진단 결과 유기화합물·금속류 등의 유해물질에 중독된 사람, 해당 유해물질에 중독될 우려가 있다고 의사가 인정하는 사람, 진폐의 소견이 있는 사람 또는 방사선에 피폭된 사람을 해당 유해물질 또는 방사선을 취급하거나 해당 유해물질의 분진·증기 또는 가스가 발산되는 업무 또는 해당 업무로 인하여 근로자의 건강을 악화시킬 우려가 있는 업무에 종사하도록 해서는 안 된다. ★

② 사업주는 다음 각 호의 어느 하나에 해당하는 질병이 있는 근로자를 **고기압 업무**에 종사하도록 해서는 안 된다.

1. 감압증이나 그 밖에 고기압에 의한 장해 또는 그 후유증
2. 결핵, 급성상기도감염, 진폐, 폐기종, 그 밖의 호흡기계의 질병
3. 빈혈증, 심장판막증, 관상동맥경화증, 고혈압증, 그 밖의 혈액 또는 순환기계의

질병
4. 정신신경증, 알코올중독, 신경통, 그 밖의 정신신경계의 질병
5. 메니에르씨병, 중이염, 그 밖의 이관(耳管)협착을 수반하는 귀 질환
6. 관절염, 류마티스, 그 밖의 운동기계의 질병
7. 천식, 비만증, 바세도우씨병, 그 밖에 알레르기성·내분비계·물질대사 또는 영양장해 등과 관련된 질병

③ 사업주는 다음 각 호의 어느 하나에 해당하는 경우에는 미리 보건관리자(의사인 보건관리자만 해당한다), 산업보건의 또는 건강진단을 실시한 의사의 의견을 들어야 한다. 〈신설 2023. 9. 27.〉
1. 제1항 또는 제2항에 따라 근로를 제한하려는 경우
2. 제1항 또는 제2항에 따라 근로가 제한된 근로자 중 건강이 회복된 근로자를 다시 근로하게 하려는 경우

시행규칙 제222조(역학조사의 대상 및 절차 등) ① **공단은** 법 제141조제1항에 따라 다음 각 호의 어느 하나에 해당하는 경우에는 역학조사를 할 수 있다. ★
1. 법 제125조에 따른 작업환경측정 또는 법 제129조부터 제131조에 따른 건강진단의 실시 결과만으로 직업성 질환에 걸렸는지를 판단하기 **곤란**한 근로자의 질병에 대하여 사업주·근로자대표·보건관리자(보건관리전문기관을 포함한다) 또는 건강진단기관의 의사가 역학조사를 요청하는 경우
2. 「산업재해보상보험법」 제10조에 따른 **근로복지공단**이 고용노동부장관이 정하는 바에 따라 업무상 질병 여부의 결정을 위하여 역학조사를 요청하는 경우
3. **공단**이 직업성 질환의 예방을 위하여 필요하다고 판단하여 제224조제1항에 따른 역학조사평가위원회의 심의를 거친 경우
4. 그 밖에 직업성 질환에 걸렸는지 여부로 사회적 물의를 일으킨 질병에 대하여 작업장 내 유해요인과의 연관성 규명이 필요한 경우 등으로서 **지방고용노동관서의 장이 요청**하는 경우

② **제1항 제1호에 따라 사업주 또는 근로자대표가 역학조사를 요청하는 경우에는 산업안전보건위원회의 의결을 거치거나 각각 상대방의 동의를 받아야 한다.** 다만, 관할 지방고용노동관서의 장이 역학조사의 필요성을 인정하는 경우에는 그렇지 않다.

③ 제1항에서 정한 사항 외에 역학조사의 방법 등에 필요한 사항은 고용노동부장관이 정하여 고시한다.

시행규칙 제223조(역학조사에의 참석) ① 법 제141조제1항 후단에서 "고용노동부령으로 정하는 사람"이란 해당 질병에 대하여 「산업재해보상보험법」 제36조제1항제1호 및 제5호에 따른 요양급여 및 유족급여를 신청한 자 또는 그 대리인(제222조 제1항제2호에 따른 역학조사에 한한다)을 말한다.

② 공단은 법 제141조제1항 후단에 따라 역학조사 참석을 요구받은 경우 사업주, 근로자대표 또는 제1항에 해당하는 사람에게 참석 시기와 장소를 통지한 후 해당

역학조사에 참석시킬 수 있다.

■ 산업안전보건법 시행규칙 [별표 22]

특수건강진단 대상 유해인자(제201조 관련)

1. 화학적 인자

가. 유기화합물(109종)

1) 가솔린(Gasoline; 8006-61-9)

109) 히드라진(Hydrazine; 302-01-2)

110) 1)부터 109)까지의 물질을 용량비율 1퍼센트 이상 함유한 혼합물

나. 금속류(20종)

1) 구리(Copper; 7440-50-8)(분진, 미스트, 흄)

2) 납[7439-92-1] 및 그 무기화합물(Lead and its inorganic compounds)

3) 니켈[7440-02-0] 및 그 무기화합물, 니켈 카르보닐[13463-39-3](Nickel and its inorganic compounds, Nickel carbonyl)

4) 망간[7439-96-5] 및 그 무기화합물(Manganese and its inorganic compounds)

5) 사알킬납(Tetraalkyl lead; 78-00-2 등)

6) 산화아연(Zinc oxide; 1314-13-2)(분진, 흄)

7) 산화철(Iron oxide; 1309-37-1 등)(분진, 흄)

8) 삼산화비소(Arsenic trioxide; 1327-53-3)

9) 수은[7439-97-6] 및 그 화합물(Mercury and its compounds)

10) 안티몬[7440-36-0] 및 그 화합물(Antimony and its compounds)

11) 알루미늄[7429-90-5] 및 그 화합물(Aluminum and its compounds)

12) 오산화바나듐(Vanadium pentoxide; 1314-62-1)(분진, 흄)

13) 요오드[7553-56-2] 및 요오드화물(Iodine and iodides)

14) 인듐[7440-74-6] 및 그 화합물(Indium and its compounds)

15) 주석[7440-31-5] 및 그 화합물(Tin and its compounds)

16) 지르코늄[7440-67-7] 및 그 화합물(Zirconium and its compounds)

17) 카드뮴[7440-43-9] 및 그 화합물(Cadmium and its compounds)

18) 코발트(Cobalt; 7440-48-4)(분진, 흄)

19) 크롬[7440-47-3] 및 그 화합물(Chromium and its compounds)

20) 텅스텐[7440-33-7] 및 그 화합물(Tungsten and its compounds)

21) 1)부터 20)까지의 물질을 중량비율 1퍼센트 이상 함유한 혼합물

다. 산 및 알카리류(8종)

1) 무수 초산(Acetic anhydride; 108-24-7)

2) 불화수소(Hydrogen fluoride; 7664-39-3)

3) 시안화 나트륨(Sodium cyanide; 143-33-9)

4) 시안화 칼륨(Potassium cyanide; 151-50-8)

5) 염화수소(Hydrogen chloride; 7647-01-0)
6) 질산(Nitric acid; 7697-37-2)
7) 트리클로로아세트산(Trichloroacetic acid; 76-03-9)
8) 황산(Sulfuric acid; 7664-93-9)
9) 1)부터 8)까지의 물질을 중량비율 1퍼센트 이상 함유한 혼합물

라. 가스 상태 물질류(14종)

1) 불소(Fluorine; 7782-41-4)
2) 브롬(Bromine; 7726-95-6)
3) 산화에틸렌(Ethylene oxide; 75-21-8)
4) 삼수소화 비소(Arsine; 7784-42-1)
5) 시안화 수소(Hydrogen cyanide; 74-90-8)
6) 염소(Chlorine; 7782-50-5)
7) 오존(Ozone; 10028-15-6)
8) 이산화질소(nitrogen dioxide; 10102-44-0)
9) 이산화황(Sulfur dioxide; 7446-09-5)
10) 일산화질소(Nitric oxide; 10102-43-9)
11) 일산화탄소(Carbon monoxide; 630-08-0)
12) 포스겐(Phosgene; 75-44-5)
13) 포스핀(Phosphine; 7803-51-2)
14) 황화수소(Hydrogen sulfide; 7783-06-4)
15) 1)부터 14)까지의 규정에 따른 물질을 용량비율 1퍼센트 이상 함유한 혼합물

마. 영 제88조에 따른 허가 대상 유해물질(12종)

1) α-나프틸아민[134-32-7] 및 그 염(α-naphthylamine and its salts)
2) 디아니시딘[119-90-4] 및 그 염(Dianisidine and its salts)
3) 디클로로벤지딘[91-94-1] 및 그 염(Dichlorobenzidine and its salts)
4) 베릴륨[7440-41-7] 및 그 화합물(Beryllium and its compounds)
5) 벤조트리클로라이드(Benzotrichloride; 98-07-7)
6) 비소[7440-38-2] 및 그 무기화합물(Arsenic and its inorganic compounds)
7) 염화비닐(Vinyl chloride; 75-01-4)
8) 콜타르피치[65996-93-2] 휘발물(코크스 제조 또는 취급업무)(Coal tar pitch volatiles)
9) 크롬광 가공[열을 가하여 소성(변형된 형태 유지) 처리하는 경우만 해당한다](Chromite ore processing)
10) 크롬산 아연(Zinc chromates; 13530-65-9 등)
11) o-톨리딘[119-93-7] 및 그 염(o-Tolidine and its salts)
12) 황화니켈류(Nickel sulfides; 12035-72-2, 16812-54-7)
13) 1)부터 4)까지 및 6)부터 11)까지의 물질을 중량비율 1퍼센트 이상 함유한 혼합물
14) 5)의 물질을 중량비율 0.5퍼센트 이상 함유한 혼합물

바. 금속가공유(Metal working fluids); 미네랄 오일 미스트(광물성 오일, Oil mist, mineral)

2. 분진(7종)

가. 곡물 분진(Grain dusts)

나. 광물성 분진(Mineral dusts)

다. 면 분진(Cotton dusts)

라. 목재 분진(Wood dusts)

마. 용접 흄(Welding fume)

바. 유리 섬유(Glass fiber dusts)

사. 석면 분진(Asbestos dusts; 1332-21-4 등)

3. 물리적 인자(8종)

가. 안전보건규칙 제512조제1호부터 제3호까지의 규정의 소음작업, 강렬한 소음작업 및 충격소음작업에서 발생하는 소음

나. 안전보건규칙 제512조제4호의 진동작업에서 발생하는 진동

다. 안전보건규칙 제573조제1호의 방사선

라. 고기압

마. 저기압

바. 유해광선

1) 자외선

2) 적외선

3) 마이크로파 및 라디오파

4. 야간작업(2종)

가. 6개월간 밤 12시부터 오전 5시까지의 시간을 포함하여 계속되는 8시간 작업을 월 평균 4회 이상 수행하는 경우

나. 6개월간 오후 10시부터 다음날 오전 6시 사이의 시간 중 작업을 월 평균 60시간 이상 수행하는 경우

※ **비고 :** "등"이란 해당 화학물질에 이성질체 등 동일 속성을 가지는 2개 이상의 화합물이 존재할 수 있는 경우를 말한다.

■ 산업안전보건법 시행규칙 [별표 23]

특수건강진단의 시기 및 주기(제202조제1항 관련)

구분	대상 유해인자	시기 (배치 후 첫 번째 특수 건강진단)	주기
1	N,N-디메틸아세트아미드 디메틸포름아미드	1개월 이내	6개월
2	벤젠	2개월 이내	6개월
3	1,1,2,2-테트라클로로에탄 사염화탄소 아크릴로니트릴 염화비닐	3개월 이내	6개월
4	석면, 면 분진	12개월 이내	12개월
5	광물성 분진 목재 분진 소음 및 충격소음	12개월 이내	24개월
6	제1호부터 제5호까지의 대상 유해인자를 제외한 별표22의 모든 대상 유해인자	6개월 이내	12개월

■ 산업안전보건법 시행규칙 [별표 25] 〈개정 2021. 11. 19.〉

건강관리카드의 발급 대상(제214조 관련)

구분	건강장해가 발생할 우려가 있는 업무	대상 요건
1	베타-나프틸아민 또는 그 염(같은 물질이 함유된 화합물의 중량 비율이 1퍼센트를 초과하는 제제를 포함한다)을 제조하거나 취급하는 업무	3개월 이상 종사한 사람
2	벤지딘 또는 그 염(같은 물질이 함유된 화합물의 중량 비율이 1퍼센트를 초과하는 제제를 포함한다)을 제조하거나 취급하는 업무	3개월 이상 종사한 사람
3	베릴륨 또는 그 화합물(같은 물질이 함유된 화합물의 중량 비율이 1퍼센트를 초과하는 제제를 포함한다) 또는 그 밖에 베릴륨 함유물질(베릴륨이 함유된 화합물의 중량 비율이 3퍼센트를 초과하는 물질만 해당한다)을 제조하거나 취급하는 업무	제조하거나 취급하는 업무에 종사한 사람 중 양쪽 폐부분에 베릴륨에 의한 만성 결절성 음영이 있는 사람

4	비스-(클로로메틸)에테르(같은 물질이 함유된 화합물의 중량 비율이 1퍼센트를 초과하는 제제를 포함한다)를 제조하거나 취급하는 업무	3년 이상 종사한 사람
5	가. 석면 또는 석면방직제품을 제조하는 업무	3개월 이상 종사한 사람
	나. 다음의 어느 하나에 해당하는 업무 1) 석면함유제품(석면방직제품은 제외한다)을 제조하는 업무 2) 석면함유제품(석면이 1퍼센트를 초과하여 함유된 제품만 해당한다. 이하 다목에서 같다)을 절단하는 등 석면을 가공하는 업무 3) 설비 또는 건축물에 분무된 석면을 해체·제거 또는 보수하는 업무 4) 석면이 1퍼센트 초과하여 함유된 보온재 또는 내화피복제(耐火被覆劑)를 해체·제거 또는 보수하는 업무	1년 이상 종사한 사람
	다. 설비 또는 건축물에 포함된 석면시멘트, 석면마찰제품 또는 석면개스킷제품 등 석면함유제품을 해체·제거 또는 보수하는 업무	10년 이상 종사한 사람
	라. 나목 또는 다목 중 하나 이상의 업무에 중복하여 종사한 경우	다음의 계산식으로 산출한 숫자가 120을 초과하는 사람 : (나목의 업무에 종사한 개월 수)×10+(다목의 업무에 종사한 개월 수)
	마. 가목부터 다목까지의 업무로서 가목부터 다목까지의 규정에서 정한 종사기간에 해당하지 않는 경우	흉부방사선상 석면으로 인한 질병 징후(흉막반 등)가 있는 사람
6	벤조트리클로라이드를 제조(태양광선에 의한 염소화반응에 의하여 제조하는 경우만 해당한다)하거나 취급하는 업무	3년 이상 종사한 사람
7	가. 갱내에서 동력을 사용하여 토석(土石)·광물 또는 암석(습기가 있는 것은 제외한다. 이하 "암석등"이라 한다)을 굴착 하는 작업 나. 갱내에서 동력(동력 수공구(手工具)에 의한 것은 제외한다)을 사용하여 암석 등을 파쇄(破碎)·분쇄 또는 체	3년 이상 종사한 사람으로서 흉부방사선 사진 상 진폐증이 있다고 인정되는 사람(「진폐의 예방과 진폐근로자의 보호 등에 관한 법률」에

	질하는 장소에서의 작업 다. 갱내에서 암석 등을 차량계 건설기계로 싣거나 내리거나 쌓아두는 장소에서의 작업 라. 갱내에서 암석 등을 컨베이어(이동식 컨베이어는 제외한다)에 싣거나 내리는 장소에서의 작업 마. 옥내에서 동력을 사용하여 암석 또는 광물을 조각 하거나 마무리하는 장소에서의 작업 바. 옥내에서 연마재를 분사하여 암석 또는 광물을 조각하는 장소에서의 작업 사. 옥내에서 동력을 사용하여 암석·광물 또는 금속을 연마·주물 또는 추출하거나 금속을 재단하는 장소에서의 작업 아. 옥내에서 동력을 사용하여 암석등·탄소원료 또는 알미늄박을 파쇄·분쇄 또는 체질하는 장소에서의 작업 자. 옥내에서 시멘트, 티타늄, 분말상의 광석, 탄소원료, 탄소제품, 알미늄 또는 산화티타늄을 포장하는 장소에서의 작업 차. 옥내에서 분말상의 광석, 탄소원료 또는 그 물질을 함유한 물질을 혼합·혼입 또는 살포하는 장소에서의 작업 카. 옥내에서 원료를 혼합하는 장소에서의 작업 중 다음의 어느 하나에 해당하는 작업 1) 유리 또는 법랑을 제조하는 공정에서 원료를 혼합하는 작업이나 원료 또는 혼합물을 용해로에 투입하는 작업(수중에서 원료를 혼합하는 작업은 제외한다) 2) 도자기·내화물·형상토제품(형상을 본떠 흙으로 만든 제품) 또는 연마재를 제조하는 공정에서 원료를 혼합 또는 성형하거나, 원료 또는 반제품을 건조하거나, 반제품을 차에 싣거나 쌓아 두는 장소에서의 작업 또는 가마 내부에서의 작업(도자기를 제조하는 공정에서 원료를 투입 또는 성형하여 반제품을 완성하거나 제품을 내리고 쌓아 두는 장소에서의 작업과 수중에서 원료를 혼합하는 장소에서의 작업은 제외한다) 3) 탄소제품을 제조하는 공정에서 탄소원료를 혼합하거나 성형하여 반제품을 노(爐: 가공할 원료를 녹이거나 굽는 시설)에 넣거나 반제품 또는 제품을 노에서 꺼내거나 제작하는 장소에서의 작업 타. 옥내에서 내화 벽돌 또는 타일을 제조하는 작업 중 동력을 사용하여 원료(습기가 있는 것은 제외한다)를 성형하는 장소에서의 작업	따라 건강관리수첩을 발급받은 사람은 제외한다). 다만, 너목의 업무에 대해서는 5년 이상 종사한 사람(「진폐의 예방과 진폐근로자의 보호 등에 관한 법률」에 따라 건강관리수첩을 발급받은 사람은 제외한다)으로 한다.

	파. 옥내에서 동력을 사용하여 반제품 또는 제품을 다듬질하는 장소에서의 작업 중 다음의 의 어느 하나에 해당하는 작업 1) 도자기·내화물·형상토제품 또는 연마재를 제조하는 공정에서 원료를 혼합 또는 성형하거나, 원료 또는 반제품을 건조하거나, 반제품을 차에 싣거나 쌓은 장소에서의 작업또는 가마 내부에서의 작업(도자기를 제조하는 공정에서 원료를 투입 또는 성형하여 반제품을 완성하거나 제품을 내리고 쌓아 두는 장소에서의 작업과 수중에서 원료를 혼합하는 장소에서의 작업은 제외한다) 2) 탄소제품을 제조하는 공정에서 탄소원료를 혼합하거나 성형하여 반제품을 노에 넣거나 반제품 또는 제품을 노에서 꺼내거나 제작하는 장소에서의 작업 하. 옥내에서 거푸집을 해체하거나, 분해장치를 이용하여 사형(似形: 광물의 결정형태)을 부수거나, 모래를 털어내거나 동력을 사용하여 주물모래를 재생하거나 혼련(열과 기계를 사용하여 내용물을 고르게 섞는 것)하거나 주물품을 절삭(切削)하는 장소에서의 작업 거. 옥내에서 수지식(手指式) 용융분사기를 이용하지 않고 금속을 용융분사하는 장소에서의 작업 너. 석탄을 원료로 사용하는 발전소에서 발전을 위한 공정[하역, 이송, 저장, 혼합, 분쇄, 연소, 집진(集塵), 재처리 등의 과정을 말한다] 및 관련 설비의 운전·정비가 이루어지는 장소에서의 작업	
8	가. 염화비닐을 중합(결합 화합물화)하는 업무 또는 밀폐되어 있지 않은 원심분리기를 사용하여 폴리염화비닐(염화비닐의 중합체를 말한다)의 현탁액(懸濁液)에서 물을 분리시키는 업무 나. 염화비닐을 제조하거나 사용하는 석유화학설비를 유지·보수하는 업무	4년 이상 종사한 사람
9	크롬산·중크롬산 또는 이들 염(같은 물질이 함유된 화합물의 중량 비율이 1퍼센트를 초과하는 제제를 포함한다)을 광석으로부터 추출하여 제조하거나 취급하는 업무	4년 이상 종사한 사람
10	삼산화비소를 제조하는 공정에서 배소(낮은 온도로 가열하여 변화를 일으키는 과정) 또는 정제를 하는 업무나 비소가 함유된 화합물의 중량 비율이 3퍼센트를 초과하는 광석을 제련하는 업무	5년 이상 종사한 사람
11	니켈(니켈카보닐을 포함한다) 또는 그 화합물을 광석으로	5년 이상 종사한 사람

	부터 추출하여 제조하거나 취급하는 업무	
12	카드뮴 또는 그 화합물을 광석으로부터 추출하여제조하거나 취급하는 업무	5년 이상 종사한 사람
13	가. 벤젠을 제조하거나 사용하는 업무(석유화학 업종만 해당한다) 나. 벤젠을 제조하거나 사용하는 석유화학설비를 유지·보수하는 업무	6년 이상 종사한 사람
14	제철용 코크스 또는 제철용 가스발생로를 제조하는 업무(코크스로 또는 가스빌생로 상부에서의 업무 또는 코크스로에 접근하여 하는 업무만 해당한다)	6년 이상 종사한 사람
15	비파괴검사(X-선) 업무	1년이상 종사한 사람 또는 연간 누적선량이 20mSv 이상이었던 사람

기 출 1

산업안전보건법령상 근로시간 연장의 제한에 관한 내용으로 (　) 안에 들어갈 숫자를 순서대로 올바르게 나열한 것은?

> 사업주는 잠함 또는 잠수작업 등 높은 기압에서 하는 작업에 종사하는 근로자에게는 1일 (ㄱ) 시간, 1주 (ㄴ) 시간을 초과하여 근로하게 하여서는 아니 된다.

① ㄱ: 4, ㄴ: 30
② ㄱ: 5, ㄴ: 32
③ ㄱ: 6, ㄴ: 34
④ ㄱ: 7, ㄴ: 36
⑤ ㄱ: 8, ㄴ: 38

정 답

③

기출 2

산업안전보건법령상 건강진단에 관한 내용으로 ( ) 안에 들어갈 내용을 순서대로 올바르게 나열한 것은?

- "(ㄱ)건강진단 대상 근로자"란 특수건강진단대상업무로 인하여 해당 유해인자로 인한 것이라고 의심되는 직업성 천식, 직업성 피부염, 그 밖에 건강장해 증상을 보이거나 의학적 소견이 있는 근로자에 대하여 사업주가 실시하는 건강진단을 말한다.
- 사업주는 산업안전보건법령 또는 다른 법령에 따른 건강진단 결과 근로자의 건강을 유지하기 위하여 필요하다고 인정할 때에는 작업장소 변경, 작업전환, 근로시간 단축, 야간근로[(ㄴ) 사이의 근로를 말한다]의 제한, 작업환경 측정 또는 시설·설비의 설치·개선 등 적절한 조치를 하여야 한다.
- 사업주는 건강진단기관에서 송부받은 건강진단 결과표 및 근로자가 제출한 건강진단결과를 증명하는 서류(이들 자료가 전산입력된 경우에는 그 전산입력된 자료를 말한다)를 5년간 보존하여야 한다. 다만 고용노동부장관이 정하여 고시하는 물질을 취급하는 근로자에 대한 건강진단 결과의 서류 또는 전산입력 자료는 (ㄷ)간 보존하여야 한다.

① ㄱ: 특수, ㄴ: 오후 10시부터 오전 6시까지, ㄷ: 10년
② ㄱ: 수시, ㄴ: 오후 10시부터 오전 6시까지, ㄷ: 30년
③ ㄱ: 특수, ㄴ: 오후 10시부터 오전 6시까지, ㄷ: 20년
④ ㄱ: 수시, ㄴ: 오후 12시부터 오전 6시까지, ㄷ: 30년
⑤ ㄱ: 임시, ㄴ: 오후 10시부터 오전 6시까지, ㄷ: 20년

정 답

②

제132조(건강진단에 관한 사업주의 의무) ① 사업주는 제129조부터 제131조까지의 규정에 따른 건강진단을 실시하는 경우 근로자대표가 요구하면 근로자대표를 참석시켜야 한다.

② 사업주는 산업안전보건위원회 또는 근로자대표가 요구할 때에는 직접 또는 제129조부터 제131조까지의 규정에 따른 건강진단을 한 건강진단기관에 건강진단 결과에 대하여 설명하도록 하여야 한다. 다만, 개별 근로자의 건강진단 결과는 본인의 동의 없이 공개해서는 아니 된다.

③ 사업주는 제129조부터 제131조까지의 규정에 따른 건강진단의 결과를 근로자의 건강 보호 및 유지 외의 목적으로 사용해서는 아니 된다.

④ 사업주는 제129조부터 제131조까지의 규정 또는 다른 법령에 따른 건강진단의 결과 근로자의 건강을 유지하기 위하여 필요하다고 인정할 때에는 작업장소 변경, 작업 전환, 근로시간 단축, **야간근로(오후 10시부터 다음 날 오전 6시까지 사이의 근로**를 말한다)의 제한, 작업환경측정 또는 시설·설비의 설치·개선 등 고용노동부령으로 정하는 바에 따라 적절한 조치를 하여야 한다.

⑤ 제4항에 따라 적절한 조치를 하여야 하는 사업주로서 고용노동부령으로 정하는 사업주는 그 조치 결과를 고용노동부령으로 정하는 바에 따라 고용노동부장관에게 제출하여야 한다.

시행규칙 제205조(수시건강진단 대상 근로자 등) ① 법 제130조제3항에서 "고용노동부령으로 정하는 근로자"란 특수건강진단대상업무로 인하여 해당 유해인자로 인한 것이라고 의심되는 직업성 천식, 직업

성 피부염, 그 밖에 건강장해 증상을 보이거나 의학적 소견이 있는 근로자로서 다음 각 호의 어느 하나에 해당하는 근로자를 말한다. 다만, 사업주가 직전 특수건강진단을 실시한 특수건강진단기관의 의사로부터 수시건강진단이 필요하지 않다는 소견을 받은 경우는 제외한다. ★

1. 산업보건의, 보건관리자, 보건관리 업무를 위탁받은 기관이 필요하다고 판단하여 사업주에게 수시건강진단을 건의한 근로자
2. 해당 근로자나 근로자대표 또는 법 제23조에 따라 위촉된 명예산업안전감독관이 사업주에게 수시건강진단을 요청한 근로자

시행규칙 제241조(서류의 보존) ① 법 제164조제1항 단서에 따라 제188조에 따른 작업환경측정 결과를 기록한 서류는 보존(전자적 방법으로 하는 보존을 포함한다)기간을 5년으로 한다. 다만, 고용노동부장관이 정하여 고시하는 물질에 대한 기록이 포함된 서류는 그 보존기간을 30년으로 한다.

② 법 제164조제1항 단서에 따라 사업주는 제209조제3항에 따라 송부 받은 건강진단 결과표 및 법 제133조 단서에 따라 근로자가 제출한 건강진단 결과를 증명하는 서류(이들 자료가 전산입력된 경우에는 그 전산입력된 자료를 말한다)를 5년간 보존해야 한다. 다만, 고용노동부장관이 정하여 고시하는 물질을 취급하는 근로자에 대한 건강진단 결과의 서류 또는 전산입력 자료는 30년간 보존해야 한다.

기 출 3

다음 중 특수건강진단 대상 유해인자가 아닌 것은?

① 염화비닐
② 트리클로로에틸렌
③ 니켈
④ 수산화나트륨
⑤ 자외선

정 답

④

기 출 4

직무 배치 후 유해인자에 대한 첫 번째 특수건강진단의 시기 및 주기로 옳지 않은 것은?

구분	유해인자	첫 번째 진단 시기	주기
①	목재 분진	6개월 이내	12개월
②	N,N-디메틸아세트아미드	1개월 이내	6개월
③	벤젠	2개월 이내	6개월
④	면 분진	12개월 이내	12개월
⑤	충격소음	12개월 이내	24개월

정 답

①

기 출 5

산업안전보건법령상 건강진단에 관한 설명으로 옳지 않은 것은?

① 근로자대표가 요구할 때에는 건강진단 시 근로자대표를 입회시켜야 한다.
② 고용노동부장관은 근로자의 건강을 보호하기 위하여 필요하다고 인정할 때에는 사업주에게 특정 근로자에 대한 임시건강진단의 실시나 그 밖에 필요한 조치를 명할 수 있다.
③ 배치 전 건강진단이란 특수건강진단대상 업무에 종사할 근로자에 대하여 배치 예정 업무에 대한 적합성 평가를 위하여 사업주가 실시하는 건강진단을 말한다.
④ 건강진단기관은 건강진단을 실시한 결과 질병 유소견자가 발견된 경우에는 건강진단을 실시한 날부터 60일 이내에 관할 지방고용노동관서의 장에게 보고하여야 한다.
⑤ 사업주는 건강진단 결과를 근로자의 건강보호·유지 외의 목적으로 사용하여서는 아니 된다.

정 답

④

기 출 6

산업안전보건법령상 건강진단 및 건강관리에 관한 설명으로 옳지 않은 것은?

① 사업주가 「선원법」에 따른 건강진단을 실시한 경우에는 그 건강진단을 받은 근로자에 대하여 일반건강진단을 실시한 것으로 본다.

② 일반건강진단의 제1차 검사항목에 흉부방사선 촬영은 포함되지 않는다.

③ 사업주는 특수건강진단의 결과를 근로자의 건강 보호 및 유지 외의 목적으로 사용해서는 아니 된다.

④ 일반건강진단, 특수건강진단, 배치전건강진단, 수시건강진단, 임시건강진단의 비용은 「국민건강보험법」에서 정한 기준에 따른다.

⑤ 사업주는 배치전건강진단을 실시하는 경우 근로자대표가 요구하면 근로자대표를 참석시켜야 한다.

정 답

②

시행규칙 제198조(일반건강진단의 검사항목 및 실시방법 등) ① 일반건강진단의 제1차 검사항목은 다음 각 호와 같다.

1. 과거병력, 작업경력 및 자각·타각증상(시진·촉진·청진 및 문진)
2. 혈압·혈당·요당·요단백 및 빈혈검사
3. 체중·시력 및 청력
4. 흉부방사선 촬영
5. AST(SGOT) 및 ALT(SGPT), γ-GTP 및 총콜레스테롤

② 제1항에 따른 제1차 검사항목 중 혈당·γ-GTP 및 총콜레스테롤 검사는 고용노동부장관이 정하는 근로자에 대하여 실시한다.

③ 제1항에 따른 검사 결과 질병의 확진이 곤란한 경우에는 제2차 건강진단을 받아야 하며, 제2차 건강진단의 범위, 검사항목, 방법 및 시기 등은 고용노동부장관이 정하여 고시한다.

④ 제196조 각 호 및 제200조 각 호에 따른 법령과 그 밖에 다른 법령에 따라 제1항부터 제3항까지의 규정에서 정한 검사항목과 같은 항목의 건강진단을 실시한 경우에는 해당 항목에 한정하여 제1항부터 제3항에 따른 검사를 생략할 수 있다.

⑤ 제1항부터 제4항까지의 규정에서 정한 사항 외에 일반건강진단의 검사방법, 실시방법, 그 밖에 필요한 사항은 고용노동부장관이 정한다.

제9장 산업안전지도사 및 산업보건지도사

제142조(산업안전지도사 등의 직무) ① 산업안전지도사는 다음 각 호의 직무를 수행한다.

1. 공정상의 안전에 관한 평가·지도
2. 유해·위험의 방지대책에 관한 평가·지도
3. 제1호 및 제2호의 사항과 관련된 계획서 및 보고서의 작성
4. 그 밖에 산업안전에 관한 사항으로서 대통령령으로 정하는 사항

② 산업보건지도사는 다음 각 호의 직무를 수행한다.

1. 작업환경의 평가 및 개선 지도
2. 작업환경 개선과 관련된 계획서 및 보고서의 작성
3. 근로자 건강진단에 따른 사후관리 지도
4. 직업성 질병 진단(「의료법」 제2조에 따른 의사인 산업보건지도사만 해당한다) 및 예방 지도
5. 산업보건에 관한 조사·연구
6. 그 밖에 산업보건에 관한 사항으로서 대통령령으로 정하는 사항

③ 산업안전지도사 또는 산업보건지도사(이하 "지도사"라 한다)의 업무 영역별 종류 및 업무 범위, 그 밖에 필요한 사항은 대통령령으로 정한다.

제143조(지도사의 자격 및 시험) ① 고용노동부장관이 시행하는 지도사 자격시험에 합격한 사람은 지도사의 자격을 가진다.

② 대통령령으로 정하는 산업 안전 및 보건과 관련된 자격의 보유자에 대해서는 제1항에 따른 지도사 자격시험의 일부를 면제할 수 있다.

③ 고용노동부장관은 제1항에 따른 지도사 자격시험 실시를 대통령령으로 정하는 전문기관에 대행하게 할 수 있다. 이 경우 시험 실시에 드는 비용을 예산의 범위에서 보조할 수 있다.

④ 제3항에 따라 지도사 자격시험 실시를 대행하는 전문기관의 임직원은 「형법」 제129조부터 제132조까지의 규정을 적용할 때에는 공무원으로 본다.

⑤ 지도사 자격시험의 시험과목, 시험방법, 다른 자격 보유자에 대한 시험 면제의 범위, 그 밖에 필요한 사항은 대통령령으로 정한다.

제144조(부정행위자에 대한 제재) 고용노동부장관은 지도사 자격시험에서 부정한 행위를 한 응시자에 대해서는 그 시험을 무효로 하고, 그 처분을 한 날부터 5년간 시험응시자격을 정지한다.

제145조(지도사의 등록) ① 지도사가 그 직무를 수행하려는 경우에는 고용노동부령으로 정하는 바에 따라 고용노동부장관에게 등록하여야 한다.

② 제1항에 따라 등록한 지도사는 그 직무를 조직적·전문적으로 수행하기 위하여 법

인을 설립할 수 있다.

③ **다음 각 호의 어느 하나에 해당하는 사람은 제1항에 따른 등록을 할 수 없다.**

1. 피성년후견인 또는 피한정후견인
2. 파산선고를 받고 복권되지 아니한 사람
3. 금고 이상의 실형을 선고받고 그 집행이 끝나거나(집행이 끝난 것으로 보는 경우를 포함한다) 집행이 면제된 날부터 2년이 지나지 아니한 사람
4. 금고 이상의 형의 집행유예를 선고받고 그 유예기간 중에 있는 사람
5. **이 법을 위반하여 벌금형을 선고받고 1년이 지나지 아니한 사람**
6. 제154조에 따라 등록이 취소(이 항 제1호 또는 제2호에 해당하여 등록이 취소된 경우는 제외한다)된 후 2년이 지나지 아니한 사람

④ 제1항에 따라 등록을 한 지도사는 고용노동부령으로 정하는 바에 따라 5년마다 등록을 갱신하여야 한다.

⑤ 고용노동부령으로 정하는 지도실적이 있는 지도사만이 제4항에 따른 갱신등록을 할 수 있다. 다만, 지도실적이 기준에 못 미치는 지도사는 고용노동부령으로 정하는 보수교육을 받은 경우 갱신등록을 할 수 있다.

⑥ 제2항에 따른 법인에 관하여는 「상법」 중 합명회사에 관한 규정을 적용한다.

제146조(지도사의 교육) 지도사 자격이 있는 사람(제143조제2항에 해당하는 사람 중 대통령령으로 정하는 실무경력이 있는 사람은 제외한다)이 직무를 수행하려면 제145조에 따른 등록을 하기 전 1년의 범위에서 고용노동부령으로 정하는 연수교육을 받아야 한다.

제147조(지도사에 대한 지도 등) 고용노동부장관은 공단에 다음 각 호의 업무를 하게 할 수 있다.

1. 지도사에 대한 지도·연락 및 정보의 공동이용체제의 구축·유지
2. 제142조제1항 및 제2항에 따른 지도사의 직무 수행과 관련된 사업주의 불만·고충의 처리 및 피해에 관한 분쟁의 조정
3. 그 밖에 지도사 직무의 발전을 위하여 필요한 사항으로서 고용노동부령으로 정하는 사항

제148조(손해배상의 책임) ① 지도사는 직무 수행과 관련하여 고의 또는 과실로 의뢰인에게 손해를 입힌 경우에는 그 손해를 배상할 책임이 있다.

② 제145조제1항에 따라 등록한 지도사는 제1항에 따른 손해배상책임을 보장하기 위하여 대통령령으로 정하는 바에 따라 보증보험에 가입하거나 그 밖에 필요한 조치를 하여야 한다.

제149조(유사명칭의 사용 금지) 제145조제1항에 따라 등록한 지도사가 아닌 사람은 산업안전지도사, 산업보건지도사 또는 이와 유사한 명칭을 사용해서는 아니 된다.

제150조(품위유지와 성실의무 등) ① 지도사는 항상 품위를 유지하고 신의와 성실로써 공정하게 직무를 수행하여야 한다.

② 지도사는 제142조제1항 또는 제2항에 따른 직무와 관련하여 작성하거나 확인한

서류에 기명·날인하거나 서명하여야 한다.

제151조(금지 행위) 지도사는 다음 각 호의 행위를 해서는 아니 된다.

1. 거짓이나 그 밖의 부정한 방법으로 의뢰인에게 법령에 따른 의무를 이행하지 아니하게 하는 행위
2. 의뢰인에게 법령에 따른 신고·보고, 그 밖의 의무를 이행하지 아니하게 하는 행위
3. 법령에 위반되는 행위에 관한 지도·상담

제152조(관계 장부 등의 열람 신청) 지도사는 제142조제1항 및 제2항에 따른 직무를 수행하는 데 필요하면 사업주에게 관계 장부 및 서류의 열람을 신청할 수 있다. 이 경우 그 신청이 제142조제1항 또는 제2항에 따른 직무의 수행을 위한 것이면 열람을 신청받은 사업주는 정당한 사유 없이 이를 거부해서는 아니 된다.

제153조(자격대여행위 및 대여알선행위 등의 금지) ① 지도사는 다른 사람에게 자기의 성명이나 사무소의 명칭을 사용하여 지도사의 직무를 수행하게 하거나 그 자격증이나 등록증을 대여해서는 아니 된다.

② 누구든지 지도사의 자격을 취득하지 아니하고 그 지도사의 성명이나 사무소의 명칭을 사용하여 지도사의 직무를 수행하거나 자격증·등록증을 대여받아서는 아니 되며, 이를 알선하여서도 아니 된다.

제154조(등록의 취소 등) 고용노동부장관은 지도사가 다음 각 호의 어느 하나에 해당하는 경우에는 그 등록을 취소하거나 2년 이내의 기간을 정하여 그 업무의 정지를 명할 수 있다. **다만, 제1호부터 제3호까지의 규정에 해당할 때에는 그 등록을 취소하여야 한다.**

1. 거짓이나 그 밖의 부정한 방법으로 등록 또는 갱신등록을 한 경우
2. 업무정지 기간 중에 업무를 수행한 경우
3. 업무 관련 서류를 거짓으로 작성한 경우
4. 제142조에 따른 직무의 수행과정에서 고의 또는 과실로 인하여 중대재해가 발생한 경우
5. 제145조제3항제1호부터 제5호까지의 규정 중 어느 하나에 해당하게 된 경우
6. 제148조제2항에 따른 보증보험에 가입하지 아니하거나 그 밖에 필요한 조치를 하지 아니한 경우
7. 제150조제1항을 위반하거나 같은 조 제2항에 따른 기명·날인 또는 서명을 하지 아니한 경우
8. 제151조, 제153조제1항 또는 제162조를 위반한 경우

영 제101조(산업안전지도사 등의 직무) ① 법 제142조제1항 제4호에서 "대통령령으로 정하는 사항"이란 다음 각 호의 사항을 말한다.

1. **법 제36조에 따른 위험성평가의 지도**
2. **법 제49조에 따른 안전보건개선계획서의 작성**
3. 그 밖에 산업안전에 관한 사항의 자문에 대한 응답 및 조언

② 법 제142조제2항 제6호에서 "대통령령으로 정하는 사항"이란 다음 각 호의 사항을

말한다.

1. 법 제36조에 따른 위험성평가의 지도
2. 법 제49조에 따른 안전보건개선계획서의 작성
3. 그 밖에 산업보건에 관한 사항의 자문에 대한 응답 및 조언

영 제102조(산업안전지도사 등의 업무 영역별 종류 등) ① 법 제145조제1항에 따라 등록한 산업안전지도사의 업무 영역은 기계안전·전기안전·화공안전·건설안전 분야로 구분하고, 같은 항에 따라 등록한 산업보건지도사의 업무 영역은 직업환경의학·산업위생 분야로 구분한다.

② 법 제145조제1항에 따라 등록한 산업안전지도사 또는 산업보건지도사(이하 "지도사"라 한다)의 해당 업무 영역별 업무 범위는 별표 31과 같다.

영 제107조(연수교육의 제외 대상) 법 제146조에서 "대통령령으로 정하는 실무경력이 있는 사람"이란 산업안전 또는 산업보건 분야에서 5년 이상 실무에 종사한 경력이 있는 사람을 말한다.

영 제108조(손해배상을 위한 보증보험 가입 등) ① 법 제145조제1항에 따라 등록한 지도사(같은 조 제2항에 따라 법인을 설립한 경우에는 그 법인을 말한다. 이하 이 조에서 같다)는 법 제148조제2항에 따라 **보험금액이 2천만원**(법 제145조제2항에 따른 법인인 경우에는 2천만원에 사원인 지도사의 수를 곱한 금액) 이상인 보증보험에 가입해야 한다.

② 지도사는 제1항의 보증보험금으로 손해배상을 한 경우에는 그 날부터 10일 이내에 다시 보증보험에 가입해야 한다.

③ 손해배상을 위한 보증보험 가입 및 지급에 관한 사항은 고용노동부령으로 정한다.

영 제117조(민감정보 및 고유식별정보의 처리) 고용노동부장관(법 제143조제3항에 따라 지도사 자격시험 실시를 대행하는 자, 법 제165조에 따라 고용노동부장관의 권한을 위임받거나 업무를 위탁받은 자와 이 영 제116조제4항 전단에 따라 재위탁받은 자를 포함한다)은 다음 각 호의 사무를 수행하기 위해 불가피한 경우 「개인정보 보호법」 제23조의 건강에 관한 정보(제1호부터 제6호까지 및 제9호의 사무를 수행하는 경우로 한정한다), 같은 법 시행령 제18조제2호의 범죄경력자료에 해당하는 정보(제7호 및 제8호의 사무를 수행하는 경우로 한정한다) 및 같은 영 제19조제1호·제4호의 주민등록번호·외국인등록번호가 포함된 자료를 처리할 수 있다. 〈개정 2023. 6. 27.〉

1. 법 제8조에 따라 고용노동부장관이 협조를 요청한 사항으로서 산업재해 또는 건강진단 관련 자료의 처리에 관한 사무
2. 법 제57조에 따른 산업재해 발생 기록 및 보고 등에 관한 사무
3. 법 제129조부터 제136조까지의 규정에 따른 건강진단에 관한 사무
4. 법 제137조에 따른 건강관리카드 발급에 관한 사무
5. 법 제138조에 따른 질병자의 근로 금지·제한에 관한 지도, 감독에 관한 사무
6. 법 제141조에 따른 역학조사에 관한 사무

7. 법 제143조에 따른 지도사 자격시험에 관한 사무

8. 법 제145조에 따른 지도사의 등록에 관한 사무

9. 제7조제3호에 따른 직업성 질병의 예방 및 조기 발견에 관한 사무

10. 제105조제3항에 따른 지도사 자격증의 발급 및 관리

시행규칙 제230조(지도실적 등) ① 법 제145조제5항 본문에서 "고용노동부령으로 정하는 지도실적"이란 법 제145조제4항에 따른 지도사 등록의 갱신기간 동안 사업장 또는 고용노동부장관이 정하여 고시하는 산업안전·산업보건 관련 기관·단체에서 지도하거나 종사한 실적을 말한다.

② 법 제145조제5항 단서에서 "지도실적이 기준에 못 미치는 지도사"란 제1항에 따른 지도·종사 실적의 기간이 3년 미만인 지도사를 말한다. 이 경우 지도사가 둘 이상의 사업장 또는 기관·단체에서 지도하거나 종사한 경우에는 각각의 지도·종사 기간을 합산한다.

시행규칙 제231조(지도사 보수교육) ① 법 제145조제5항 단서에서 "고용노동부령으로 정하는 보수교육"이란 업무교육과 직업윤리교육을 말한다.

② 제1항에 따른 보수교육의 시간은 업무교육 및 직업윤리교육의 교육시간을 합산하여 총 20시간 이상으로 한다. 다만, 법 제145조제4항에 따른 지도사 등록의 갱신기간 동안 제230조제1항에 따른 지도실적이 2년 이상인 지도사의 교육시간은 10시간 이상으로 한다.

③ 공단이 보수교육을 실시하였을 때에는 그 결과를 보수교육이 끝난 날부터 10일 이내에 고용노동부장관에게 보고해야 하며, 다음 각 호의 서류를 5년간 보존해야 한다.

1. 보수교육 이수자 명단

2. 이수자의 교육 이수를 확인할 수 있는 서류

④ 공단은 보수교육을 받은 지도사에게 별지 제96호서식의 지도사 보수교육 이수증을 발급해야 한다.

⑤ 보수교육의 절차·방법 및 비용 등 보수교육에 필요한 사항은 고용노동부장관의 승인을 거쳐 공단이 정한다.

시행규칙 제232조(지도사 연수교육) ① 법 제146조에 따른 "고용노동부령으로 정하는 연수교육"이란 업무교육과 실무수습을 말한다.

② 제1항에 따른 연수교육의 기간은 업무교육 및 실무수습 기간을 합산하여 3개월 이상으로 한다.

③ 공단이 연수교육을 실시하였을 때에는 그 결과를 연수교육이 끝난 날부터 10일 이내에 고용노동부장관에게 보고해야 하며, 다음 각 호의 서류를 3년간 보존해야 한다.

1. 연수교육 이수자 명단

2. 이수자의 교육 이수를 확인할 수 있는 서류

④ 공단은 연수교육을 받은 지도사에게 별지 제96호서식의 지도사 연수교육 이수증을 발급해야 한다.

⑤ 연수교육의 절차·방법 및 비용 등 연수교육에 필요한 사항은 고용노동부장관의 승인을 거쳐 공단이 정한다.

시행규칙 제233조(지도사 업무발전 등) 법 제147조제3호에서 "고용노동부령으로 정하는 사항"이란 다음 각 호와 같다.

1. 지도결과의 측정과 평가
2. 지도사의 기술지도능력 향상 지원
3. 중소기업 지도 시 지원
4. 불성실·불공정 지도행위를 방지하고 건실한 지도 수행을 촉진하기 위한 지도기준의 마련

시행규칙 제234조(손해배상을 위한 보험가입 · 지급 등) ① 영 제108조제1항에 따라 손해배상을 위한 보험에 가입한 지도사(법 제145조제2항에 따라 법인을 설립한 경우에는 그 법인을 말한다. 이하 이 조에서 같다)는 가입한 날부터 20일 이내에 별지 제97호서식의 보증보험가입 신고서에 증명서류를 첨부하여 해당 지도사의 주된 사무소의 소재지(사무소를 두지 않는 경우에는 주소지를 말한다. 이하 이 조에서 같다)를 관할하는 지방고용노동관서의 장에게 제출해야 한다.

② 지도사는 해당 보증보험의 보증기간이 만료되기 전에 다시 보증보험에 가입하고 가입한 날부터 20일 이내에 별지 제97호서식의 보증보험가입 신고서에 증명서류를 첨부하여 해당 지도사의 주된 사무소의 소재지를 관할하는 지방고용노동관서의 장에게 제출해야 한다.

③ 법 제148조제1항에 따른 의뢰인이 손해배상금으로 보증보험금을 지급받으려는 경우에는 별지 제98호서식의 보증보험금 지급사유 발생확인신청서에 해당 의뢰인과 지도사 간의 손해배상합의서, 화해조서, 법원의 확정판결문 사본, 그 밖에 이에 준하는 효력이 있는 서류를 첨부하여 해당 지도사의 주된 사무소의 소재지를 관할하는 지방고용노동관서의 장에게 제출해야 한다. 이 경우 지방고용노동관서의 장은 별지 제99호서식의 보증보험금 지급사유 발생확인서를 지체 없이 발급해야 한다.

영 [별표31] 지도사의 업무 영역별 업무 범위(제102조제2항 관련)

1. 법 제145조제1항에 따라 등록한 산업안전지도사(기계안전·전기안전·화공안전 분야)
   가. **유해위험방지계획서,** 안전보건개선계획서, 공정안전보고서, 기계·기구·설비의 작업계획서 및 물질안전보건자료 작성 지도
   나. 다음의 사항에 대한 설계·시공·배치·보수·유지에 관한 안전성 평가 및 기술 지도
      1) 전기
      2) 기계·기구·설비
      3) 화학설비 및 공정
   다. 정전기·전자파로 인한 재해의 예방, 자동화설비, 자동제어, 방폭전기설비 및 전력시스템 등에 대한 기술 지도
   라. 인화성 가스, 인화성 액체, 폭발성 물질, 급성독성 물질 및 방폭설비 등에 관한 안전성

평가 및 기술 지도
마. 크레인 등 기계·기구, 전기작업의 안전성 평가
바. 그 밖에 기계, 전기, 화공 등에 관한 교육 또는 기술 지도
2. 법 제145조제1항에 따라 등록한 산업안전지도사(건설안전 분야)
가. 유해위험방지계획서, 안전보건개선계획서, 건축·토목 작업계획서 작성 지도
나. 가설구조물, 시공 중인 구축물, 해체공사, 건설공사 현장의 붕괴우려 장소 등의 안전성 평가
다. 가설시설, 가설도로 등의 안전성 평가
라. 굴착공사의 안전시설, 지반붕괴, 매설물 파손 예방의 기술 지도
마. 그 밖에 토목, 건축 등에 관한 교육 또는 기술 지도
3. 법 제145조제1항에 따라 등록한 산업보건지도사(산업위생 분야)
가. 유해위험방지계획서, 안전보건개선계획서, 물질안전보건자료 작성 지도
나. 작업환경측정 결과에 대한 공학적 개선대책 기술 지도
다. 작업장 환기시설의 설계 및 시공에 필요한 기술 지도
라. 보건진단결과에 따른 작업환경 개선에 필요한 직업환경의학적 지도
마. 석면 해체·제거 작업 기술 지도
바. 갱내, 터널 또는 밀폐공간의 환기·배기시설의 안전성 평가 및 기술 지도
사. 그 밖에 산업보건에 관한 교육 또는 기술 지도
4. 법 제145조제1항에 따라 등록한 산업보건지도사(직업환경의학 분야)
가. 유해위험방지계획서, 안전보건개선계획서 작성 지도
나. 건강진단 결과에 따른 근로자 건강관리 지도
다. 직업병 예방을 위한 작업관리, 건강관리에 필요한 지도
라. 보건진단 결과에 따른 개선에 필요한 기술 지도
마. 그 밖에 직업환경의학, 건강관리에 관한 교육 또는 기술 지도

기출 1

산업안전보건법령상 지도사 보수교육에 관한 설명이다. ( )에 들어갈 숫자로 옳은 것은?

고용노동부령으로 정하는 보수교육의 시간은 업무교육 및 직업윤리교육의 교육시간을 합산하여 총 (ㄱ)시간 이상으로 한다. 다만, 법 제145조제4항에 따른 지도사 등록의 갱신기간 동안 시행규칙 제230조제1항에 따른 지도실적이 (ㄴ)년 이상인 지도사의 교육시간은 (ㄷ)시간 이상으로 한다.

① ㄱ: 10, ㄴ: 1, ㄷ: 5
② ㄱ: 10, ㄴ: 2, ㄷ: 10
③ ㄱ: 20, ㄴ: 1, ㄷ: 5
④ ㄱ: 20, ㄴ: 2, ㄷ: 10
⑤ ㄱ: 20, ㄴ: 2, ㄷ: 15

정 답

④

기출 2

산업안전보건법령상 산업안전지도사에 관한 설명으로 옳지 않은 것은?

① 산업안전지도사는 산업보건에 관한 조사·연구의 직무를 수행한다.
② 산업안전지도사는 유해·위험의 방지대책에 관한 평가지도의 직무를 수행한다.
③ 산업안전지도사의 업무영역은 기계안전·전기안전·화공안전·건설안전 분야로 구분된다.
④ 산업안전지도사가 직무를 수행하려는 경우에는 고용노동부령으로 정하는 바에 따라 고용노동부장관에게 등록하여야 한다.
⑤ 「산업안전보건법」을 위반하여 벌금형을 선고받고 1년이 지나지 아니한 사람은 산업안전지도사 직무수행을 위해 고용노동부장관에게 등록할 수 없다.

정 답

①

기출 3

산업안전보건법령상 산업안전지도사로 등록한 A가 손해배상의 책임을 보장하기 위하여 보증보험에 가입해야 하는 경우, 최저 보험금액이 얼마 이상인 보증보험에 가입해야 하는가? (단, A는 법인이 아님)

① 1천만 원
② 2천만 원
③ 3천만 원
④ 4천만 원
⑤ 5천만 원

정 답

②

기출 4

甲(갑)은 산업안전보건법령상 산업안전지도사로 활동을 하려고 한다. 이에 관한 설명으로 옳은 것은?

① 甲(갑)은 고용노동부장관이 시행하는 산업안전지도사시험에 합격하여야만 산업안전지도사의 자격을 가질 수 있다.
② 甲(갑)은 산업안전지도사로서 그 직무를 시작하기 전에 광역지방자치단체의 장에게 등록을 하여야 한다.
③ 甲(갑)이 파산선고를 받은 경우라면 복권되더라도 산업안전지도사로서 등록을 할 수 없다.
④ 甲(갑)은 3년마다 산업안전지도사 등록을 갱신하여야 한다.
⑤ 甲(갑)이 산업안전지도사의 직무를 조직적·전문적으로 수행하기 위하여 법인을 설립하려고 하는 경우에는 「상법」 중 주식회사에 관한 규정을 적용한다.

정 답

①

기 출 5

산업안전보건법령상 산업안전지도사와 산업보건지도사의 업무범위에 공통적으로 해당하는 것을 모두 고른 것은?

ㄱ. 유해·위험방지계획서의 작성 지도
ㄴ. 안전보건개선계획서의 작성 지도
ㄷ. 공정안전보고서의 작성 지도
ㄹ. 직업병 예방을 위한 작업관리에 필요한 지도
ㅁ. 보건진단 결과에 따른 개선에 필요한 기술 지도

① ㄱ
② ㄱ, ㄴ
③ ㄱ, ㄴ, ㄷ
④ ㄱ, ㄴ, ㄷ, ㄹ
⑤ ㄱ, ㄴ, ㄷ, ㄹ, ㅁ

정 답

②

기 출 6

산업안전보건법령상 지도사에 관한 설명으로 옳은 것은?

① 지도사 시험에 합격하여 고용노동부장관에게 등록하여야만 지도사의 자격을 가진다.
② 이 법을 위반하여 벌금형을 선고받고 6개월이 된 자는 지도사의 등록을 할 수 있다.
③ 지도사는 3년마다 갱신등록을 하여야 하며, 갱신등록은 지도실적이 없어도 가능하다.
④ 지도사 등록의 갱신기간 동안 지도실적이 2년 이상인 지도사의 보수교육시간은 10시간 이상으로 한다.
⑤ 산업안전 및 산업보건분야에서 3년간 실무에 종사한 지도사가 직무를 개시하려는 경우에는 등록을 하기 전 연수교육이 면제된다.

정 답

④

기 출 7

산업안전보건법령상 산업안전지도사 및 산업보건지도사(이하 "지도사"라 함)에 관한 설명으로 옳지 않은 것은?

① 지도사는 그 직무를 시작할 때에는 고용노동부장관에게 신고하여야 한다.
② 지도사는 그 직무상 알게 된 비밀을 누설하거나 도용하여서는 아니 된다.
③ 지도사는 항상 품위를 유지하고 신의와 성실로써 공정하게 직무를 수행하여야 한다.
④ 지도사는 법령에 위반되는 행위에 관한 지도·상담을 하여서는 아니 된다.
⑤ 지도사는 다른 사람에게 자기의 성명이나 사무소의 명칭을 사용하여 지도사의 직무를 수행하게 하거나 그 자격증을 대여하여서는 아니 된다.

정 답

①

기 출 8

산업안전보건법령상 산업보건지도사의 직무에 해당하지 않는 것은?

① 작업환경의 평가 및 개선 지도
② 산업보건에 관한 조사·연구
③ 근로자 건강진단에 따른 사후관리 지도
④ 유해·위험의 방지대책에 관한 평가·지도
⑤ 작업환경 개선과 관련된 계획서 및 보고서의 작성

정 답

④

기 출 9

산업안전보건법령상 산업안전지도사 및 산업보건지도사(이하 "지도사"라 함)의 연수교육 및 보수교육에 관한 설명으로 옳은 것은?

① 산업안전 및 산업보건 분야에서 5년 이상 실무에 종사한 경력이 있는 지도사 자격을 가진 화공안전기술사가 그 직무를 개시하려면 지도사 등록을 하기 전 2년의 범위에서 고용노동부령으로 정하는 연수교육을 받아야 한다.
② 한국산업안전보건공단이 연수교육을 실시한 때에는 그 결과를 연수교육이 끝난 날부터 30일 이내에 고용노동부장관에게 보고하여야 한다.
③ 한국산업안전보건공단이 보수교육을 실시한 때에는 보수교육 이수자 명단, 이수자의 교육 이수를 확인할 수 있는 서류를 5년간 보존하여야 한다.
④ 연수교육의 기간은 업무교육 및 실무수습 기간을 합산하여 2개월 이상으로 한다.
⑤ 지도사 등록의 갱신기간 동안 지도실적이 2년 이상인 지도사의 보수교육시간은 5시간 이상으로 한다.

정 답

③

기 출 10

산업안전보건법령상 산업안전지도사 또는 산업보건지도사의 등록을 취소하여야 하는 사유를 모두 고른 것은?

ㄱ. 직무의 수행과정에서 고의로 중대재해가 발생한 경우
ㄴ. 업무정지 기간 중에 업무를 수행한 경우
ㄷ. 다른 사람에게 자기의 성명을 사용하여 지도사의 직무를 수행하게 한 경우
ㄹ. 거짓이나 그 밖의 부정한 방법으로 등록한 경우
ㅁ. 업무 관련 서류를 거짓으로 작성한 경우
ㅂ. 금고 이상의 형의 집행유예를 선고받고 그 유예기간 중에 있는 경우

① ㄱ, ㄷ, ㄹ
② ㄱ, ㄹ, ㅂ
③ ㄴ, ㄷ, ㅁ
④ ㄴ, ㄹ, ㅁ
⑤ ㄷ, ㅁ, ㅂ

정 답

④

기 출 11

다음 내용 중 산업안전보건법령상 산업보건지도사가 타인의 의뢰를 받아 수행할 수 있는 것은 모두 몇 개인가?

- 유해·위험의 방지대책에 관한 평가·지도 - 공정상의 안전에 관한 평가·지도 - 작업환경 개선과 관련된 계획서 및 보고서의 작성 - 작업환경의 평가 및 개선 지도 - 안전보건개선계획서의 작성

① 1개
② 2개
③ 3개
④ 4개
⑤ 5개

정 답

③

막판 37 근로감독관

제155조(근로감독관의 권한) ①「근로기준법」 제101조에 따른 근로감독관(이하 "근로감독관"이라 한다)은 이 법 또는 이 법에 따른 명령을 시행하기 위하여 필요한 경우 다음 각 호의 장소에 출입하여 사업주, 근로자 또는 안전보건관리책임자 등(이하 "관계인"이라 한다)에게 질문을 하고, 장부, 서류, 그 밖의 물건의 검사 및 안전보건 점검을 하며, 관계 서류의 제출을 요구할 수 있다.

1. 사업장
2. 제21조제1항, 제33조제1항, 제48조제1항, 제74조제1항, 제88조제1항, 제96조제1항, 제100조제1항, 제120조제1항, 제126조제1항 및 제129조제2항에 따른 기관의 사무소
3. 석면해체·제거업자의 사무소
4. 제145조제1항에 따라 등록한 지도사의 사무소

② 근로감독관은 기계·설비등에 대한 검사를 할 수 있으며, 검사에 필요한 한도에서 무상으로 제품·원재료 또는 기구를 수거할 수 있다. 이 경우 근로감독관은 해당 사업주 등에게 그 결과를 서면으로 알려야 한다.

③ 근로감독관은 이 법 또는 이 법에 따른 명령의 시행을 위하여 관계인에게 보고 또는 출석을 명할 수 있다.

④ 근로감독관은 이 법 또는 이 법에 따른 명령을 시행하기 위하여 제1항 각 호의 어느 하나에 해당하는 장소에 출입하는 경우에 그 신분을 나타내는 증표를 지니고 관계인에게 보여 주어야 하며, 출입 시 성명, 출입시간, 출입 목적 등이 표시된 문서를 관계인에게 내주어야 한다.

제156조(공단 소속 직원의 검사 및 지도 등) ① 고용노동부장관은 제165조제2항에 따라 공단이 위탁받은 업무를 수행하기 위하여 필요하다고 인정할 때에는 공단 소속 직원에게 사업장에 출입하여 산업재해 예방에 필요한 검사 및 지도 등을 하게 하거나, 역학조사를 위하여 필요한 경우 관계자에게 질문하거나 필요한 서류의 제출을 요구하게 할 수 있다.

② 제1항에 따라 공단 소속 직원이 검사 또는 지도업무 등을 하였을 때에는 그 결과를 고용노동부장관에게 보고하여야 한다.

③ 공단 소속 직원이 제1항에 따라 사업장에 출입하는 경우에는 제155조제4항을 준용한다. 이 경우 "근로감독관"은 "공단 소속 직원"으로 본다.

제157조(감독기관에 대한 신고) ① 사업장에서 이 법 또는 이 법에 따른 명령을 위반한 사실이 있으면 근로자는 그 사실을 고용노동부장관 또는 근로감독관에게 신고할 수 있다.

②「의료법」 제2조에 따른 의사·치과의사 또는 한의사는 3일 이상의 입원치료가 필요한 부상 또는 질병이 환자의 업무와 관련성이 있다고 판단할 경우에는「의료법」 제19

조제1항에도 불구하고 치료과정에서 알게 된 정보를 **고용노동부장관에게** 신고할 수 있다.

③ 사업주는 제1항에 따른 신고를 이유로 해당 근로자에 대하여 해고나 그 밖의 불리한 처우를 해서는 아니 된다. → **5년 이하의 징역, 5천만 원 이하의 벌금**

시행규칙 제235조(감독기준) 근로감독관은 다음 각 호의 어느 하나에 해당하는 경우 법 제155조제1항에 따라 질문·검사·점검하거나 관계 서류의 제출을 요구할 수 있다.

1. 산업재해가 발생하거나 산업재해 발생의 급박한 위험이 있는 경우
2. 근로자의 신고 또는 고소·고발 등에 대한 조사가 필요한 경우
3. 법 또는 법에 따른 명령을 위반한 범죄의 수사 등 사법경찰관리의 직무를 수행하기 위하여 필요한 경우
4. 그 밖에 고용노동부장관 또는 지방고용노동관서의 장이 법 또는 법에 따른 명령의 위반 여부를 조사하기 위하여 필요하다고 인정하는 경우

시행규칙 제236조(보고 · 출석기간) ① 지방고용노동관서의 장은 법 제155조 제3항에 따라 보고 또는 출석의 명령을 하려는 경우에는 7일 이상의 기간을 주어야 한다. 다만, 긴급한 경우에는 그렇지 않다.

② 제1항에 따른 보고 또는 출석의 명령은 문서로 해야 한다.

기 출

산업안전보건법령상 근로감독관 등에 관한 설명으로 옳지 않은 것은?

① 근로감독관은 이 법을 시행하기 위하여 필요한 경우 석면해제·제거업자의 사무소에 출입하여 관계인에게 관계 서류의 제출을 요구할 수 있다.

② 근로감독관은 산업재해 발생의 급박한 위험이 있는 경우 사업장에 출입하여 관계인에게 관계 서류의 제출을 요구할 수 있다.

③ 근로감독관은 기계·설비 등에 대한 검사에 필요한 한도에서 무상으로 제품·원재료 또는 기구를 수거할 수 있다.

④ 지방고용노동관서의 장은 근로감독관이 이 법에 따른 명령의 시행을 위하여 관계인에게 출석명령을 하려는 경우, 긴급하지 않는 한 14일 이상의 기간을 주어야 한다.

⑤ 근로감독관은 이 법을 시행하기 위하여 사업장에 출입하려는 경우에 그 신분을 나타내는 증표를 지니고 관계인에게 보여 주어야 한다.

정 답

④

막판 38 산업재해 예방활동의 보조 · 지원과 환수와 제한 및 과징금

1.

제158조(산업재해 예방활동의 보조 · 지원) ① 정부는 사업주, 사업주단체, 근로자단체, 산업재해 예방 관련 전문단체, 연구기관 등이 하는 산업재해 예방사업 중 대통령령으로 정하는 사업에 드는 경비의 전부 또는 일부를 예산의 범위에서 보조하거나 그 밖에 필요한 지원(이하 "보조·지원"이라 한다)을 할 수 있다. 이 경우 고용노동부장관은 보조·지원이 산업재해 예방사업의 목적에 맞게 효율적으로 사용되도록 관리·감독하여야 한다.

② 고용노동부장관은 보조·지원을 받은 자가 다음 각 호의 어느 하나에 해당하는 경우 보조·지원의 전부 또는 일부를 취소하여야 한다. **다만, 제1호 및 제2호의 경우에는 보조·지원의 전부를 취소하여야 한다. → 전부 또는 일부 취소/ 전부 취소**

1. **거짓이나 그 밖의 부정한 방법으로 보조·지원을 받은 경우**
2. **보조·지원 대상자가 폐업하거나 파산한 경우**
3. 보조·지원 대상을 임의매각·훼손·분실하는 등 지원 목적에 적합하게 유지·관리·사용하지 아니한 경우
4. 제1항에 따른 산업재해 예방사업의 목적에 맞게 사용되지 아니한 경우
5. 보조·지원 대상 기간이 끝나기 전에 보조·지원 대상 시설 및 장비를 국외로 이전한 경우
6. 보조·지원을 받은 사업주가 필요한 안전조치 및 보건조치 의무를 위반하여 산업재해를 발생시킨 경우로서 고용노동부령으로 정하는 경우

③ 고용노동부장관은 제2항에 따라 보조·지원의 전부 또는 일부를 취소한 경우, 같은 항 제1호 또는 제3호부터 제5호까지의 어느 하나에 해당하는 경우에는 해당 금액 또는 지원에 상응하는 금액을 환수하되 대통령령으로 정하는 바에 따라 지급받은 금액의 5배 이하의 금액을 추가로 환수할 수 있고, 같은 항 제2호(파산한 경우에는 환수하지 아니한다) 또는 제6호에 해당하는 경우에는 해당 금액 또는 지원에 상응하는 금액을 환수한다. 〈개정 2021. 5. 18.〉

④ 제2항에 따라 보조·지원의 전부 또는 일부가 취소된 자에 대해서는 고용노동부령으로 정하는 바에 따라 취소된 날부터 **5년 이내의 기간을 정하여 보조·지원을 하지 아니할 수 있다**. 〈개정 2021. 5. 18.〉

⑤ 보조·지원의 대상·방법·절차, 관리 및 감독, 제2항 및 제3항에 따른 취소 및 환수 방법, 그 밖에 필요한 사항은 고용노동부장관이 정하여 고시한다.

영 제109조(산업재해 예방사업의 지원) 법 제158조제1항 전단에서 "대통령령으로 정하는 사업"이란 다음 각 호의 어느 하나에 해당하는 업무와 관련된 사업을 말한다.

1. 산업재해 예방을 위한 방호장치, 보호구, 안전설비 및 작업환경개선 시설·장비 등

의 제작, 구입, 보수, 시험, 연구, 홍보 및 정보제공 등의 업무
2. 사업장 안전·보건관리에 대한 기술지원 업무
3. 산업 안전·보건 관련 교육 및 전문인력 양성 업무
4. 산업재해예방을 위한 연구 및 기술개발 업무
5. 법 제11조제3호에 따른 노무를 제공하는 사람의 건강을 유지·증진하기 위한 시설의 운영에 관한 지원 업무
6. 안전·보건의식의 고취 업무
7. 법 제36조에 따른 위험성평가에 관한 지원 업무
8. 안전검사 지원 업무
9. 유해인자의 노출 기준 및 유해성·위험성 조사·평가 등에 관한 업무
10. 직업성 질환의 발생 원인을 규명하기 위한 역학조사·연구 또는 직업성 질환 예방에 필요하다고 인정되는 시설·장비 등의 구입 업무
11. 작업환경측정 및 건강진단 지원 업무
12. 법 제126조제2항에 따른 작업환경측정기관의 측정·분석 능력의 확인 및 법 제135조제3항에 따른 특수건강진단기관의 진단·분석 능력의 확인에 필요한 시설·장비 등의 구입 업무
13. 산업의학 분야의 학술활동 및 인력 양성 지원에 관한 업무
14. <u>그 밖에 산업재해 예방을 위한 업무로서 산업재해보상보험및예방심의위원회의 심의를 거쳐 고용노동부장관이 정하는 업무</u>

영 제109조의2(보조 · 지원의 취소에 따른 추가 환수) ① **고용노동부장관이 법 제158조제3항에 따라 추가로 환수할 수 있는 금액은 다음 각 호의 구분에 따른 금액으로 한다.**
1. 법 제158조 제2항 **제1호의 경우 : 지급받은 금액의 5배에 해당하는 금액**
2. 법 제158조 제2항 **제3호부터 제5호까지의 어느 하나에 해당하는 경우 : 지급받은 금액의 2배에 해당하는 금액**
3. 법 제158조제2항 제3호부터 제5호까지의 어느 하나에 해당하여 같은 조 제1항에 따른 보조·지원이 취소된 후 5년 이내에 같은 사유로 다시 보조·지원이 취소된 경우 : 지급받은 금액의 5배에 해당하는 금액

② 고용노동부장관은 법 제158조제1항 전단에 따라 보조·지원을 받은 자가 같은 조 제2항제3호부터 제5호까지의 어느 하나에 해당하는 경우로서 그 위반행위가 경미한 부주의로 인한 것으로 인정되는 경우에는 제1항제2호에 따른 추가 환수금액을 2분의 1 범위에서 줄일 수 있다.
[본조신설 2021. 11. 19.]

시행규칙 제237조(보조 · 지원의 환수와 제한) ① 법 제158조 제2항 제6호에서 "**고용노동부령으로 정하는 경우**"란 보조·지원을 받은 후 <u>3년 이내</u>**에 해당 시설 및 장비의 중대한 결함이나 관리상 중대한 과실로 인하여 근로자가 사망한 경우를 말한다.**
② **법 제158조제4항에 따라 보조·지원을** <u>제한할 수 있는 기간</u>은 다음 각 호와 같다.

1. 법 제158조제2항 제1호의 경우: 5년
2. 법 제158조제2항 **제2호부터 제6호까지의 어느 하나의 경우: 3년**
3. 법 제158조제2항 제2호부터 제6호까지의 어느 하나를 위반한 후 5년 이내에 같은 항 제2호부터 제6호까지의 어느 하나를 위반한 경우 : 5년

기 출 1

산업안전보건법령상 대통령령으로 정하는 산업재해 예방사업의 보조 · 지원에 대한 취소사유와 그에 따른 처분의 내용이 옳지 않은 것은?

구분	보조·지원 취소사유	처분의 내용
①	거짓이나 그 밖의 부정한 방법으로 보조·지원을 받은 경우	전부 취소
②	보조·지원 대상자가 폐업하거나 파산한 경우	전부 또는 일부 취소
③	산업재해 예방사업의 목적에 맞게 사용되지 아니한 경우	전부 또는 일부 취소
④	보조·지원 대상을 임의매각·훼손·분실하는 등 지원목적에 적합하게 유지·관리·사용하지 아니한 경우	전부 또는 일부 취소
⑤	보조·지원 대상 기간이 끝나기 전에 보조·지원 대상 시설 및 장비를 국외로 이전·설치한 경우	전부 또는 일부 취소

정 답

②

기 출 2

산업안전보건법령상 산업재해 예방활동의 보조 · 지원을 받은 자의 폐업으로 인해 고용노동부장관이 그 보조 · 지원의 전부를 취소한 경우, 그 취소한 날부터 보조 · 지원을 제한할 수 있는 기간은?

① 1년
② 2년
③ 3년
④ 4년
⑤ 5년

정 답

③

기 출 3

산업안전보건법령상 산업재해 예방사업 보조 · 지원의 취소에 관한 설명으로 옳지 않은 것은?

① 거짓으로 보조·지원을 받은 경우 보조·지원의 전부를 취소하여야 한다.
② 보조·지원 대상을 임의매각·훼손·분실하는 등 지원 목적에 적합하게 유지·관리·사용하지 아니한 경우 보조지원의 전부 또는 일부를 취소하여야 한다.
③ 보조·지원이 산업재해 예방사업의 목적에 맞게 사용되지 아니한 경우 보조·지원의 전부 또는 일부를 취소하여야 한다.
④ 보조·지원 대상 기간이 끝나기 전에 보조·지원 대상 시설 및 장비를 국외로 이전 설치한 경우 보조·지원의 전부 또는 일부를 취소하여야 한다.
⑤ 사업주가 보조·지원을 받은 후 5년 이내에 해당 시설 및 장비의 중대한 결함이나 관리상 중대한 과실로 인하여 근로자가 사망한 경우 보조·지원의 전부를 취소하여야 한다.

정 답

⑤

2.

제159조(영업정지의 요청 등) ① 고용노동부장관은 사업주가 다음 각 호의 어느 하나에 해당하는 산업재해를 발생시킨 경우에는 관계 행정기관의 장에게 관계 법령에 따라 해당 사업의 영업정지나 그 밖의 제재를 할 것을 요청하거나 「공공기관의 운영에 관한 법률」 제4조에 따른 공공기관의 장에게 그 기관이 시행하는 사업의 발주 시 필요한 제한을 해당 사업자에게 할 것을 요청할 수 있다.

1. 제38조, 제39조 또는 제63조를 위반하여 많은 근로자가 사망하거나 사업장 인근 지역에 중대한 피해를 주는 등 **대통령령으로 정하는 사고가 발생**한 경우
2. 제53조(고용노동부장관의 시정조치) 제1항 또는 제3항에 따른 명령을 위반하여 근로자가 업무로 인하여 사망한 경우

② 제1항에 따라 요청을 받은 관계 행정기관의 장 또는 공공기관의 장은 정당한 사유가 없으면 이에 따라야 하며, 그 조치 결과를 고용노동부장관에게 통보하여야 한다.

③ 제1항에 따른 영업정지 등의 요청 절차나 그 밖에 필요한 사항은 고용노동부령으로 정한다.

제160조(업무정지 처분을 대신하여 부과하는 과징금 처분) ① 고용노동부장관은 **제21조제4항**(제74조제4항, 제88조제5항, 제96조제5항, 제126조제5항 및 제135조제6항에 따라 준용되는 경우를 포함한다)에 따라 업무정지를 명하여야 하는 경우에 그 업무정지가 이용자에게 심한 불편을 주거나 공익을 해칠 우려가 있다고 인정되면 업무정지 처분을 대신하여 10억 원 이하의 과징금을 부과할 수 있다. → **안전관리전문기관 등의 취소**

② 고용노동부장관은 제1항에 따른 과징금을 징수하기 위하여 필요한 경우에는 다음 각 호의 사항을 적은 문서로 관할 세무관서의 장에게 과세 정보 제공을 요청할 수 있다.

1. 납세자의 인적사항
2. 사용 목적
3. 과징금 부과기준이 되는 매출 금액
4. 과징금 부과사유 및 부과기준

③ 고용노동부장관은 제1항에 따른 과징금 부과처분을 받은 자가 납부기한까지 과징금을 내지 아니하면 국세 체납처분의 예에 따라 이를 징수한다.

④ 제1항에 따라 과징금을 부과하는 위반행위의 종류 및 위반 정도 등에 따른 과징금의 금액, 그 밖에 필요한 사항은 대통령령으로 정한다.

제161조(도급금지 등 의무위반에 따른 과징금 부과) ① 고용노동부장관은 사업주가 다음 각 호의 어느 하나에 해당하는 경우에는 10억 원 이하의 과징금을 부과·징수할 수 있다.

1. 제58조제1항을 위반하여 도급한 경우
2. 제58조제2항 제2호 또는 제59조제1항을 위반하여 승인을 받지 아니하고 도급한 경우
3. 제60조를 위반하여 승인을 받아 도급받은 작업을 재하도급한 경우

② 고용노동부장관은 제1항에 따른 과징금을 부과하는 경우에는 다음 각 호의 사항을

고려하여야 한다.

1. 도급 금액, 기간 및 횟수 등
2. 관계수급인 근로자의 산업재해 예방에 필요한 조치 이행을 위한 노력의 정도
3. 산업재해 발생 여부

③ 고용노동부장관은 제1항에 따른 과징금을 내야 할 자가 납부기한까지 내지 아니하면 납부기한의 다음 날부터 과징금을 납부한 날의 전날까지의 기간에 대하여 내지 아니한 과징금의 연 100분의 6의 범위에서 대통령령으로 정하는 가산금을 징수한다. 이 경우 가산금을 징수하는 기간은 60개월을 초과할 수 없다.

④ 고용노동부장관은 제1항에 따른 과징금을 내야 할 자가 납부기한까지 내지 아니하면 기간을 정하여 독촉을 하고, 그 기간 내에 제1항에 따른 과징금 및 제3항에 따른 가산금을 내지 아니하면 국세 체납처분의 예에 따라 징수한다.

⑤ 제1항 및 제3항에 따른 과징금 및 가산금의 징수와 제4항에 따른 체납처분 절차, 그 밖에 필요한 사항은 대통령령으로 정한다.

第162조(비밀 유지) 다음 각 호의 어느 하나에 해당하는 자는 업무상 알게 된 비밀을 누설하거나 도용해서는 아니 된다. 다만, 근로자의 건강장해를 예방하기 위하여 고용노동부장관이 필요하다고 인정하는 경우에는 그러하지 아니하다. 〈개정 2023. 8. 8.〉

1. 제42조에 따라 제출된 유해위험방지계획서를 검토하는 자
2. 제44조에 따라 제출된 공정안전보고서를 검토하는 자
3. 제47조에 따른 안전보건진단을 하는 자
4. 제84조에 따른 안전인증을 하는 자
5. 제89조에 따른 신고 수리에 관한 업무를 하는 자
6. 제93조에 따른 안전검사를 하는 자
7. 제98조에 따른 자율검사프로그램의 인정업무를 하는 자
8. 제108조제1항 및 제109조제1항에 따라 제출된 유해성·위험성 조사보고서 또는 조사 결과를 검토하는 자
9. 제110조제1항부터 제3항까지의 규정에 따라 물질안전보건자료 등을 제출받는 자
10. 제112조제2항·제5항 및 제112조의2제2항에 따라 대체자료의 승인, 연장승인 여부를 검토하는 자 및 제112조제10항에 따라 물질안전보건자료의 대체자료를 제공받은 자
11. 제129조부터 제131조까지의 규정에 따라 건강진단을 하는 자
12. 제141조에 따른 역학조사를 하는 자
13. 제145조에 따라 등록한 지도사

영 제110조(제재 요청 대상 등) 법 제159조 제1항 제1호에서 "많은 근로자가 사망하거나 사업장 인근지역에 중대한 피해를 주는 등 대통령령으로 정하는 사고"란 다음 각 호의 어느 하나를 말한다.

1. 동시에 2명 이상의 근로자가 사망하는 재해 → **동시에는 72시간 이내**

2. 제43조제3항 각 호에 따른 사고 → **중대산업사고**

영 제112조(과징금의 부과 및 납부) ① 고용노동부장관은 법 제160조제1항에 따라 과징금을 부과하려는 경우에는 위반행위의 종류와 해당 과징금의 금액 등을 고용노동부령으로 정하는 바에 따라 구체적으로 밝혀 과징금을 낼 것을 서면으로 알려야 한다.

② **제1항에 따라 통지를 받은 자는 통지받은 날부터 30일 이내에 고용노동부장관이 정하는 수납기관에 과징금을 내야 한다.** 〈개정 2023. 12. 12.〉

③ 제2항에 따라 과징금을 받은 수납기관은 납부자에게 영수증을 발급하고, 지체 없이 수납한 사실을 고용노동부장관에게 통보해야 한다.

④ 고용노동부장관이 「행정기본법」 제29조 단서에 따라 과징금의 납부기한을 연기하거나 분할 납부하게 하는 경우 납부기한의 연기는 그 납부기한의 다음 날부터 1년을 초과할 수 없고, 각 분할된 납부기한 간의 간격은 4개월 이내로 하며, 분할 납부의 횟수는 3회 이내로 한다.

⑤ 삭제

⑥ 삭제

⑦ 삭제

⑧ 제1항부터 제4항까지에서 규정한 사항 외에 과징금의 부과·징수에 필요한 사항은 고용노동부령으로 정한다.

영 제113조(도급금지 등 의무위반에 따른 과징금 및 가산금) ① 법 제161조제1항에 따라 부과하는 과징금의 금액은 같은 조 제2항 각 호의 사항을 고려하여 별표 34의 과징금 산정기준을 적용하여 산정한다.

② 법 제161조 제3항 전단에서 "대통령령으로 정하는 가산금"이란 과징금 납부기한이 지난 날부터 매 1개월이 지날 때마다 체납된 과징금의 1천분의 5에 해당하는 금액을 말한다.

시행규칙 제238조(영업정지의 요청 등) ① 고용노동부장관은 사업주가 법 제159조제1항 각 호의 어느 하나에 해당하는 경우에는 관계 행정기관 또는 「공공기관의 운영에 관한 법률」 제6조에 따라 공기업으로 지정된 기관의 장에게 해당 사업주에 대하여 다음 각 호의 어느 하나에 해당하는 처분을 할 것을 요청할 수 있다.

1. 「건설산업기본법」 제82조제1항제7호에 따른 영업정지
2. 「국가를 당사자로 하는 계약에 관한 법률」 제27조, 「지방자치단체를 당사자로 하는 계약에 관한 법률」 제31조 및 「공공기관의 운영에 관한 법률」 제39조에 따른 입찰참가자격의 제한

② 영 제110조 제1호에서 **"동시에 2명 이상의 근로자가 사망하는 재해"**란 **해당 재해가 발생한 때부터 그 사고가 주원인이 되어 72시간 이내에 2명 이상이 사망하는 재해**를 말한다.

기 출 1

산업안전보건법령상 안전관리전문기관 지정의 취소 또는 과징금에 관한 설명으로 옳은 것은?

① 고용노동부장관은 안전관리전문기관이 업무정지 기간 중에 업무를 수행한 경우에는 그 지정을 취소하거나 6개월 이내의 기간을 정하여 그 업무의 정지를 명할 수 있다.

② 고용노동부장관은 안전관리전문기관이 위탁받은 안전관리 업무에 차질이 생기게 한 경우에는 그 지정을 취소하거나 6개월 이내의 기간을 정하여 그 업무의 정지를 명할 수 있다.

③ 과징금은 분할하여 납부할 수 없다.

④ 안전관리전문기관의 지정이 취소된 자는 3년 이내에는 안전관리전문기관으로 지정받을 수 없다.

⑤ 고용노동부장관은 위반행위의 동기, 내용 및 횟수 등을 고려하여 과징금 부과금액의 2분의 1 범위에서 과징금을 늘리거나 줄일 수 있으며, 늘리는 경우 과징금 부과금액 총액은 1억 원을 넘을 수 없다.

정 답

②

기 출 2

산업안전보건법령상 안전보건관리체제에 관한 설명으로 옳지 않은 것은?

① 안전보건관리책임자는 안전관리자와 보건관리자를 지휘·감독한다.

② 안전보건관리책임자는 해당 사업에서 그 사업을 실질적으로 총괄·관리하는 사람이어야 한다.

③ 안전관리자는 산업재해에 관한 통계의 유지·관리·분석을 위한 보좌 및 조언지도 등의 업무를 수행하여야 한다.

④ 고용노동부장관은 안전관리전문기관의 업무정지를 명하여야 하는 경우에 그 업무정지가 공익을 해칠 우려가 있다고 인정하면 업무정지처분을 갈음하여 2억 원 이하의 과징금을 부과할 수 있다.

⑤ 상시근로자 500명 이상인 식료품 제조업의 경우 안전관리자를 2명 이상 선임하여야 한다.

정 답

④

산업안전보건법령 제외 규정

영 [별표1] 법의 일부를 적용하지 않는 사업 또는 사업장 및 적용 제외 법 규정

대상 사업 또는 사업장	적용 제외 법 규정
1. 다음 각 목의 어느 하나에 해당하는 사업 가. 「광산안전법」 적용 사업(광업 중 광물의 채광·채굴·선광 또는 제련 등의 공정으로 한정하며, 제조공정은 제외한다) 나. 「원자력안전법」 적용 사업(발전업 중 원자력 발전설비를 이용하여 전기를 생산하는 사업장으로 한정한다) 다. 「항공안전법」 적용 사업(항공기, 우주선 및 부품 제조업과 창고 및 운송관련 서비스업, 여행사 및 기타 여행보조 서비스업 중 항공 관련 사업은 각각 제외한다) 라. 「선박안전법」 적용 사업(선박 및 보트 건조업은 제외한다)	제15조부터 제17조까지, 제20조제1호, 제21조(다른 규정에 따라 준용되는 경우는 제외한다), 제24조(다른 규정에 따라 준용되는 경우는 제외한다), **제2장제2절, 제29조**(보건에 관한 사항은 제외한다), 제30조(보건에 관한 사항은 제외한다), 제31조, 제38조, 제51조(보건에 관한 사항은 제외한다), 제52조(보건에 관한 사항은 제외한다), 제53조(보건에 관한 사항은 제외한다), 제54조(보건에 관한 사항은 제외한다), 제55조, 제58조부터 제60조까지, 제62조, 제63조, 제64조(제1항제6호는 제외한다), 제65조, 제66조, 제72조, 제75조, 제88조, 제103조부터 제107조까지 및 제160조(제21조제4항 및 제88조제5항과 관련되는 과징금으로 한정한다)
2. 다음 각 목의 어느 하나에 해당하는 사업 가. 소프트웨어 개발 및 공급업 나. 컴퓨터 프로그래밍, 시스템 통합 및 관리업 다. 정보서비스업 라. 금융 및 보험업 마. 기타 전문서비스업 바. 건축기술, 엔지니어링 및 기타 과학기술 서비스업 사. 기타 전문, 과학 및 기술 서비스업(사진처리업은 제외한다) 아. 사업지원 서비스업 자. 사회복지 서비스업	**제29조(제3항에 따른 추가교육은 제외한다) 및 제30조 → 산업안전보건교육**
3. **다음 각 목의 어느 하나에 해당하는 사업으로서 상시 근로자 50명 미만을 사용하는 사업장** 가. 농업 나. 어업 다. 환경 정화 및 복원업 라. 소매업; 자동차 제외	

마. 영화, 비디오물, 방송프로그램 제작 및 배급업 바. 녹음시설 운영업 사. 방송업 아. 부동산업(부동산 관리업은 제외한다) 자. 임대업; 부동산 제외 차. 연구개발업 카. 보건업(병원은 제외한다) 타. 예술, 스포츠 및 여가관련 서비스업 파. 협회 및 단체 하. 기타 개인 서비스업(세탁업은 제외한다)	
4. 다음 각 목의 어느 하나에 해당하는 사업 가. 공공행정(청소, 시설관리, 조리 등 현업업무에 종사하는 사람으로서 고용노동부장관이 정하여 고시하는 사람은 제외한다), 국방 및 사회보장 행정 나. 교육 서비스업 중 초등·중등·고등 교육기관, 특수학교·외국인학교 및 대안학교(청소, 시설관리, 조리 등 현업업무에 종사하는 사람으로서 고용노동부장관이 정하여 고시하는 사람은 제외한다)	제2장제1절·제2절 및 제3장(다른 규정에 따라 준용되는 경우는 제외한다)
5. 다음 각 목의 어느 하나에 해당하는 사업 가. 초등·중등·고등 교육기관, 특수학교·외국인학교 및 대안학교 외의 교육서비스업(청소년수련시설 운영업은 제외한다) 나. 국제 및 외국기관 다. 사무직에 종사하는 근로자만을 사용하는 사업장(사업장이 분리된 경우로서 사무직에 종사하는 근로자만을 사용하는 사업장을 포함한다)	제2장제1절·제2절, 제3장 및 제5장제2절(제64조제1항제6호는 제외한다). 다만, 다른 규정에 따라 준용되는 경우는 해당 규정을 적용한다.
6. 상시 근로자 5명 미만을 사용하는 사업장	제2장제1절·제2절, **제3장**(제29조제3항에 따른 추가교육은 제외한다), 제47조, 제49조, 제50조 및 제159조(다른 규정에 따라 준용되는 경우는 제외한다)

비고 : 제1호부터 제6호까지의 규정에 따른 사업에 둘 이상 해당하는 사업의 경우에는 각각의 호에 따라 적용이 제외되는 규정은 모두 적용하지 않는다.

기 출

산업안전보건법령상 사업주가 소속 근로자에게 정기적인 안전보건교육을 실시하여야 하는 사업에 해당하는 것은? (단, 다른 감면조건은 고려하지 않음)

① 소프트웨어 개발 및 공급업
② 금융 및 보험업
③ 사업지원 서비스업
④ 사회복지 서비스업
⑤ 사진처리업

정 답

⑤

서류의 보존

제164조(서류의 보존) ① 사업주는 다음 각 호의 서류를 3년(**제2호의 경우 2년을 말한다**) 동안 보존하여야 한다. 다만, 고용노동부령으로 정하는 바에 따라 보존기간을 연장할 수 있다.

1. 안전보건관리책임자·안전관리자·보건관리자·안전보건관리담당자 및 산업보건의의 선임에 관한 서류
2. 제24조제3항 및 제75조제4항에 따른 회의록
3. 안전조치 및 보건조치에 관한 사항으로서 고용노동부령으로 정하는 사항을 적은 서류
4. 제57조제2항에 따른 산업재해의 발생 원인 등 기록
5. 제108조제1항 본문 및 제109조제1항에 따른 화학물질의 유해성·위험성 조사에 관한 서류
6. 제125조에 따른 작업환경측정에 관한 서류
7. 제129조부터 제131조까지의 규정에 따른 건강진단에 관한 서류

② 안전인증 또는 안전검사의 업무를 위탁받은 안전인증기관 또는 안전검사기관은 안전인증·안전검사에 관한 사항으로서 고용노동부령으로 정하는 서류를 3년 동안 보존하여야 하고, 안전인증을 받은 자는 제84조제5항에 따라 안전인증대상기계등에 대하여 기록한 서류를 3년 동안 보존하여야 하며, **자율**안전확인대상기계등을 제조하거나 수입하는 자는 자율안전기준에 맞는 것임을 증명하는 서류를 **2년** 동안 보존하여야 하고, 제98조제1항에 따라 자율안전검사를 받은 자는 자율검사프로그램에 따라 실시한 검사 결과에 대한 서류를 2년 동안 보존하여야 한다.

③ 일반석면조사를 한 건축물·설비소유주등은 그 결과에 관한 서류를 그 건축물이나 설비에 대한 해체·제거작업이 종료될 때까지 보존하여야 하고, 기관석면조사를 한 건축물·설비소유주등과 석면조사기관은 그 결과에 관한 서류를 3년 동안 보존하여야 한다.

④ 작업환경측정기관은 작업환경측정에 관한 사항으로서 고용노동부령으로 정하는 사항을 적은 서류를 3년 동안 보존하여야 한다.

⑤ 지도사는 그 업무에 관한 사항으로서 고용노동부령으로 정하는 사항을 적은 서류를 **5년** 동안 보존하여야 한다.

⑥ 석면해체·제거업자는 제122조제3항에 따른 석면해체·제거작업에 관한 서류 중 고용노동부령으로 정하는 서류를 30년 동안 보존하여야 한다.

⑦ 제1항부터 제6항까지의 경우 전산입력자료가 있을 때에는 그 서류를 대신하여 전산입력자료를 보존할 수 있다.

시행규칙 제241조(서류의 보존) ① 법 제164조제1항 단서에 따라 제188조에 따른 작업환

경측정 **결과**를 기록한 서류는 보존(전자적 방법으로 하는 보존을 포함한다)기간을 5년으로 한다. 다만, 고용노동부장관이 정하여 고시하는 물질에 대한 기록이 포함된 서류는 그 보존기간을 30년으로 한다.

② 법 제164조제1항 단서에 따라 사업주는 제209조제3항에 따라 송부 받은 건강진단 결과표 및 법 제133조 단서에 따라 근로자가 제출한 건강진단 **결과**를 증명하는 서류(이들 자료가 전산입력된 경우에는 그 전산입력된 자료를 말한다)를 5년간 보존해야 한다. 다만, 고용노동부장관이 정하여 고시하는 물질을 취급하는 근로자에 대한 건강진단 결과의 서류 또는 전산입력 자료는 30년간 보존해야 한다.

③ 법 제164조제2항에서 "고용노동부령으로 정하는 서류"란 다음 각 호의 서류를 말한다.

1. 제108조제1항에 따른 안전인증 신청서(첨부서류를 포함한다) 및 제110조에 따른 심사와 관련하여 인증기관이 작성한 서류
2. 제124조에 따른 안전검사 신청서 및 검사와 관련하여 안전검사기관이 작성한 서류

④ 법 제164조제4항에서 "고용노동부령으로 정하는 사항"이란 다음 각 호를 말한다.

1. 측정 대상 사업장의 명칭 및 소재지
2. 측정 연월일
3. 측정을 한 사람의 성명
4. 측정방법 및 측정 결과
5. 기기를 사용하여 분석한 경우에는 분석자·분석방법 및 분석자료 등 분석과 관련된 사항

⑤ 법 제164조제5항에서 "고용노동부령으로 정하는 사항"이란 다음 각 호를 말한다.

1. 의뢰자의 성명(법인인 경우에는 그 명칭을 말한다) 및 주소
2. 의뢰를 받은 연월일
3. 실시항목
4. 의뢰자로부터 받은 보수액

⑥ 법 제164조제6항에서 "고용노동부령으로 정하는 사항"이란 다음 각 호를 말한다.

1. 석면해체·제거작업장의 명칭 및 소재지
2. 석면해체·제거작업 근로자의 인적사항(성명, 생년월일 등을 말한다)
3. 작업의 내용 및 작업기간

기출 1

산업안전보건법령상 서류의 보존기간이 3년인 것을 모두 고른 것은?

ㄱ. 산업보건의의 선임에 관한 서류 ㄴ. 산업재해의 발생원인 등 기록 ㄷ. 산업안전보건위원회의 회의록 ㄹ. 신규화학물질의 유해성·위험성 조사에 관한 서류

① ㄱ, ㄷ
② ㄴ, ㄹ
③ ㄱ, ㄴ, ㄹ
④ ㄴ, ㄷ, ㄹ
⑤ ㄱ, ㄴ, ㄷ, ㄹ

정 답

③

기출 2

산업안전보건법령상 사업주가 보존해야 할 서류의 보존기간이 2년인 것은?

① 노사협의체 회의록
② 안전보건관리책임자의 선임에 관한 서류
③ 화학물질의 유해성·위험성 조사에 관한 서류
④ 산업재해의 발생원인 등 기록
⑤ 작업환경측정에 관한 서류

정 답

①

기 출 3

산업안전보건법령상 서류의 보존기간에 관한 설명으로 옳지 않은 것은?

① 기관석면조사를 한 건축물이나 설비의 소유주 등과 석면조사기관은 그 결과에 관한 서류를 5년간 보존하여야 한다.

② 지정측정기관은 작업환경측정에 관한 사항으로서 측정대상 사업장의 명칭 및 소재지 등을 기재한 서류를 3년간 보존하여야 한다.

③ 사업주는 노사협의체 회의록을 2년간 보존하여야 한다.

④ 자율안전확인대상 기계·기구 등을 제조하거나 수입하려는 자는 자율안전기준에 맞은 것임을 증명하는 서류를 2년간 보존하여야 한다.

⑤ 사업주는 화학물질의 유해성·위험성 조사에 관한 서류를 3년간 보존하여야 한다.

정 답

①

✎ **산업안전보건법 시행규칙 [별표 18]**

유해인자의 유해성 · 위험성 분류기준(제141조 관련)

1. 화학물질의 분류기준

가. 물리적 위험성 분류기준

1) 폭발성 물질 : 자체의 화학반응에 따라 주위환경에 손상을 줄 수 있는 정도의 온도·압력 및 속도를 가진 가스를 발생시키는 고체·액체 또는 혼합물

2) 인화성 가스 : 20℃, 표준압력(101.3㎪)에서 공기와 혼합하여 인화되는 범위에 있는 가스와 54℃ 이하 공기 중에서 자연발화하는 가스를 말한다.(혼합물을 포함한다)

3) 인화성 액체 : 표준압력(101.3㎪)에서 인화점이 93℃ 이하인 액체

4) 인화성 고체 : 쉽게 연소되거나 마찰에 의하여 화재를 일으키거나 촉진할 수 있는 물질

5) 에어로졸 : 재충전이 불가능한 금속·유리 또는 플라스틱 용기에 압축가스·액화가스 또는 용해가스를 충전하고 내용물을 가스에 현탁시킨 고체나 액상입자로, 액상 또는 가스상에서 폼·페이스트·분말상으로 배출되는 분사장치를 갖춘 것

6) 물반응성 물질 : 물과 상호작용을 하여 자연발화되거나 인화성 가스를 발생시키는 고체·액체 또는 혼합물

7) 산화성 가스 : 일반적으로 산소를 공급함으로써 공기보다 다른 물질의 연소를 더 잘 일으키거나 촉진하는 가스

8) 산화성 액체 : 그 자체로는 연소하지 않더라도, 일반적으로 산소를 발생시켜 다른 물질을 연소시키거나 연소를 촉진하는 액체

9) 산화성 고체 : 그 자체로는 연소하지 않더라도 일반적으로 산소를 발생시켜 다른 물질을 연소시키거나 연소를 촉진하는 고체

10) 고압가스 : 20℃, 200킬로파스칼(kpa) 이상의 압력 하에서 용기에 충전되어 있는 가스 또는 냉동액화가스 형태로 용기에 충전되어 있는 가스(압축가스, 액화가스, 냉동액화가스, 용해가스로 구분한다)

11) 자기반응성 물질 : 열적(熱的)인 면에서 불안정하여 산소가 공급되지 않아도 강렬하게 발열·분해하기 쉬운 액체·고체 또는 혼합물

12) 자연발화성 액체 : 적은 양으로도 공기와 접촉하여 5분 안에 발화할 수 있는 액체

13) 자연발화성 고체 : 적은 양으로도 공기와 접촉하여 5분 안에 발화할 수 있는

고체

14) 자기발열성 물질 : 주위의 에너지 공급 없이 공기와 반응하여 스스로 발열하는 물질(자기발화성 물질은 제외한다)

15) 유기과산화물 : 2가의 -○-○-구조를 가지고 **1개 또는 2개**의 수소 원자가 유기라디칼에 의하여 치환된 과산화수소의 유도체를 포함한 액체 또는 고체 유기물질

16) 금속 부식성 물질 : 화학적인 작용으로 금속에 손상 또는 부식을 일으키는 물질

나. 건강 및 환경 유해성 분류기준

1) 급성 독성 물질 : 입 또는 피부를 통하여 1회 투여 또는 24시간 이내에 여러 차례로 나누어 투여하거나 호흡기를 통하여 4시간 동안 흡입하는 경우 유해한 영향을 일으키는 물질

2) 피부 부식성 또는 자극성 물질 : 접촉 시 피부조직을 파괴하거나 자극을 일으키는 물질(피부 부식성 물질 및 피부 자극성 물질로 구분한다)

3) 심한 눈 손상성 또는 자극성 물질 : 접촉 시 눈 조직의 손상 또는 시력의 저하 등을 일으키는 물질(눈 손상성 물질 및 눈 자극성 물질로 구분한다)

4) 호흡기 과민성 물질 : 호흡기를 통하여 흡입되는 경우 기도에 과민반응을 일으키는 물질

5) 피부 과민성 물질 : 피부에 접촉되는 경우 피부 알레르기 반응을 일으키는 물질

6) 발암성 물질 : 암을 일으키거나 그 발생을 증가시키는 물질

7) 생식세포 변이원성 물질 : 자손에게 유전될 수 있는 사람의 생식세포에 돌연변이를 일으킬 수 있는 물질

8) 생식독성 물질 : 생식기능, 생식능력 또는 태아의 발생·발육에 유해한 영향을 주는 물질

9) 특정 표적장기 독성 물질(1회 노출) : 1회 노출로 특정 표적장기 또는 전신에 독성을 일으키는 물질

10) 특정 표적장기 독성 물질(반복 노출) : 반복적인 노출로 특정 표적장기 또는 전신에 독성을 일으키는 물질

11) 흡인 유해성 물질 : 액체 또는 고체 화학물질이 입이나 코를 통하여 직접적으로 또는 구토로 인하여 간접적으로, 기관 및 더 깊은 호흡기관으로 유입되어 화학적 폐렴, 다양한 폐 손상이나 사망과 같은 심각한 급성 영향을 일으키는 물질

12) 수생 환경 유해성 물질 : 단기간 또는 장기간의 노출로 수생생물에 유해한 영향을 일으키는 물질

13) 오존층 유해성 물질 : 「오존층 보호를 위한 특정물질의 제조규제 등에 관한 법률」 제2조제1호에 따른 특정물질

2. 물리적 인자의 분류기준

가. 소음 : 소음성난청을 유발할 수 있는 **85데시벨(A)** 이상의 시끄러운 소리

나. 진동 : 착암기, 손망치 등의 공구를 사용함으로써 발생되는 백랍병·레이노 현상·말초순환장애 등의 국소 진동 및 차량 등을 이용함으로써 발생되는 관절통·디스크·소화장애 등의 전신 진동

다. 방사선 : 직접·간접으로 공기 또는 세포를 전리하는 능력을 가진 알파선·베타선·감마선·엑스선·중성자선 등의 전자선

라. 이상기압 : 게이지 압력이 **제곱센티미터당 1킬로그램 초과 또는 미만**인 기압

마. 이상기온 : 고열·한랭·다습으로 인하여 열사병·동상·피부질환 등을 일으킬 수 있는 기온

3. 생물학적 인자의 분류기준

가. 혈액매개 감염인자 : 인간면역결핍바이러스, B형·C형간염바이러스, 매독바이러스 등 혈액을 매개로 다른 사람에게 전염되어 질병을 유발하는 인자

나. 공기매개 감염인자 : 결핵·수두·홍역 등 공기 또는 비말감염 등을 매개로 호흡기를 통하여 전염되는 인자

다. 곤충 및 동물매개 감염인자 : 쯔쯔가무시증, 렙토스피라증, 유행성출혈열 등 동물의 배설물 등에 의하여 전염되는 인자 및 탄저병, 브루셀라병 등 가축 또는 야생동물로부터 사람에게 감염되는 인자

※ 비고

제1호에 따른 화학물질의 분류기준 중 가목에 따른 물리적 위험성 분류기준별 세부 구분기준과 나목에 따른 건강 및 환경 유해성 분류기준의 단일물질 분류기준별 세부 구분기준 및 혼합물질의 분류기준은 고용노동부장관이 정하여 고시한다.

기 출 1

산업안전보건법령상 유해인자의 유해성 · 위험성 분류기준에 관한 설명으로 옳은 것을 모두 고른 것은?

ㄱ. 소음은 소음성난청을 유발할 수 있는 90데시벨(A) 이상의 시끄러운 소리이다. ㄴ. 물과 상호작용을 하여 인화성 가스를 발생시키는 고체·액체 또는 혼합물은 물반응성 물질에 해당한다. ㄷ. 20℃, 표준압력(101.3kPa)에서 공기와 혼합하여 인화되는 범위에 있는 가스는 인화성 가스에 해당한다. ㄹ. 이상기압은 게이지 압력이 제곱센티미터당 1킬로그램 초과 또는 미만인 기압이다.

① ㄱ, ㄴ
② ㄷ, ㄹ
③ ㄱ, ㄴ, ㄷ
④ ㄴ, ㄷ, ㄹ
⑤ ㄱ, ㄴ, ㄷ, ㄹ

정 답

④

막판 42 굴착면의 기울기 기준

✎ **산업안전보건기준에 관한 규칙 [별표 11] 〈개정 2023. 11. 14.〉**

굴착면의 기울기 기준(제339조제1항 관련)

지반의 종류	굴착면의 기울기
모래	1 : 1.8
연암 및 풍화암	1 : 1.0
경암	1 : 0.5
그 밖의 흙	1 : 1.2

비고

1. 굴착면의 기울기는 굴착면의 높이에 대한 수평거리의 비율을 말한다.
2. 굴착면의 경사가 달라서 기울기를 계산하기가 곤란한 경우에는 해당 굴착면에 대하여 지반의 종류별 굴착면의 기울기에 따라 붕괴의 위험이 증가하지 않도록 위 표의 지반의 종류별 굴착면의 기울기에 맞게 해당 각 부분의 경사를 유지해야 한다.

예 상

산업안전보건기준에 관한 규칙상 굴착면의 기울기 기준에 관한 내용으로 옳지 않은 것은?

① 굴착면의 기울기는 굴착면의 높이에 대한 수평거리의 비율을 말한다.
② 굴착면의 경사가 달라서 기울기를 계산하기가 곤란한 경우에는 해당 굴착면에 대하여 지반의 종류별 굴착면 기울기에 따라 붕괴의 위험이 증가하지 않도록 해당 각 부분의 경사를 유지해야 한다.
③ 암석이 아닌 흙의 경우 굴착면의 기울기는 1 : 1.2이다.
④ 모래의 경우 굴착면의 기울기는 1: 1.8이다.
⑤ 연암과 경암 중 굴착면의 기울기가 급한 것은 연암이다.

정 답

⑤

제1장 총칙

제1조(목적) 이 고시는 「산업안전보건법」 제104조, 제110조부터 제116조까지, 같은 법 시행령 제86조, 같은 법 시행규칙 제141조, 제156조부터 제171조까지, 별표 18에 따른 화학물질의 분류, 물질안전보건자료, 대체자료 기재 승인, 경고표시 및 근로자에 대한 교육 등에 필요한 사항을 정함을 목적으로 한다.

제5조(경고표지의 부착) ① 물질안전보건자료대상물질을 양도·제공하는 자는 해당 물질안전보건자료대상물질의 용기 및 포장에 한글로 작성한 경고표지(같은 경고표지 내에 한글과 외국어가 함께 기재된 경우를 포함한다)를 부착하거나 인쇄하는 등 유해·위험 정보가 명확히 나타나도록 하여야 한다. 다만, 실험실에서 시험·연구목적으로 사용하는 시약으로서 외국어로 작성된 경고표지가 부착되어 있거나 수출하기 위하여 저장 또는 운반 중에 있는 완제품은 한글로 작성한 경고표지를 부착하지 아니할 수 있다.

② 제1항에도 불구하고 국제연합(UN)의 「위험물 운송에 관한 권고(RTDG)」에서 정하는 유해성·위험성 물질을 포장에 표시하는 경우에는 「위험물 운송에 관한 권고(RTDG)」에 따라 표시할 수 있다.

③ 포장하지 않는 드럼 등의 용기에 국제연합(UN)의 「위험물 운송에 관한 권고(RTDG)」에 따라 표시를 한 경우에는 경고표지에 그림문자를 표시하지 아니할 수 있다.

④ 용기 및 포장에 경고표지를 부착하거나 경고표지의 내용을 인쇄하는 방법으로 표시하는 것이 곤란한 경우에는 경고표지를 인쇄한 꼬리표를 달 수 있다.

⑤ 물질안전보건자료대상물질을 사용·운반 또는 저장하고자 하는 사업주는 경고표지의 유무를 확인하여야 하며, 경고표지가 없는 경우에는 경고표지를 부착하여야 한다.

⑥ 제5항에 따른 사업주는 물질안전보건자료대상물질의 양도·제공자에게 경고표지의 부착을 요청할 수 있다.

제6조(경고표지의 작성방법) ① 규칙 제170조에 따른 경고표지의 그림문자, 신호어, 유해·위험 문구, 예방조치 문구는 별표 2와 같다.

② 물질안전보건자료대상물질의 내용량이 100그램(g) 이하 또는 100밀리리터(㎖) 이하인 경우에는 경고표지에 명칭, 그림문자, 신호어 및 공급자 정보만을 표시할 수 있다.

③ 물질안전보건자료대상물질을 해당 사업장에서 자체적으로 사용하기 위하여 담은 반제품용기에 경고표시를 할 경우에는 유해·위험의 정도에 따른 "위험" 또는 "경고"의 문구만을 표시할 수 있다. 다만, 이 경우 보관·저장장소의 작업자가 쉽게 볼 수 있는 위치에 경고표지를 부착하거나 물질안전보건자료를 게시하여야 한다.

제6조의2(경고표지 기재항목의 작성방법) ① 명칭은 제10조제1항 제1호에 따른 물질안전보건자료 상의 제품명을 기재한다.

② 그림문자는 별표 2에 해당되는 것을 모두 표시한다. 다만 다음 각 호의 어느 하나

에 해당되는 경우에는 이에 따른다.

1. "해골과 X자형 뼈" 그림문자와 "감탄부호(!)" 그림문자에 모두 해당되는 경우에는 "해골과 X자형 뼈" 그림문자만을 표시한다.
2. 부식성 그림문자와 피부자극성 또는 눈 자극성 그림문자에 모두 해당되는 경우에는 부식성 그림문자만을 표시한다.
3. 호흡기 과민성 그림문자와 피부 과민성, 피부 자극성 또는 눈 자극성 그림문자에 모두 해당되는 경우에는 호흡기 과민성 그림문자만을 표시한다.
4. 5개 이상의 그림문자에 해당되는 경우에는 4개의 그림문자만을 표시할 수 있다.

③ 신호어는 별표 2에 따라 "위험" 또는 "경고"를 표시한다. 다만, 물질안전보건자료 대상물질이 "위험"과 "경고"에 모두 해당되는 경우에는 "위험"만을 표시한다.

④ 유해·위험 문구는 별표 2에 따라 해당되는 것을 모두 표시한다. 다만, 중복되는 유해·위험문구를 생략하거나 유사한 유해·위험 문구를 조합하여 표시할 수 있다.

⑤ 예방조치 문구는 별표 2에 해당되는 것을 모두 표시한다. 다만 다음 각 호의 어느 하나에 해당되는 경우에는 이에 따른다.

1. 중복되는 예방조치 문구를 생략하거나 유사한 예방조치 문구를 조합하여 표시할 수 있다.
2. 예방조치 문구가 7개 이상인 경우에는 예방·대응·저장·폐기 각 1개 이상(해당문구가 없는 경우는 제외한다)을 포함하여 6개만 표시해도 된다. 이 때 표시하지 않은 예방조치 문구는 물질안전보건자료를 참고하도록 기재하여야 한다.

⑥ 제2항제1호부터제3호까지, 제3항, 제4항 및 제5항제1호의 규정은 물질안전보건자료 중 제10조제1항제2호에서 정한 항목을 작성할 때에 적용할 수 있다.

제8조(경고표지의 색상 및 위치) ① 경고표지전체의 바탕은 흰색으로, 글씨와 테두리는 검정색으로 하여야 한다.

② 제1항에도 불구하고 비닐포대 등 바탕색을 흰색으로 하기 어려운 경우에는 그 포장 또는 용기의 표면을 바탕색으로 사용할 수 있다. 다만, 바탕색이 검정색에 가까운 용기 또는 포장인 경우에는 글씨와 테두리를 바탕색과 대비색상으로 표시하여야 한다.

③ 그림문자(GHS에 따른 그림문자를 말한다. 이하 이 조에서 같다.)는 유해성·위험성을 나타내는 그림과 테두리로 구성하며, 유해성·위험성을 나타내는 그림은 검은색으로 하고, 그림문자의 테두리는 빨간색으로 하는 것을 원칙으로 하되 바탕색과 테두리의 구분이 어려운 경우 바탕색의 대비 색상으로 할 수 있으며, 그림문자의 바탕은 흰색으로 한다. 다만, 1리터(L)미만의 소량용기 또는 포장으로서 경고표지를 용기 또는 포장에 직접 인쇄하고자 하는 경우에는 그 용기 또는 포장 표면의 색상이 두 가지 이하로 착색되어 있는 경우에 한하여 용기 또는 포장에 주로 사용된 색상(검정색계통은 제외한다)을 그림문자의 바탕색으로 할 수 있다.

④ 경고표지는 취급근로자가 사용 중에도 쉽게 볼 수 있는 위치에 견고하게 부착하여야 한다.

제9조(경고표시 기재항목을 적은 자료의 제공) ① 법 제115조제1항 단서에 따른 경고표시 기재 항목을 적은 자료는 물질안전보건자료대상물질을 양도하거나 제공하는 때에 함께 제공하여야 한다. 다만, 경고표시 기재 항목이 물질안전보건자료에 포함되어 있는 경우에는 물질안전보건자료를 제공하는 방법으로 해당 자료를 제공할 수 있다.

② 같은 상대방에게 같은 물질안전보건자료대상물질을 2회 이상 계속하여 양도하거나 제공하는 경우에는 최초로 제공한 제1항에 따른 경고표시 기재 항목을 적은 자료의 기재 내용의 변경이 없는 한 추가로 해당 자료를 제공하지 아니할 수 있다. 다만, 상대방이 해당 자료의 제공을 요청한 경우에는 그러하지 아니하다.

제4장 물질안전보건자료의 작성 등

제10조(작성항목) ① 물질안전보건자료 작성 시 포함되어야 할 **항목 및 그 순서**는 다음 각 호에 따른다.

1. 화학제품과 회사에 관한 정보
2. 유해성·위험성
3. 구성성분의 명칭 및 함유량
4. 응급조치요령
5. 폭발·화재시 대처방법
6. 누출사고시 대처방법
7. 취급 및 저장방법
8. 노출방지 및 개인보호구
9. 물리화학적 특성
10. 안정성 및 반응성
11. 독성에 관한 정보
12. 환경에 미치는 영향
13. 폐기 시 주의사항
14. 운송에 필요한 정보
15. 법적규제 현황
16. 그 밖의 참고사항

② 제1항 각 호에 대한 세부작성 항목 및 기재사항은 별표 4와 같다. 다만, 물질안전보건자료의 작성자는 근로자의 안전보건의 증진에 필요한 경우에는 세부항목을 추가하여 작성할 수 있다.

제11조(작성원칙) ① 물질안전보건자료는 한글로 작성하는 것을 원칙으로 하되 화학물질명, 외국기관명 등의 고유명사는 영어로 표기할 수 있다.

② 제1항에도 불구하고 실험실에서 시험·연구목적으로 사용하는 시약으로서 물질안전보건자료가 외국어로 작성된 경우에는 한국어로 번역하지 아니할 수 있다.

③ 제10조제1항 각 호의 작성 시 시험결과를 반영하고자 하는 경우에는 해당국가의 우수실험실기준(GLP) 및 국제공인시험기관 인정(KOLAS)에 따라 수행한 시험결과를

우선적으로 고려하여야 한다.

④ 외국어로 되어있는 물질안전보건자료를 번역하는 경우에는 자료의 신뢰성이 확보될 수 있도록 최초 작성기관명 및 시기를 함께 기재하여야 하며, 다른 형태의 관련 자료를 활용 하여 물질안전보건자료를 작성하는 경우에는 참고문헌의 출처를 기재하여야 한다.

⑤ 물질안전보건자료 작성에 필요한 용어, 작성에 필요한 기술지침은 한국산업안전보건공단이 정할 수 있다.

⑥ 물질안전보건자료의 작성단위는 「계량에 관한 법률」이 정하는 바에 의한다.

⑦ **각 작성항목은 빠짐없이 작성하여야 한다. 다만, 부득이 어느 항목에 대해 관련 정보를 얻을 수 없는 경우에는 작성란에 "자료 없음"이라고 기재하고, 적용이 불가능하거나 대상이 되지 않는 경우에는 작성란에 "해당 없음"이라고 기재한다.**

⑧ 제10조제1항제1호에 따른 화학제품에 관한 정보 중 용도는 별표 5에서 정하는 용도분류체계에서 하나 이상을 선택하여 작성할 수 있다. 다만, 법 제110조제1항 및 제3항에 따라 작성된 물질안전보건자료를 제출할 때에는 별표 5에서 정하는 용도분류체계에서 하나 이상을 선택하여야 한다.

⑨ 혼합물 내 함유된 화학물질 중 규칙 별표 18제1호가목에 해당하는 화학물질의 함유량이 한계농도인 1% 미만이거나 동 별표 제1호나목에 해당하는 화학물질의 함유량이 별표 6에서 정한 한계농도 미만인 경우 제10조제1항 각호에 따른 항목에 대한 정보를 기재하지 아니할 수 있다. 이 경우 화학물질이 규칙 별표18 제1호가목과 나목 모두 해당할 때에는 낮은 한계농도를 기준으로 한다.

⑩ 제10조제1항제3호에 따른 구성 성분의 함유량을 기재하는 경우에는 함유량의 ± 5퍼센트포인트(%P) 내에서 범위(하한 값 ~ 상한 값)로 함유량을 대신하여 표시할 수 있다.

⑪ 물질안전보건자료를 작성할 때에는 취급근로자의 건강보호목적에 맞도록 성실하게 작성하여야 한다.

기 출

다음 중 물질안전보건자료(MSDS) 작성 시 포함되어야 할 항목을 모두 고른 것은?

ㄱ. 유해성·위험성 ㄴ. 구성성분의 명칭 및 함유량 ㄷ. 안전성 및 반응성 ㄹ. 노출방지 및 개인보호구

① ㄱ, ㄴ
② ㄱ, ㄴ, ㄷ
③ ㄱ, ㄴ, ㄹ
④ ㄴ, ㄷ, ㄹ
⑤ ㄱ, ㄴ, ㄷ, ㄹ

정 답

③

예 상

산업안전보건법령상 물질안전보건자료 작성 시 포함되어야 할 항목이 아닌 것은? (단, 그 밖의 참고사항은 제외한다)

① 유해성·위험성
② 안정성 및 반응성
③ 사용빈도 및 강도
④ 운송에 관한 정보
⑤ 법적 규제 현황

정 답

③

제8조(조도) 사업주는 근로자가 상시 작업하는 장소의 작업면 조도(照度)를 다음 각 호의 기준에 맞도록 하여야 한다. 다만, 갱내(坑內) 작업장과 감광재료(感光材料)를 취급하는 작업장은 그러하지 아니하다.

1. 초정밀작업 : 750럭스(lux) 이상
2. 정밀작업 : 300럭스 이상
3. 보통작업 : 150럭스 이상
4. 그 밖의 작업 : 75럭스 이상

제11조(작업장의 출입구) 사업주는 작업장에 출입구(비상구는 제외한다. 이하 같다)를 설치하는 경우 다음 각 호의 사항을 준수하여야 한다.

1. 출입구의 위치, 수 및 크기가 작업장의 용도와 특성에 맞도록 할 것
2. 출입구에 문을 설치하는 경우에는 근로자가 쉽게 열고 닫을 수 있도록 할 것
3. 주된 목적이 하역운반기계용인 출입구에는 인접하여 보행자용 출입구를 따로 설치할 것
4. 하역운반기계의 통로와 인접하여 있는 출입구에서 접촉에 의하여 근로자에게 위험을 미칠 우려가 있는 경우에는 비상등·비상벨 등 경보장치를 할 것
5. 계단이 출입구와 바로 연결된 경우에는 작업자의 안전한 통행을 위하여 그 사이에 1.2미터 이상 거리를 두거나 안내표지 또는 비상벨 등을 설치할 것. 다만, 출입구에 문을 설치하지 아니한 경우에는 그러하지 아니하다.

제13조(안전난간의 구조 및 설치요건) 사업주는 근로자의 추락 등의 위험을 방지하기 위하여 안전난간을 설치하는 경우 다음 각 호의 기준에 맞는 구조로 설치하여야 한다.

1. 상부 난간대, 중간 난간대, 발끝막이판 및 난간기둥으로 구성할 것. 다만, 중간 난간대, 발끝막이판 및 난간기둥은 이와 비슷한 구조와 성능을 가진 것으로 대체할 수 있다.
2. 상부 난간대는 바닥면·발판 또는 경사로의 표면(이하 "바닥면등"이라 한다)으로부터 90센티미터 이상 지점에 설치하고, 상부 난간대를 120센티미터 이하에 설치하는 경우에는 중간 난간대는 상부 난간대와 바닥면등의 중간에 설치해야 하며, 120센티미터 이상 지점에 설치하는 경우에는 중간 난간대를 2단 이상으로 균등하게 설치하고 난간의 상하 간격은 60센티미터 이하가 되도록 할 것. 다만, 난간기둥 간의 간격이 25센티미터 이하인 경우에는 중간 난간대를 설치하지 않을 수 있다.
3. 발끝막이판은 바닥면등으로부터 10센티미터 이상의 높이를 유지할 것. 다만, 물체가 떨어지거나 날아올 위험이 없거나 그 위험을 방지할 수 있는 망을 설치하는 등 필요한 예방 조치를 한 장소는 제외한다.
4. 난간기둥은 상부 난간대와 중간 난간대를 견고하게 떠받칠 수 있도록 적정한 간격

을 유지할 것

5. 상부 난간대와 중간 난간대는 난간 길이 전체에 걸쳐 바닥면등과 평행을 유지할 것
6. 난간대는 지름 2.7센티미터 이상의 금속제 파이프나 그 이상의 강도가 있는 재료일 것
7. 안전난간은 구조적으로 가장 취약한 지점에서 가장 취약한 방향으로 작용하는 100킬로그램 이상의 하중에 견딜 수 있는 튼튼한 구조일 것

제17조(비상구의 설치) ① 사업주는 별표 1에 규정된 위험물질을 제조·취급하는 작업장과 그 작업장이 있는 건축물에 제11조에 따른 출입구 외에 안전한 장소로 대피할 수 있는 비상구 1개 이상을 다음 각 호의 기준을 모두 충족하는 구조로 설치해야 한다. 다만, 작업장 바닥면의 가로 및 세로가 각 3미터 미만인 경우에는 그렇지 않다.

1. 출입구와 같은 방향에 있지 아니하고, 출입구로부터 3미터 이상 떨어져 있을 것
2. 작업장의 각 부분으로부터 하나의 비상구 또는 출입구까지의 수평거리가 50미터 이하가 되도록 할 것. 다만, 작업장이 있는 층에 「건축법 시행령」 제34조제1항에 따라 피난층(직접 지상으로 통하는 출입구가 있는 층과 「건축법 시행령」 제34조제3항 및 제4항에 따른 피난안전구역을 말한다) 또는 지상으로 통하는 직통계단(경사로를 포함한다)을 설치한 경우에는 그 부분에 한정하여 본문에 따른 기준을 충족한 것으로 본다.
3. 비상구의 너비는 0.75미터 이상으로 하고, 높이는 1.5미터 이상으로 할 것
4. 비상구의 문은 피난 방향으로 열리도록 하고, 실내에서 항상 열 수 있는 구조로 할 것

② 사업주는 제1항에 따른 비상구에 문을 설치하는 경우 항상 사용할 수 있는 상태로 유지하여야 한다.

제19조(경보용 설비 등) 사업주는 연면적이 400제곱미터 이상이거나 상시 50명 이상의 근로자가 작업하는 옥내작업장에는 비상시에 근로자에게 신속하게 알리기 위한 경보용 설비 또는 기구를 설치하여야 한다.

제21조(통로의 조명) 사업주는 근로자가 안전하게 통행할 수 있도록 통로에 75럭스 이상의 채광 또는 조명시설을 하여야 한다. 다만, 갱도 또는 상시 통행을 하지 아니하는 지하실 등을 통행하는 근로자에게 휴대용 조명기구를 사용하도록 한 경우에는 그러하지 아니하다.

제22조(통로의 설치) ① 사업주는 작업장으로 통하는 장소 또는 작업장 내에 근로자가 사용할 안전한 통로를 설치하고 항상 사용할 수 있는 상태로 유지하여야 한다.

② 사업주는 통로의 주요 부분에 통로표시를 하고, 근로자가 안전하게 통행할 수 있도록 하여야 한다.

③ 사업주는 통로면으로부터 높이 2미터 이내에는 장애물이 없도록 하여야 한다. 다만, 부득이하게 통로면으로부터 높이 2미터 이내에 장애물을 설치할 수밖에 없거나 통로면으로부터 높이 2미터 이내의 장애물을 제거하는 것이 곤란하다고 고용노동부장

관이 인정하는 경우에는 근로자에게 발생할 수 있는 부상 등의 위험을 방지하기 위한 안전 조치를 하여야 한다.

제23조(가설통로의 구조) 사업주는 가설통로를 설치하는 경우 다음 각 호의 사항을 준수하여야 한다.

1. 견고한 구조로 할 것
2. 경사는 30도 이하로 할 것. 다만, 계단을 설치하거나 높이 2미터 미만의 가설통로로서 튼튼한 손잡이를 설치한 경우에는 그러하지 아니하다.
3. 경사가 15도를 초과하는 경우에는 미끄러지지 아니하는 구조로 할 것
4. 추락할 위험이 있는 장소에는 안전난간을 설치할 것. 다만, 작업상 부득이한 경우에는 필요한 부분만 임시로 해체할 수 있다.
5. 수직갱에 가설된 통로의 길이가 15미터 이상인 경우에는 10미터 이내마다 계단참을 설치할 것
6. 건설공사에 사용하는 높이 8미터 이상인 비계다리에는 7미터 이내마다 계단참을 설치할 것

제24조(사다리식 통로 등의 구조) ① 사업주는 사다리식 통로 등을 설치하는 경우 다음 각 호의 사항을 준수하여야 한다.

1. 견고한 구조로 할 것
2. 심한 손상·부식 등이 없는 재료를 사용할 것
3. 발판의 간격은 일정하게 할 것
4. 발판과 벽과의 사이는 15센티미터 이상의 간격을 유지할 것
5. 폭은 30센티미터 이상으로 할 것
6. 사다리가 넘어지거나 미끄러지는 것을 방지하기 위한 조치를 할 것
7. 사다리의 상단은 걸쳐놓은 지점으로부터 60센티미터 이상 올라가도록 할 것
8. 사다리식 통로의 길이가 10미터 이상인 경우에는 5미터 이내마다 계단참을 설치할 것
9. 사다리식 통로의 기울기는 75도 이하로 할 것. 다만, 고정식 사다리식 통로의 기울기는 90도 이하로 하고, 그 높이가 7미터 이상인 경우에는 바닥으로부터 높이가 2.5미터 되는 지점부터 등받이울을 설치할 것
10. 접이식 사다리 기둥은 사용 시 접혀지거나 펼쳐지지 않도록 철물 등을 사용하여 견고하게 조치할 것

② 잠함(潛函) 내 사다리식 통로와 건조·수리 중인 선박의 구명줄이 설치된 사다리식 통로(건조·수리작업을 위하여 임시로 설치한 사다리식 통로는 제외한다)에 대해서는 제1항제5호부터 제10호까지의 규정을 적용하지 아니한다.

(Quiz) 잠함 내 사다리식 통로를 설치하는 경우에는 그 폭은 30센티미터 이상으로 설치하여야 한다. (O, ×)

(Quiz) 고정식 사다리식 통로의 기울기는 75도 이하로 하고 그 높이가 5미터 이상인 경우 바닥으로부터 높이가 2미터 되는 지점부터 등받이울을 설치한다. (O, ×)

제25조(갱내통로 등의 위험 방지) 사업주는 갱내에 설치한 통로 또는 사다리식 통로에 권상장치(卷上裝置)가 설치된 경우 권상장치와 근로자의 접촉에 의한 위험이 있는 장소에 판자벽이나 그 밖에 위험 방지를 위한 격벽(隔壁)을 설치하여야 한다.

제26조(계단의 강도) ① 사업주는 계단 및 계단참을 설치하는 경우 매제곱미터당 500킬로그램 이상의 하중에 견딜 수 있는 강도를 가진 구조로 설치하여야 하며, 안전율[안전의 정도를 표시하는 것으로서 재료의 파괴응력도(破壞應力度)와 허용응력도(許容應力度)의 비율을 말한다)]은 4 이상으로 하여야 한다.

② 사업주는 계단 및 승강구 바닥을 구멍이 있는 재료로 만드는 경우 렌치나 그 밖의 공구 등이 낙하할 위험이 없는 구조로 하여야 한다.

제27조(계단의 폭) ① 사업주는 계단을 설치하는 경우 그 폭을 1미터 이상으로 하여야 한다. 다만, 급유용·보수용·비상용 계단 및 나선형 계단이거나 높이 1미터 미만의 이동식 계단인 경우에는 그러하지 아니하다.

② 사업주는 계단에 손잡이 외의 다른 물건 등을 설치하거나 쌓아 두어서는 아니 된다.

제28조(계단참의 높이) 사업주는 높이가 3미터를 초과하는 계단에 높이 3미터 이내마다 진행방향으로 길이 1.2미터 이상의 계단참을 설치해야 한다.

제29조(천장의 높이) 사업주는 계단을 설치하는 경우 바닥면으로부터 높이 2미터 이내의 공간에 장애물이 없도록 하여야 한다. 다만, 급유용·보수용·비상용 계단 및 나선형 계단인 경우에는 그러하지 아니하다.

제30조(계단의 난간) 사업주는 높이 1미터 이상인 계단의 개방된 측면에 안전난간을 설치하여야 한다.

제32조(보호구의 지급 등) ① 사업주는 다음 각 호의 어느 하나에 해당하는 작업을 하는 근로자에 대해서는 다음 각 호의 구분에 따라 그 작업조건에 맞는 보호구를 작업하는 근로자 수 이상으로 지급하고 착용하도록 하여야 한다.

1. 물체가 떨어지거나 날아올 위험 또는 근로자가 추락할 위험이 있는 작업 : 안전모
2. 높이 또는 깊이 2미터 이상의 추락할 위험이 있는 장소에서 하는 작업 : 안전대(安全帶)
3. 물체의 낙하·충격, 물체에의 끼임, 감전 또는 정전기의 대전(帶電)에 의한 위험이 있는 작업 : 안전화
4. 물체가 흩날릴 위험이 있는 작업 : 보안경
5. 용접 시 불꽃이나 물체가 흩날릴 위험이 있는 작업 : 보안면
6. 감전의 위험이 있는 작업 : 절연용 보호구
7. 고열에 의한 화상 등의 위험이 있는 작업 : 방열복

8. 선창 등에서 분진(粉塵)이 심하게 발생하는 하역작업 : 방진마스크
9. 섭씨 영하 18도 이하인 급냉동어창에서 하는 하역작업 : 방한모·방한복·방한화·방한장갑
10. 물건을 운반하거나 수거·배달하기 위하여 「자동차관리법」 제3조제1항제5호에 따른 이륜자동차(이하 "이륜자동차"라 한다)를 운행하는 작업 : 「도로교통법 시행규칙」 제32조제1항 각 호의 기준에 적합한 승차용 안전모

② 사업주로부터 제1항에 따른 보호구를 받거나 착용지시를 받은 근로자는 그 보호구를 착용하여야 한다.

제37조(악천후 및 강풍 시 작업 중지) ① 사업주는 비·눈·바람 또는 그 밖의 기상상태의 불안정으로 인하여 근로자가 위험해질 우려가 있는 경우 작업을 중지하여야 한다. 다만, 태풍 등으로 위험이 예상되거나 발생되어 긴급 복구작업을 필요로 하는 경우에는 그러하지 아니하다.

② 사업주는 순간풍속이 초당 10미터를 초과하는 경우 타워크레인의 **설치·수리·점검 또는 해체 작업을 중지**하여야 하며, 순간풍속이 초당 15미터를 초과하는 경우에는 타워크레인의 **운전작업을 중지**하여야 한다.

제140조(폭풍에 의한 이탈 방지) 사업주는 순간풍속이 **초당 30미터**를 초과하는 바람이 불어올 우려가 있는 경우 옥외에 설치되어 있는 **주행 크레인**에 대하여 이탈방지장치를 작동시키는 등 이탈 방지를 위한 조치를 하여야 한다.

제143조(폭풍 등으로 인한 이상 유무 점검) 사업주는 순간풍속이 초당 30미터를 초과하는 바람이 불거나 중진(中震) 이상 진도의 지진이 있은 후에 옥외에 설치되어 있는 양중기를 사용하여 작업을 하는 경우에는 미리 기계 각 부위에 이상이 있는지를 점검하여야 한다.

제154조(붕괴 등의 방지) ① 사업주는 지반침하, 불량한 자재사용 또는 헐거운 결선(結線) 등으로 리프트가 붕괴되거나 넘어지지 않도록 필요한 조치를 하여야 한다.

② 사업주는 순간풍속이 초당 35미터를 초과하는 바람이 불어올 우려가 있는 경우 건설용 리프트(지하에 설치되어 있는 것은 제외한다)에 대하여 받침의 수를 증가시키는 등 그 붕괴 등을 방지하기 위한 조치를 하여야 한다.

제161조(폭풍에 의한 무너짐 방지) 사업주는 순간풍속이 초당 35미터를 초과하는 바람이 불어 올 우려가 있는 경우 옥외에 설치되어 있는 승강기에 대하여 받침의 수를 증가시키는 등 승강기가 무너지는 것을 방지하기 위한 조치를 하여야 한다.

제38조(사전조사 및 작업계획서의 작성 등) ① 사업주는 다음 각 호의 작업을 하는 경우 근로자의 위험을 방지하기 위하여 별표 4에 따라 해당 작업, 작업장의 지형·지반 및 지층 상태 등에 대한 사전조사를 하고 그 결과를 기록·보존해야 하며, 조사결과를 고려하여 별표 4의 구분에 따른 사항을 포함한 작업계획서를 작성하고 그 계획에 따라

작업을 하도록 해야 한다. 〈개정 2023. 11. 14.〉 → **암기법 : 타차(하건)/화전굴터/교채해체/중궤입**

1. 타워크레인을 설치·조립·해체하는 작업
2. 차량계 하역운반기계등을 사용하는 작업(화물자동차를 사용하는 도로상의 주행작업은 제외한다. 이하 같다)
3. 차량계 건설기계를 사용하는 작업
4. 화학설비와 그 부속설비를 사용하는 작업
5. 제318조에 따른 전기작업(**해당 전압이 50볼트를 넘거나 전기에너지가 250볼트암페어를 넘는 경우로 한정한다**)
6. 굴착면의 높이가 2미터 이상이 되는 지반의 굴착작업
7. 터널굴착작업
8. 교량(**상부구조가 금속 또는 콘크리트로 구성되는 교량으로서 그 높이가 5미터 이상이거나 교량의 최대 지간 길이가 30미터 이상인 교량으로 한정한다**)의 설치·해체 또는 변경 작업
9. 채석작업
10. 구축물, 건축물, 그 밖의 시설물 등(이하 "구축물등"이라 한다)의 해체작업
11. 중량물의 취급작업
12. 궤도나 그 밖의 관련 설비의 보수·점검작업
13. 열차의 교환·연결 또는 분리 작업(이하 "입환작업"이라 한다)

제42조(추락의 방지) ① 사업주는 근로자가 추락하거나 넘어질 위험이 있는 장소[작업발판의 끝·개구부(開口部) 등을 제외한다]또는 기계·설비·선박블록 등에서 작업을 할 때에 근로자가 위험해질 우려가 있는 경우 비계(飛階)를 조립하는 등의 방법으로 작업발판을 설치하여야 한다.

② 사업주는 제1항에 따른 작업발판을 설치하기 곤란한 경우 다음 각 호의 기준에 맞는 추락방호망을 설치해야 한다. 다만, 추락방호망을 설치하기 곤란한 경우에는 근로자에게 안전대를 착용하도록 하는 등 추락위험을 방지하기 위해 필요한 조치를 해야 한다.

1. 추락방호망의 설치위치는 가능하면 작업면으로부터 가까운 지점에 설치하여야 하며, 작업면으로부터 망의 설치지점까지의 수직거리는 10미터를 초과하지 아니할 것
2. 추락방호망은 수평으로 설치하고, 망의 처짐은 짧은 변 길이의 12퍼센트 이상이 되도록 할 것
3. 건축물 등의 바깥쪽으로 설치하는 경우 추락방호망의 내민 길이는 벽면으로부터 3미터 이상 되도록 할 것. 다만, 그물코가 20밀리미터 이하인 추락방호망을 사용한 경우에는 제14조제3항에 따른 낙하물 방지망을 설치한 것으로 본다.

③ 사업주는 추락방호망을 설치하는 경우에는 한국산업표준에서 정하는 성능기준에

적합한 추락방호망을 사용하여야 한다.

제55조(작업발판의 최대적재하중) ① 사업주는 비계의 구조 및 재료에 따라 작업발판의 최대적재하중을 정하고, 이를 초과하여 실어서는 아니 된다.

② 달비계(곤돌라의 달비계는 제외한다)의 최대 적재하중을 정하는 경우 그 안전계수는 다음 각 호와 같다.

1. 달기 와이어로프 및 달기 강선의 안전계수: 10 이상
2. 달기 체인 및 달기 훅의 안전계수 : 5 이상
3. 달기 강대와 달비계의 하부 및 상부 지점의 안전계수 : 강재(鋼材)의 경우 2.5 이상, 목재의 경우 5 이상

제72조(후드) 사업주는 인체에 해로운 분진, 흄(fume, 열이나 화학반응에 의하여 형성된 고체증기가 응축되어 생긴 미세입자), 미스트(mist, 공기 중에 떠다니는 작은 액체방울), 증기 또는 가스 상태의 물질(이하 "분진등"이라 한다)을 배출하기 위하여 설치하는 국소배기장치의 후드가 다음 각 호의 기준에 맞도록 하여야 한다.

1. 유해물질이 발생하는 곳마다 설치할 것
2. 유해인자의 발생형태와 비중, 작업방법 등을 고려하여 해당 분진등의 발산원(發散源)을 제어할 수 있는 구조로 설치할 것
3. 후드(hood) 형식은 가능하면 포위식 또는 부스식 후드를 설치할 것
4. 외부식 또는 리시버식 후드는 해당 분진등의 발산원에 가장 가까운 위치에 설치할 것

제73조(덕트) 사업주는 분진등을 배출하기 위하여 설치하는 국소배기장치(이동식은 제외한다)의 덕트(duct)가 다음 각 호의 기준에 맞도록 하여야 한다.

1. 가능하면 길이는 짧게 하고 굴곡부의 수는 적게 할 것
2. 접속부의 안쪽은 돌출된 부분이 없도록 할 것
3. 청소구를 설치하는 등 청소하기 쉬운 구조로 할 것
4. 덕트 내부에 오염물질이 쌓이지 않도록 이송속도를 유지할 것
5. 연결 부위 등은 외부 공기가 들어오지 않도록 할 것

제132조(양중기) ① 양중기란 다음 각 호의 기계를 말한다.

1. 크레인[호이스트(hoist)를 포함한다]
2. 이동식 크레인
3. 리프트(이삿짐운반용 리프트의 경우에는 적재하중이 0.1톤 이상인 것으로 한정한다)
4. 곤돌라
5. 승강기

② 제1항 각 호의 기계의 뜻은 다음 각 호와 같다.

1. "크레인"이란 동력을 사용하여 중량물을 매달아 상하 및 좌우(수평 또는 선회를 말한다)로 운반하는 것을 목적으로 하는 기계 또는 기계장치를 말하며, "호이스트"란 훅이나 그 밖의 달기구 등을 사용하여 화물을 권상 및 횡행 또는 권상동작만을 하여 양중하는 것을 말한다.

2. “이동식 크레인”이란 원동기를 내장하고 있는 것으로서 불특정 장소에 스스로 이동할 수 있는 크레인으로 동력을 사용하여 중량물을 매달아 상하 및 좌우(수평 또는 선회를 말한다)로 운반하는 설비로서 「건설기계관리법」을 적용 받는 기중기 또는 「자동차관리법」 제3조에 따른 화물·특수자동차의 작업부에 탑재하여 화물운반 등에 사용하는 기계 또는 기계장치를 말한다.

3. “리프트”란 동력을 사용하여 사람이나 화물을 운반하는 것을 목적으로 하는 기계설비로서 다음 각 목의 것을 말한다.

 가. 건설용 리프트 : 동력을 사용하여 가이드레일(운반구를 지지하여 상승 및 하강 동작을 안내하는 레일)을 따라 상하로 움직이는 운반구를 매달아 사람이나 화물을 운반할 수 있는 설비 또는 이와 유사한 구조 및 성능을 가진 것으로 건설현장에서 사용하는 것

 나. 산업용 리프트 : 동력을 사용하여 가이드레일을 따라 상하로 움직이는 운반구를 매달아 화물을 운반할 수 있는 설비 또는 이와 유사한 구조 및 성능을 가진 것으로 건설현장 외의 장소에서 사용하는 것

 다. 자동차정비용 리프트 : 동력을 사용하여 가이드레일을 따라 움직이는 지지대로 자동차 등을 일정한 높이로 올리거나 내리는 구조의 리프트로서 자동차 정비에 사용하는 것

 라. 이삿짐운반용 리프트 : 연장 및 축소가 가능하고 끝단을 건축물 등에 지지하는 구조의 사다리형 붐에 따라 동력을 사용하여 움직이는 운반구를 매달아 화물을 운반하는 설비로서 화물자동차 등 차량 위에 탑재하여 이삿짐 운반 등에 사용하는 것

4. “곤돌라”란 달기발판 또는 운반구, 승강장치, 그 밖의 장치 및 이들에 부속된 기계부품에 의하여 구성되고, 와이어로프 또는 달기강선에 의하여 달기발판 또는 운반구가 전용 승강장치에 의하여 오르내리는 설비를 말한다.

5. “승강기”란 건축물이나 고정된 시설물에 설치되어 일정한 경로에 따라 사람이나 화물을 승강장으로 옮기는 데에 사용되는 설비로서 다음 각 목의 것을 말한다.

 가. 승객용 엘리베이터 : 사람의 운송에 적합하게 제조·설치된 엘리베이터

 나. 승객화물용 엘리베이터 : 사람의 운송과 화물 운반을 겸용하는데 적합하게 제조·설치된 엘리베이터

 다. 화물용 엘리베이터 : 화물 운반에 적합하게 제조·설치된 엘리베이터로서 조작자 또는 화물취급자 1명은 탑승할 수 있는 것(적재용량이 300킬로그램 미만인 것은 제외한다)

 라. 소형화물용 엘리베이터 : 음식물이나 서적 등 소형 화물의 운반에 적합하게 제조·설치된 엘리베이터로서 사람의 탑승이 금지된 것

 마. 에스컬레이터 : 일정한 경사로 또는 수평로를 따라 위·아래 또는 옆으로 움직이는 디딤판을 통해 사람이나 화물을 승강장으로 운송시키는 설비

제146조(크레인 작업 시의 조치) ① 사업주는 크레인을 사용하여 작업을 하는 경우 다음 각 호의 조치를 준수하고, 그 작업에 종사하는 관계 근로자가 그 조치를 준수하도록 하여야 한다.

1. 인양할 하물(荷物)을 바닥에서 끌어당기거나 밀어내는 작업을 하지 아니할 것
2. 유류드럼이나 가스통 등 운반 도중에 떨어져 폭발하거나 누출될 가능성이 있는 위험물 용기는 보관함(또는 보관고)에 담아 안전하게 매달아 운반할 것
3. 고정된 물체를 직접 분리·제거하는 작업을 하지 아니할 것
4. 미리 근로자의 출입을 통제하여 인양 중인 하물이 작업자의 머리 위로 통과하지 않도록 할 것
5. 인양할 하물이 보이지 아니하는 경우에는 어떠한 동작도 하지 아니할 것(신호하는 사람에 의하여 작업을 하는 경우는 제외한다)

② 사업주는 조종석이 설치되지 아니한 크레인에 대하여 다음 각 호의 조치를 하여야 한다.

1. 고용노동부장관이 고시하는 크레인의 제작기준과 안전기준에 맞는 무선원격제어기 또는 펜던트 스위치를 설치·사용할 것
2. 무선원격제어기 또는 펜던트 스위치를 취급하는 근로자에게는 작동요령 등 안전조작에 관한 사항을 충분히 주지시킬 것

③ 사업주는 타워크레인을 사용하여 작업을 하는 경우 타워크레인마다 근로자와 조종 작업을 하는 사람 간에 신호업무를 담당하는 사람을 각각 두어야 한다.

제231조(인화성 액체 등을 수시로 취급하는 장소) ① 사업주는 인화성 액체, 인화성 가스 등을 수시로 취급하는 장소에서는 환기가 충분하지 않은 상태에서 전기기계·기구를 작동시켜서는 아니 된다.

② 사업주는 수시로 밀폐된 공간에서 스프레이 건을 사용하여 인화성 액체로 세척·도장 등의 작업을 하는 경우에는 다음 각 호의 조치를 하고 전기기계·기구를 작동시켜야 한다.

1. 인화성 액체, 인화성 가스 등으로 폭발위험 분위기가 조성되지 않도록 해당 물질의 공기 중 농도가 인화하한계값의 25퍼센트를 넘지 않도록 충분히 환기를 유지할 것
2. 조명 등은 고무, 실리콘 등의 패킹이나 실링재료를 사용하여 완전히 밀봉할 것
3. 가열성 전기기계·기구를 사용하는 경우에는 세척 또는 도장용 스프레이 건과 동시에 작동되지 않도록 연동장치 등의 조치를 할 것
4. 방폭구조 외의 스위치와 콘센트 등의 전기기기는 밀폐 공간 외부에 설치되어 있을 것

③ 사업주는 제1항과 제2항에도 불구하고 방폭성능을 갖는 전기기계·기구에 대해서는 제1항의 상태 및 제2항 각 호의 조치를 하지 아니한 상태에서도 작동시킬 수 있다.

제234조(가스등의 용기) 사업주는 금속의 용접·용단 또는 가열에 사용되는 가스등의 용기

를 취급하는 경우에 다음 각 호의 사항을 준수하여야 한다.

1. 다음 각 목의 어느 하나에 해당하는 장소에서 사용하거나 해당 장소에 설치·저장 또는 방치하지 않도록 할 것
   가. 통풍이나 환기가 불충분한 장소
   나. 화기를 사용하는 장소 및 그 부근
   다. 위험물 또는 제236조에 따른 인화성 액체를 취급하는 장소 및 그 부근
2. 용기의 온도를 섭씨 40도 이하로 유지할 것
3. 전도의 위험이 없도록 할 것
4. 충격을 가하지 않도록 할 것
5. 운반하는 경우에는 캡을 씌울 것
6. 사용하는 경우에는 용기의 마개에 부착되어 있는 유류 및 먼지를 제거할 것
7. 밸브의 개폐는 서서히 할 것
8. 사용 전 또는 사용 중인 용기와 그 밖의 용기를 명확히 구별하여 보관할 것
9. 용해아세틸렌의 용기는 세워 둘 것
10. 용기의 부식·마모 또는 변형상태를 점검한 후 사용할 것

제248조(용융고열물 취급 피트의 수증기 폭발방지) 사업주는 용융(鎔融)한 고열의 광물(이하 "용융고열물"이라 한다)을 취급하는 피트(고열의 금속찌꺼기를 물로 처리하는 것은 제외한다)에 대하여 수증기 폭발을 방지하기 위하여 다음 각 호의 조치를 하여야 한다.

1. 지하수가 내부로 새어드는 것을 방지할 수 있는 구조로 할 것. 다만, 내부에 고인 지하수를 배출할 수 있는 설비를 설치한 경우에는 그러하지 아니하다.
2. 작업용수 또는 빗물 등이 내부로 새어드는 것을 방지할 수 있는 격벽 등의 설비를 주위에 설치할 것

제299조(독성이 있는 물질의 누출 방지) 사업주는 급성 독성물질의 누출로 인한 위험을 방지하기 위하여 다음 각 호의 조치를 하여야 한다.

1. 사업장 내 급성 독성물질의 저장 및 취급량을 최소화할 것
2. 급성 독성물질을 취급 저장하는 설비의 연결 부분은 누출되지 않도록 밀착시키고 매월 1회 이상 연결부분에 이상이 있는지를 점검할 것
3. 급성 독성물질을 폐기·처리하여야 하는 경우에는 냉각·분리·흡수·흡착·소각 등의 처리공정을 통하여 급성 독성물질이 외부로 방출되지 않도록 할 것
4. 급성 독성물질 취급설비의 이상 운전으로 급성 독성물질이 외부로 방출될 경우에는 저장·포집 또는 처리설비를 설치하여 안전하게 회수할 수 있도록 할 것
5. 급성 독성물질을 폐기·처리 또는 방출하는 설비를 설치하는 경우에는 자동으로 작동될 수 있는 구조로 하거나 원격조정할 수 있는 수동조작구조로 설치할 것
6. 급성 독성물질을 취급하는 설비의 작동이 중지된 경우에는 근로자가 쉽게 알 수 있도록 필요한 경보설비를 근로자와 가까운 장소에 설치할 것
7. 급성 독성물질이 외부로 누출된 경우에는 감지·경보할 수 있는 설비를 갖출 것

제484조(보관용기) 사업주는 분말 상태의 석면을 혼합하거나 용기에 넣거나 꺼내는 작업, 절단·천공 또는 연마하는 작업 등 석면분진이 흩날리는 작업에 근로자를 종사하도록 하는 경우에 석면의 부스러기 등을 넣어두기 위하여 해당 장소에 뚜껑이 있는 용기를 갖추어 두어야 한다.

제485조(석면오염 장비 등의 처리) ① 사업주는 석면에 오염된 장비, 보호구 또는 작업복 등을 폐기하는 경우에 밀봉된 불침투성 자루나 용기에 넣어 처리하여야 한다.

② 사업주는 제1항에 따라 오염된 장비 등을 처리하는 경우에 압축공기를 불어서 석면오염을 제거하게 해서는 아니 된다.

제442조(명칭 등의 게시) ① 사업주는 관리대상 유해물질을 취급하는 작업장의 보기 쉬운 장소에 다음 각 호의 사항을 게시하여야 한다. 다만, 법 제114조제2항에 따른 작업공정별 관리요령을 게시한 경우에는 그러하지 아니하다.

1. 관리대상 유해물질의 명칭
2. 인체에 미치는 영향
3. 취급상 주의사항
4. 착용하여야 할 보호구
5. 응급조치와 긴급 방재 요령

② 제1항 각 호의 사항을 게시하는 경우에는 「산업안전보건법 시행규칙」 별표 18 제1호나목에 따른 건강 및 환경 유해성 분류기준에 따라 인체에 미치는 영향이 유사한 관리대상 유해물질별로 분류하여 게시할 수 있다.

제491조(개인보호구의 지급 · 착용) ① 사업주는 석면해체·제거작업에 근로자를 종사하도록 하는 경우에 다음 각 호의 개인보호구를 지급하여 착용하도록 하여야 한다. 다만, 제2호의 보호구는 근로자의 눈 부분이 노출될 경우에만 지급한다.

1. 방진마스크(특등급만 해당한다)나 송기마스크 또는 「산업안전보건법 시행령」 별표 28 제3호마목에 따른 전동식 호흡보호구. 다만, 제495조제1호의 작업에 종사하는 경우에는 송기마스크 또는 전동식 호흡보호구를 지급하여 착용하도록 하여야 한다.
2. 고글(Goggles)형 보호안경
3. 신체를 감싸는 보호복, 보호장갑 및 보호신발

② 근로자는 제1항에 따라 지급된 개인보호구를 사업주의 지시에 따라 착용하여야 한다.

✎ **보호구 안전인증 고시(방진마스크 등급)**

등 급	특급	1급	2급
사용장	• 베릴륨등과 같이 독성이 강한 물질들을 함유한 분진 등 발생장소 • 석면 취급장소	• 특급마스크 착용장소를 제외한 분진 등 발생장소 • 금속흄 등과 같이 열적으로 생기는 분진 등 발생장소	• 특급 및 1급 마스크 착용장소를 제외한 분진 등 발생장소

소		• 기계적으로 생기는 분진 등 발생장소(규소등과 같이 2급 방진마스크를 착용하여도 무방한 경우는 제외한다)	
	배기밸브가 없는 안면부여과식 마스크는 특급 및 1급 장소에 사용해서는 안 된다.		

제495조(석면해체 · 제거작업 시의 조치) 사업주는 석면해체·제거작업에 근로자를 종사하도록 하는 경우에 다음 각 호의 구분에 따른 조치를 하여야 한다. 다만, 사업주가 다른 조치를 한 경우로서 지방고용노동관서의 장이 다음 각 호의 조치와 같거나 그 이상의 효과를 가진다고 인정하는 경우에는 다음 각 호의 조치를 한 것으로 본다.

1. 분무(噴霧)된 석면이나 석면이 함유된 보온재 또는 내화피복재(耐火被覆材)의 해체·제거작업
   가. 창문·벽·바닥 등은 비닐 등 불침투성 차단재로 밀폐하고 해당 장소를 음압(陰壓)으로 유지하고 그 결과를 기록·보존할 것(작업장이 실내인 경우에만 해당한다)
   나. 작업 시 석면분진이 흩날리지 않도록 고성능 필터가 장착된 석면분진 포집장치를 가동하는 등 필요한 조치를 할 것(작업장이 실외인 경우에만 해당한다)
   다. 물이나 습윤제(濕潤劑)를 사용하여 습식(濕式)으로 작업할 것
   라. 평상복 탈의실, 샤워실 및 작업복 탈의실 등의 위생설비를 작업장과 연결하여 설치할 것(작업장이 실내인 경우에만 해당한다)
2. 석면이 함유된 벽체, 바닥타일 및 천장재의 해체·제거작업{천공(穿孔)작업 등 석면이 적게 흩날리는 작업을 하는 경우에는 나목의 조치로 한정한다}
   가. 창문·벽·바닥 등은 비닐 등 불침투성 차단재로 밀폐할 것
   나. 물이나 습윤제를 사용하여 습식으로 작업할 것
   다. 작업장소를 음압으로 유지하고 그 결과를 기록·보존할 것(석면함유 벽체·바닥타일·천장재를 물리적으로 깨거나 기계 등을 이용하여 절단하는 작업인 경우에만 해당한다)
3. 석면이 함유된 지붕재의 해체·제거작업
   가. 해체된 지붕재는 직접 땅으로 떨어뜨리거나 던지지 말 것
   나. 물이나 습윤제를 사용하여 습식으로 작업할 것(습식작업 시 안전상 위험이 있는 경우는 제외한다)
   다. 난방이나 환기를 위한 통풍구가 지붕 근처에 있는 경우에는 이를 밀폐하고 환기설비의 가동을 중단할 것
4. 석면이 함유된 그 밖의 자재의 해체·제거작업
   가. 창문·벽·바닥 등은 비닐 등 불침투성 차단재로 밀폐할 것(작업장이 실내인 경우에만 해당한다)

나. 석면분진이 흩날리지 않도록 석면분진 포집장치를 가동하는 등 필요한 조치를 할 것(작업장이 실외인 경우에만 해당한다)

다. 물이나 습윤제를 사용하여 습식으로 작업할 것

제512조(정의) 이 장에서 사용하는 용어의 뜻은 다음과 같다.

1. "소음작업"이란 1일 8시간 작업을 기준으로 85데시벨 이상의 소음이 발생하는 작업을 말한다.
2. "강렬한 소음작업"이란 다음 각목의 어느 하나에 해당하는 작업을 말한다.

가. 90데시벨 이상의 소음이 1일 8시간 이상 발생하는 작업

나. 95데시벨 이상의 소음이 1일 4시간 이상 발생하는 작업

다. 100데시벨 이상의 소음이 1일 2시간 이상 발생하는 작업

라. 105데시벨 이상의 소음이 1일 1시간 이상 발생하는 작업

마. 110데시벨 이상의 소음이 1일 30분 이상 발생하는 작업

바. 115데시벨 이상의 소음이 1일 15분 이상 발생하는 작업

3. "충격소음작업"이란 소음이 1초 이상의 간격으로 발생하는 작업으로서 다음 각 목의 어느 하나에 해당하는 작업을 말한다.

가. 120데시벨을 초과하는 소음이 1일 1만회 이상 발생하는 작업

나. 130데시벨을 초과하는 소음이 1일 1천회 이상 발생하는 작업

다. 140데시벨을 초과하는 소음이 1일 1백회 이상 발생하는 작업

4. "진동작업"이란 다음 각 목의 어느 하나에 해당하는 기계·기구를 사용하는 작업을 말한다.

가. 착암기(鑿巖機)

나. 동력을 이용한 해머

다. 체인톱

라. 엔진 커터(engine cutter)

마. 동력을 이용한 연삭기

바. 임팩트 렌치(impact wrench)

사. 그 밖에 진동으로 인하여 건강장해를 유발할 수 있는 기계·기구

5. "청력보존 프로그램"이란 소음노출 평가, 소음노출 기준 초과에 따른 공학적 대책, 청력보호구의 지급과 착용, 소음의 유해성과 예방에 관한 교육, 정기적 청력검사, 기록·관리 사항 등이 포함된 소음성 난청을 예방·관리하기 위한 종합적인 계획을 말한다.

(Quiz) 1초 이상의 간격으로 130데시벨을 초과하는 소음이 1일 1백회 발생하는 작업은 충격소음작업이다. (O, ×)

제517조(청력보존 프로그램 시행 등) 사업주는 다음 각 호의 어느 하나에 해당하는 경우에

청력보존 프로그램을 수립하여 시행해야 한다. 〈개정 2021. 11. 19.〉
1. 법 제125조에 따른 소음의 작업환경 측정 결과 소음수준이 법 제106조에 따른 유해인자 노출기준에서 정하는 소음의 노출기준을 초과하는 사업장
2. 소음으로 인하여 근로자에게 건강장해가 발생한 사업장

✎ **화학물질 및 물리적 인자의 노출기준 〈별표 2-1〉 소음의 노출기준(충격소음제외)**

1일 노출시간(hr)	소음강도 dB(A)
8	90
4	95
2	100
1	105
1/2	110
1/4	115

주 : 115dB(A)를 초과하는 소음 수준에 노출되어서는 안 됨.

제592조(정의) 이 장에서 사용하는 용어의 뜻은 다음과 같다.
1. "혈액매개 감염병"이란 인간면역결핍증, B형간염 및 C형간염, 매독 등 혈액 및 체액을 매개로 타인에게 전염되어 질병을 유발하는 감염병을 말한다.
2. "공기매개 감염병"이란 결핵·수두·홍역 등 공기 또는 비말핵 등을 매개로 호흡기를 통하여 전염되는 감염병을 말한다.
3. "곤충 및 동물매개 감염병"이란 쯔쯔가무시증, 렙토스피라증, 신증후군출혈열 등 동물의 배설물 등에 의하여 전염되는 감염병과 탄저병, 브루셀라증 등 가축이나 야생동물로부터 사람에게 감염되는 인수공통(人獸共通) 감염병을 말한다.
4. "곤충 및 동물매개 감염병 고위험작업"이란 다음 각 목의 작업을 말한다.
   가. 습지 등에서의 실외 작업
   나. 야생 설치류와의 직접 접촉 및 배설물을 통한 간접 접촉이 많은 작업
   다. 가축 사육이나 도살 등의 작업
5. "혈액노출"이란 눈, 구강, 점막, 손상된 피부 또는 주사침 등에 의한 침습적 손상을 통하여 혈액 또는 병원체가 들어 있는 것으로 의심이 되는 혈액 등에 노출되는 것을 말한다.

제597조(혈액노출 예방 조치) ① 사업주는 근로자가 혈액노출의 위험이 있는 작업을 하는 경우에 다음 각 호의 조치를 하여야 한다.
1. 혈액노출의 가능성이 있는 장소에서는 음식물을 먹거나 담배를 피우는 행위, 화장 및 콘택트렌즈의 교환 등을 금지할 것
2. 혈액 또는 환자의 혈액으로 오염된 가검물, 주사침, 각종 의료 기구, 솜 등의 혈

액오염물(이하 "혈액오염물"이라 한다)이 보관되어 있는 냉장고 등에 음식물 보관을 금지할 것
3. 혈액 등으로 오염된 장소나 혈액오염물은 적절한 방법으로 소독할 것
4. 혈액오염물은 별도로 표기된 용기에 담아서 운반할 것
5. 혈액노출 근로자는 즉시 소독약품이 포함된 세척제로 접촉 부위를 씻도록 할 것

② 사업주는 근로자가 주사 및 채혈 작업을 하는 경우에 다음 각 호의 조치를 하여야 한다.

1. 안정되고 편안한 자세로 주사 및 채혈을 할 수 있는 장소를 제공할 것
2. 채취한 혈액을 검사 용기에 옮기는 경우에는 주사침 사용을 금지하도록 할 것
3. 사용한 주사침은 바늘을 구부리거나, 자르거나, 뚜껑을 다시 씌우는 등의 행위를 금지할 것(부득이하게 뚜껑을 다시 씌워야 하는 경우에는 한 손으로 씌우도록 한다)
4. 사용한 주사침은 안전한 전용 수거용기에 모아 튼튼한 용기를 사용하여 폐기할 것

③ 근로자는 제1항에 따라 흡연 또는 음식물 등의 섭취 등이 금지된 장소에서 흡연 또는 음식물 섭취 등의 행위를 해서는 아니 된다.

제600조(개인보호구의 지급 등) ① 사업주는 근로자가 혈액노출이 우려되는 작업을 하는 경우에 다음 각 호에 따른 보호구를 지급하고 착용하도록 하여야 한다.

1. 혈액이 분출되거나 분무될 가능성이 있는 작업 : 보안경과 보호마스크
2. 혈액 또는 혈액오염물을 취급하는 작업 : 보호장갑
3. 다량의 혈액이 의복을 적시고 피부에 노출될 우려가 있는 작업: 보호앞치마

② 근로자는 제1항에 따라 지급된 보호구를 사업주의 지시에 따라 착용하여야 한다.

제618조(정의) 이 장에서 사용하는 용어의 뜻은 다음과 같다. 〈개정 2023. 11. 14.〉

1. "밀폐공간"이란 산소결핍, 유해가스로 인한 질식·화재·폭발 등의 위험이 있는 장소로서 별표 18에서 정한 장소를 말한다.
2. "유해가스"란 이산화탄소·일산화탄소·황화수소 등의 기체로서 인체에 유해한 영향을 미치는 물질을 말한다.
3. "적정공기"란 산소농도의 범위가 18퍼센트 이상 23.5퍼센트 미만, 이산화탄소의 농도가 1.5퍼센트 미만, 일산화탄소의 농도가 30피피엠 미만, 황화수소의 농도가 10피피엠 미만인 수준의 공기를 말한다.
4. "산소결핍"이란 공기 중의 산소농도가 18퍼센트 미만인 상태를 말한다.
5. "산소결핍증"이란 산소가 결핍된 공기를 들이마심으로써 생기는 증상을 말한다.

[별표18 : 밀폐공간]

산소농도가 18퍼센트 미만 또는 23.5퍼센트 이상, 이산화탄소농도가 1.5퍼센트 이상, 일산화탄소농도가 30피피엠 이상 또는 황화수소농도가 10피피엠 이상인 장소의 내부

제641조(안전한 작업방법 등의 주지) 사업주는 근로자가 밀폐공간에서 작업을 하는 경우에 작업을 시작할 때마다 사전에 다음 각 호의 사항을 작업근로자(제623조에 따른 감시인을 포함한다)에게 알려야 한다. → **[산소/환기/보/구/사]**

1. 산소 및 유해가스농도 측정에 관한 사항
2. 환기설비의 가동 등 안전한 작업방법에 관한 사항
3. 보호구의 착용과 사용방법에 관한 사항
4. 사고 시의 응급조치 요령
5. 구조요청을 할 수 있는 비상연락처, 구조용 장비의 사용 등 비상시 구출에 관한 사항

제657조(유해요인 조사) ① 사업주는 근로자가 근골격계부담작업을 하는 경우에 3년마다 다음 각 호의 사항에 대한 유해요인조사를 하여야 한다. 다만, 신설되는 사업장의 경우에는 신설일부터 1년 이내에 최초의 유해요인 조사를 하여야 한다.

1. 설비·작업공정·작업량·작업속도 등 작업장 상황
2. 작업시간·작업자세·작업방법 등 작업조건
3. 작업과 관련된 근골격계질환 징후와 증상 유무 등

② 사업주는 다음 각 호의 어느 하나에 해당하는 사유가 발생하였을 경우에 제1항에도 불구하고 지체 없이 유해요인 조사를 하여야 한다. 다만, 제1호의 경우는 근골격계부담작업이 아닌 작업에서 발생한 경우를 포함한다.

1. 법에 따른 임시건강진단 등에서 근골격계질환자가 발생하였거나 근로자가 근골격계질환으로 「산업재해보상보험법 시행령」 별표 3 제2호가목·마목 및 제12호라목에 따라 업무상 질병으로 인정받은 경우
2. 근골격계부담작업에 해당하는 새로운 작업·설비를 도입한 경우
3. 근골격계부담작업에 해당하는 업무의 양과 작업공정 등 작업환경을 변경한 경우

③ 사업주는 유해요인 조사에 근로자 대표 또는 해당 작업 근로자를 참여시켜야 한다.

제658조(유해요인 조사 방법 등) 사업주는 유해요인 조사를 하는 경우에 근로자와의 면담, 증상 설문조사, 인간공학적 측면을 고려한 조사 등 적절한 방법으로 하여야 한다. 이 경우 제657조 제2항 제1호에 해당하는 경우에는 고용노동부장관이 정하여 고시하는 방법에 따라야 한다.

제659조(작업환경 개선) 사업주는 유해요인 조사 결과 근골격계질환이 발생할 우려가 있는 경우에 인간공학적으로 설계된 인력작업 보조설비 및 편의설비를 설치하는 등 작업환경 개선에 필요한 조치를 하여야 한다.

제660조(통지 및 사후조치) ① 근로자는 근골격계부담작업으로 인하여 운동범위의 축소, 쥐는 힘의 저하, 기능의 손실 등의 징후가 나타나는 경우 그 사실을 사업주에게 통지할 수 있다.

② 사업주는 근골격계부담작업으로 인하여 제1항에 따른 징후가 나타난 근로자에 대하여 의학적 조치를 하고 필요한 경우에는 제659조에 따른 작업환경 개선 등 적절한

조치를 하여야 한다.

제661조(유해성 등의 주지) ① 사업주는 근로자가 근골격계부담작업을 하는 경우에 다음 각 호의 사항을 근로자에게 알려야 한다.

1. 근골격계부담작업의 유해요인
2. 근골격계질환의 징후와 증상
3. 근골격계질환 발생 시의 대처요령
4. 올바른 작업자세와 작업도구, 작업시설의 올바른 사용방법
5. 그 밖에 근골격계질환 예방에 필요한 사항

② 사업주는 제657조제1항과 제2항에 따른 유해요인 조사 및 그 결과, 제658조에 따른 조사방법 등을 해당 근로자에게 알려야 한다.

③ 사업주는 근로자대표의 요구가 있으면 설명회를 개최하여 제657조 제2항 제1호에 따른 유해요인 조사 결과를 해당 근로자와 같은 방법으로 작업하는 근로자에게 알려야 한다.

제662조(근골격계질환 예방관리 프로그램 시행) ① 사업주는 다음 각 호의 어느 하나에 해당하는 경우에 근골격계질환 예방관리 프로그램을 수립하여 시행하여야 한다.

1. 근골격계질환으로 「산업재해보상보험법 시행령」 별표 3 제2호 가목·마목 및 제12호라목에 따라 **업무상 질병으로 인정**받은 근로자가 연간 10명 이상 발생한 사업장 또는 5명 이상 발생한 사업장으로서 발생 비율이 그 사업장 근로자 수의 10퍼센트 이상인 경우

(Quiz) 연간 7명이 근골격계질환으로 인한 업무상질병으로 인정받은 상시 근로자수 85명을 고용하고 있는 사업주는 근골격계질환 예방관리프로그램을 시행하여야 한다. (O, ×)

2. 근골격계질환 예방과 관련하여 노사 간 이견(異見)이 지속되는 사업장으로서 고용노동부장관이 필요하다고 인정하여 근골격계질환 예방관리 프로그램을 수립하여 시행할 것을 명령한 경우

② 사업주는 근골격계질환 예방관리 프로그램을 작성·시행할 경우에 노사협의를 거쳐야 한다.

③ 사업주는 근골격계질환 예방관리 프로그램을 작성·시행할 경우에 인간공학·산업의학·산업위생·산업간호 등 분야별 전문가로부터 필요한 지도·조언을 받을 수 있다.

(Quiz) 사업주는 근골격계질환 예방관리 프로그램을 작성·시행할 경우에는 근로자대표의 동의를 받아야 한다. (O, ×)

제663조(중량물의 제한) 사업주는 근로자가 인력으로 들어올리는 작업을 하는 경우에 과

도한 무게로 인하여 근로자의 목·허리 등 근골격계에 무리한 부담을 주지 않도록 최대한 노력하여야 한다.

제664조(작업조건) 사업주는 근로자가 취급하는 물품의 중량·취급빈도·운반거리·운반속도 등 인체에 부담을 주는 작업의 조건에 따라 작업시간과 휴식시간 등을 적정하게 배분하여야 한다.

제665조(중량의 표시 등) 사업주는 근로자가 5킬로그램 이상의 중량물을 들어올리는 작업을 하는 경우에 다음 각 호의 조치를 하여야 한다.

1. 주로 취급하는 물품에 대하여 근로자가 쉽게 알 수 있도록 물품의 중량과 무게중심에 대하여 작업장 주변에 안내표시를 할 것
2. 취급하기 곤란한 물품은 손잡이를 붙이거나 갈고리, 진공빨판 등 적절한 보조도구를 활용할 것

제666조(작업자세 등) 사업주는 근로자가 중량물을 들어올리는 작업을 하는 경우에 무게중심을 낮추거나 대상물에 몸을 밀착하도록 하는 등 신체의 부담을 줄일 수 있는 자세에 대하여 알려야 한다.

제667조(컴퓨터 단말기 조작업무에 대한 조치) 사업주는 근로자가 컴퓨터 단말기의 조작업무를 하는 경우에 다음 각 호의 조치를 하여야 한다.

1. 실내는 명암의 차이가 심하지 않도록 하고 직사광선이 들어오지 않는 구조로 할 것
2. 저휘도형(低輝度型)의 조명기구를 사용하고 창·벽면 등은 반사되지 않는 재질을 사용할 것
3. 컴퓨터 단말기와 키보드를 설치하는 책상과 의자는 작업에 종사하는 근로자에 따라 그 높낮이를 조절할 수 있는 구조로 할 것
4. 연속적으로 컴퓨터 단말기 작업에 종사하는 근로자에 대하여 작업시간 중에 적절한 휴식시간을 부여할 것

막판 45 위험물질의 종류

■ **산업안전보건기준에 관한 규칙 [별표 1]**

위험물질의 종류(제16조 · 제17조 및 제225조 관련)
1. 폭발성 물질 및 유기과산화물 → [유/질/니/아조/디아조/하이드라진] 가. 질산에스테르류 나. 니트로화합물 다. 니트로소화합물 라. 아조화합물 마. 디아조화합물 바. 하이드라진 유도체 사. 유기과산화물 아. 그 밖에 가목부터 사목까지의 물질과 같은 정도의 폭발 위험이 있는 물질 자. 가목부터 아목까지의 물질을 함유한 물질 2. 물반응성 물질 및 인화성 고체 가. 리튬 나. 칼륨·나트륨 다. 황 라. 황린 마. 황화인·적린 바. 셀룰로이드류 사. 알킬알루미늄·알킬리튬 아. 마그네슘 분말 자. 금속 분말(마그네슘 분말은 제외한다) 차. 알칼리금속(리튬·칼륨 및 나트륨은 제외한다) 카. 유기 금속화합물(알킬알루미늄 및 알킬리튬은 제외한다) 타. 금속의 수소화물 파. 금속의 인화물 하. 칼슘 탄화물, 알루미늄 탄화물 거. 그 밖에 가목부터 하목까지의 물질과 같은 정도의 발화성 또는 인화성이 있는 물질 너. 가목부터 거목까지의 물질을 함유한 물질 3. 산화성 액체 및 산화성 고체 가. 차아염소산 및 그 염류

나. 아염소산 및 그 염류
다. 염소산 및 그 염류
라. 과염소산 및 그 염류
마. 브롬산 및 그 염류
바. 요오드산 및 그 염류
사. 과산화수소 및 무기 과산화물
아. 질산 및 그 염류
자. 과망간산 및 그 염류
차. 중크롬산 및 그 염류
카. 그 밖에 가목부터 차목까지의 물질과 같은 정도의 산화성이 있는 물질
타. 가목부터 카목까지의 물질을 함유한 물질

4. 인화성 액체

가. 에틸에테르, 가솔린, 아세트알데히드, 산화프로필렌, 그 밖에 인화점이 섭씨 23도 미만이고 초기끓는점이 섭씨 35도 이하인 물질
나. 노르말헥산, 아세톤, 메틸에틸케톤, 메틸알코올, 에틸알코올, 이황화탄소, 그 밖에 인화점이 섭씨 23도 미만이고 초기 끓는점이 섭씨 35도를 초과하는 물질
다. 크실렌, 아세트산아밀, 등유, 경유, 테레핀유, 이소아밀알코올, 아세트산, 하이드라진, 그 밖에 인화점이 섭씨 23도 이상 섭씨 60도 이하인 물질

인화점 섭씨 23℃ 미만이고 초기끓는점이 섭씨 35℃ 이하	인화점 섭씨 23℃ 미만이고 초기끓는점이 섭씨 35℃ 초과	인화점 섭씨 23℃ 이상 섭씨 60℃ 이하
가솔린, 아세트알데히드	아세톤, 이황화탄소	아세트산, 아세트산아밀, 등유, 경유

5. 인화성 가스

가. 수소
나. 아세틸렌
다. 에틸렌
라. 메탄
마. 에탄
바. 프로판
사. 부탄
아. 영 별표 13에 따른 인화성 가스

6. 부식성 물질

가. 부식성 산류

(1) 농도가 20퍼센트 이상인 염산, 황산, 질산, 그 밖에 이와 같은 정도 이상의 부식성을 가지는 물질

(2) 농도가 60퍼센트 이상인 인산, 아세트산, **불산**, 그 밖에 이와 같은 정도 이상의 부식성을 가지는 물질

나. 부식성 염기류

농도가 40퍼센트 이상인 수산화나트륨, 수산화칼륨, 그 밖에 이와 같은 정도 이상의 부식성을 가지는 염기류

7. 급성 독성 물질

가. 쥐에 대한 **경구**투입실험에 의하여 실험동물의 50퍼센트를 사망시킬 수 있는 물질의 양, 즉 LD50(경구, 쥐)이 **킬로그램당 300밀리그램**-(체중) 이하인 화학물질

나. 쥐 또는 토끼에 대한 **경피**흡수실험에 의하여 실험동물의 50퍼센트를 사망시킬 수 있는 물질의 양, 즉 LD50(경피, 토끼 또는 쥐)이 **킬로그램당 1000밀리그램** -(체중) 이하인 화학물질

다. 쥐에 대한 4시간 동안의 **흡입**실험에 의하여 실험동물의 50퍼센트를 사망시킬 수 있는 물질의 농도, 즉 가스 LC50(쥐, 4시간 흡입)이 **2500ppm 이하**인 화학물질, 증기 LC50(쥐, 4시간 흡입)이 **10mg/ℓ** 이하인 화학물질, 분진 또는 미스트 **1mg/ℓ** 이하인 화학물질

산업안전지도사 및 산업보건 지도사 시험 대비

막판! 정리

산업안전보건법령

초판 1쇄 발행 2024년 03월 15일

편저 정명재
발행인 공태현 **발행처** (주)법률저널
등록일자 2008년 9월 26일 **등록번호** 제15-605호
주소 151-862 서울 관악구 복은4길 50 (서림동 120-32)
대표전화 02)874-1144 **팩스** 02)876-4312
홈페이지 www.lec.co.kr
ISBN 978-89-6336-882-5
정가 23,000원